新编高等院校公共基础课系列规划教材

复变函数与积分变换（第3版）

Fubian Hanshu Yu Jifen Bianhuan

主　编　林　益　金丽宏　朱祥和
副主编　杨　戟　徐　彬　沈小芳
参　编　李开丁　胡晓山

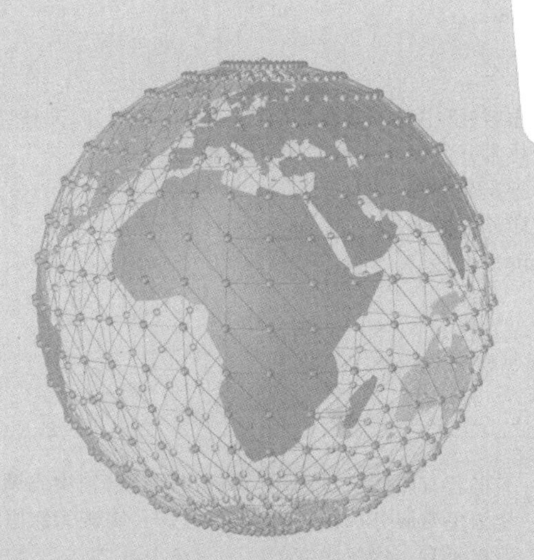

華中科技大學出版社
http://www.hustp.com
中国·武汉

内容简介

本书内容以“必需、够用”为度，通俗易懂，包括复数和复变函数、解析函数、复变函数的积分、级数、留数定理、保形映射、傅里叶变换、拉普拉斯变换等.

本书不追求理论知识的完整性与系统性，而注重应用性，对其他理工类本科专业也适用.

图书在版编目(CIP)数据

复变函数与积分变换/林益，金丽宏，朱祥和主编. —3 版. —武汉：华中科技大学出版社，2014.1(2024.8重印)

ISBN 978-7-5609-9847-3

Ⅰ.①复… Ⅱ.①林… ②金… ③朱… Ⅲ.①复变函数-高等学校-教材 ②积分变换-高等学校-教材 Ⅳ.①O174.5 ②O177.6

中国版本图书馆 CIP 数据核字(2014)第 017493 号

复变函数与积分变换(第 3 版)　　林　益　金丽宏　朱祥和　主编

策划编辑：张　毅
责任编辑：史永霞
封面设计：龙文装帧
责任校对：周　娟
责任监印：张正林
出版发行：华中科技大学出版社(中国・武汉)　　电话：(027)81321913
　　　　　武汉市东湖新技术开发区华工科技园　　邮编：430223
录　　排：华中科技大学惠友文印部
印　　刷：武汉中科兴业印务有限公司
开　　本：787mm×960mm　1/16
印　　张：10.5
字　　数：218 千字
版　　次：2024 年 8 月第 3 版第 16 次印刷
定　　价：32.00 元

前　言

本书是为普通高等院校学生编写的理工类基础课“复变函数与积分变换”的教材。

“复变函数与积分变换”是高等学校的一门重要的数学基础课，是自然科学与工程技术中常用的数学工具，是微分方程、奇异积分方程、计算数学和概率论等数学分支的主要解析方法，也是空气动力学、流体力学、弹性力学、电磁学和热力学等学科的重要的几何定性研究方法.

本书内容以“必需、够用”为度，不追求理论上的完整性和系统性，而是增强其应用性。本书主要内容包括复数与复变函数、解析函数、复变函数的积分、级数、留数定理、保形映射、傅里叶变换、拉普拉斯变换等。

本书的作者都是具有丰富的教学经验的一线教师，针对目前普通高等院校学生的实际情况与课程的教学要求，精心编写了本教材，其特色如下：

(1) 语言通俗易懂，公式方便易记；

(2) 例题典范，注重方法，解答详尽；

(3) 知识点清晰明了，方便自学。

本书由林益(文华学院)、金丽宏(武汉工程科技学院)、朱祥和(武昌首义学院)担任主编，杨戟(文华学院)、徐彬(武昌首义学院)、沈小芳(武昌首义学院)担任副主编，李开丁(华中科技大学)、胡晓山(华中科技大学)参编。

由于编者水平有限，加之时间紧迫，差错或不尽如人意之处在所难免，欢迎读者批评指正。

编　者

2019 年 7 月

目　　录

第 1 章　复数和复变函数

复变函数论中所研究的函数的自变量与因变量均为复数,因此,对复数及复变函数应有清晰的认识.本章将介绍复数的概念、四则运算及三角表达式,平面点集,复变函数的概念、极限和连续性.

1.1　复　　数

1.1.1　复数的概念

二次方程 $x^2+x+1=0$ 在实数范围内没有解,为了使这个方程有解,就要把数的范围扩大,引入虚数单位 i,且

$$i=\sqrt{-1}.$$

从而方程 $x^2+x+1=0$ 就有了两个不同的解,即

$$x_{1,2}=\frac{-1\pm\sqrt{-3}}{2}=-\frac{1}{2}\pm\frac{\sqrt{3}}{2}i.$$

我们把形如 $z=x+iy$ 的数称为**复数**,其中 x 和 y 均为实数,x 称为复数 z 的**实部**,记为 $x=\operatorname{Re}z$,y 称为复数 z 的**虚部**,记为 $y=\operatorname{Im}z$.例如,$z=1+\sqrt{2}i$,$\operatorname{Re}z=1$,$\operatorname{Im}z=\sqrt{2}$.

特别的,当 $\operatorname{Im}z=y=0$ 时,$z=\operatorname{Re}z+i0=x$ 是实数;当 $\operatorname{Re}z=0$ 且 $\operatorname{Im}z\neq 0$ 时,$z=i\operatorname{Im}z=iy$,称为**纯虚数**.

设 $z_1=x_1+iy_1$,$z_2=x_2+iy_2$,如果 $x_1=x_2$,$y_1=y_2$,则称两个复数 z_1 与 z_2 **相等**,记为 $z_1=z_2$.也就是说,$z_1=z_2$ 的充要条件是 z_1 与 z_2 的实部和虚部分别相等.

1.1.2　共轭复数及复数的四则运算

设 $z=x+iy$,则称复数 $x-iy$ 为复数 z 的**共轭复数**,记为 $\bar{z}=x-iy$.显然,实数的共轭复数仍然为该实数.

设有两个复数 $z_1=x_1+iy_1$,$z_2=x_2+iy_2$,它们的**四则运算**定义如下.

加法和减法　$z_1+z_2=(x_1+x_2)+i(y_1+y_2)$;

$$z_1-z_2=(x_1-x_2)+i(y_1-y_2).$$

乘法　$z_1\cdot z_2=(x_1+iy_1)(x_2+iy_2)=(x_1x_2-y_1y_2)+i(x_1y_2+x_2y_1)$,

即按多项式的乘法法则进行,注意 $i^2=-1$.

例如 $(3+\mathrm{i})(2-\mathrm{i}) = 3\times 2 + 3(-\mathrm{i}) + 2\mathrm{i} + \mathrm{i}(-\mathrm{i})$

$$= 6 - 3\mathrm{i} + 2\mathrm{i} - \mathrm{i}^2$$

$$= 7 - \mathrm{i}.$$

一般的,设 $z = x + \mathrm{i}y$,则 $z\bar{z} = x^2 + y^2$. 称非负实数 $\sqrt{x^2+y^2}$ 为复数 z 的**模**,记为 $|z|$,于是可以写成下列恒等式:

$$z\bar{z} = |z|^2 = x^2 + y^2.$$

除法 z_1 除以 $z_2(z_2 \neq 0)$ 定义为

$$\frac{z_1}{z_2} = \frac{z_1\,\bar{z}_2}{z_2\,\bar{z}_2} = \frac{(x_1+\mathrm{i}y_1)(x_2-\mathrm{i}y_2)}{|z_2|^2} = \frac{(x_1x_2+y_1y_2)+\mathrm{i}(x_2y_1-x_1y_2)}{x_2^2+y_2^2}.$$

事实上,除法运算是乘法运算的逆运算,即有

$$z_2 \cdot \frac{z_1}{z_2} = z_1.$$

例如 $\dfrac{3-2\mathrm{i}}{1+\mathrm{i}} = \dfrac{(3-2\mathrm{i})(1-\mathrm{i})}{(1+\mathrm{i})(1-\mathrm{i})} = \dfrac{1-5\mathrm{i}}{2}.$

从上面的运算规则可知,复数运算满足下列**规律**. 设 z_1, z_2, z_3 是复数,则:

(1) $z_1 + z_2 = z_2 + z_1, z_1z_2 = z_2z_1$(**交换律**);

(2) $(z_1+z_2)+z_3 = z_1+(z_2+z_3), (z_1z_2)z_3 = z_1(z_2z_3)$(**结合律**);

(3) $z_1(z_2+z_3) = z_1z_2 + z_1z_3$(**分配律**).

对于共轭复数,有下列**运算性质**:

(1) $\overline{z_1+z_2} = \bar{z}_1 + \bar{z}_2$;　　(2) $\overline{z_1\cdot z_2} = \bar{z}_1\cdot\bar{z}_2$;

(3) $\overline{\left(\dfrac{z_1}{z_2}\right)} = \dfrac{\bar{z}_1}{\bar{z}_2}$;　　(4) $\bar{\bar{z}} = z$;

(5) $z+\bar{z} = 2\mathrm{Re}z, z-\bar{z} = 2\mathrm{i}\mathrm{Im}z$;　　(6) $z\bar{z} = |z|^2 = (\mathrm{Re}z)^2 + (\mathrm{Im}z)^2$;

(7) 复数 z 是实数的充要条件是 $z = \bar{z}$,复数 z 是纯虚数的充要条件是 $z = -\bar{z}$ 且 $z \neq 0$.

这些性质都不难证明,留给读者做练习.

例 1 求下列复数 z 的实部、虚部、共轭复数及模.

(1) $z = \dfrac{1}{1+2\mathrm{i}}$;　　(2) $z = \dfrac{1}{\mathrm{i}} - \dfrac{3\mathrm{i}}{1-\mathrm{i}}$;

(3) $z = \mathrm{i}^{12} - 4\mathrm{i}^{21} + 2\mathrm{i}$;　　(4) $z = \dfrac{\mathrm{i}}{(\mathrm{i}-1)(\mathrm{i}-2)(\mathrm{i}-3)}$;

解 (1) $z = \dfrac{1}{1+2\mathrm{i}} = \dfrac{1-2\mathrm{i}}{(1+2\mathrm{i})(1-2\mathrm{i})} = \dfrac{1-2\mathrm{i}}{5} = \dfrac{1}{5} - \dfrac{2}{5}\mathrm{i}$,

因此, $\mathrm{Re}z = \dfrac{1}{5}, \mathrm{Im}z = -\dfrac{2}{5}, \bar{z} = \dfrac{1}{5} + \dfrac{2}{5}\mathrm{i}, |z| = \sqrt{\left(\dfrac{1}{5}\right)^2 + \left(-\dfrac{2}{5}\right)^2} = \dfrac{\sqrt{5}}{5}.$

(2)
$$z=\frac{1}{\mathrm{i}}-\frac{3\mathrm{i}}{1-\mathrm{i}}=-\mathrm{i}-\frac{3\mathrm{i}(1+\mathrm{i})}{2}=\frac{3}{2}-\frac{5}{2}\mathrm{i},$$

因此,$\mathrm{Re}z=\frac{3}{2}$,$\mathrm{Im}z=-\frac{5}{2}$,$\bar{z}=\frac{3}{2}+\frac{5}{2}\mathrm{i}$,$|z|=\sqrt{\left(\frac{3}{2}\right)^2+\left(-\frac{5}{2}\right)^2}=\frac{\sqrt{34}}{2}$.

(3)
$$\begin{aligned}z&=\mathrm{i}^{12}-4\mathrm{i}^{21}+2\mathrm{i}=(\mathrm{i}^2)^6-4(\mathrm{i}^2)^{10}\mathrm{i}+2\mathrm{i}\\&=(-1)^6-4(-1)^{10}\mathrm{i}+2\mathrm{i}=1-2\mathrm{i},\end{aligned}$$

因此,$\mathrm{Re}z=1$,$\mathrm{Im}z=-2$,$\bar{z}=1+2\mathrm{i}$,$|z|=\sqrt{1^2+(-2)^2}=\sqrt{5}$.

(4) 由于

$$\begin{aligned}(\mathrm{i}-1)(\mathrm{i}-2)(\mathrm{i}-3)&=[(\mathrm{i}-1)(\mathrm{i}-2)](\mathrm{i}-3)=[\mathrm{i}^2-2\mathrm{i}-\mathrm{i}+2](\mathrm{i}-3)\\&=(1-3\mathrm{i})(\mathrm{i}-3)=\mathrm{i}-3-3\mathrm{i}^2+9\mathrm{i}=10\mathrm{i},\end{aligned}$$

故 $z=\frac{\mathrm{i}}{10\mathrm{i}}=\frac{1}{10}$. 因此,$\mathrm{Re}z=\frac{1}{10}$,$\mathrm{Im}z=0$,$\bar{z}=z=\frac{1}{10}$,$|z|=\frac{1}{10}$.

例 2　设 $z=x+\mathrm{i}y$,$y\neq0$,$z\neq\pm\mathrm{i}$,证明:当且仅当 $x^2+y^2=1$ 时,$\frac{z}{1+z^2}$ 是实数.

证　证明 $\frac{z}{1+z^2}$ 是实数等价于证明

$$\frac{z}{1+z^2}=\overline{\left(\frac{z}{1+z^2}\right)}=\frac{\bar{z}}{1+\bar{z}^2},$$

即 $z(1+\bar{z}^2)=\bar{z}(1+z^2)$,也就是 $(z-\bar{z})(1-z\bar{z})=0$.

由于 $z-\bar{z}=2\mathrm{i}y\neq0$,$z\neq\bar{z}$,从而

$$z\bar{z}=1,\quad |z|^2=1,$$

即
$$x^2+y^2=1.$$

由于上述推导的每一步都是可逆的,因此命题得证.

例 3　试写出方程 $x^2+2x+y^2=1$ 的复数形式.

解　令 $z=x+\mathrm{i}y$,则 $\bar{z}=x-\mathrm{i}y$,于是

$$x=\frac{z+\bar{z}}{2},\quad y=\frac{z-\bar{z}}{2\mathrm{i}},\quad x^2+y^2=|z|^2=z\bar{z}.$$

将以上三式代入原方程,得到复数方程为

$$z\bar{z}+z+\bar{z}=1.$$

例 4　设 z_1,z_2 为任意复数,证明

$$|z_1\pm z_2|^2=|z_1|^2+|z_2|^2\pm2\mathrm{Re}(z_1\bar{z}_2).$$

证　先证 $|z_1+z_2|^2=|z_1|^2+|z_2|^2+2\mathrm{Re}(z_1\bar{z}_2)$.

由共轭复数的性质 $z\bar{z}=|z|^2$ 知,

$$\begin{aligned}|z_1+z_2|^2&=(z_1+z_2)\overline{(z_1+z_2)}=(z_1+z_2)(\bar{z}_1+\bar{z}_2)\\&=z_1\bar{z}_1+z_1\bar{z}_2+z_2\bar{z}_1+z_2\bar{z}_2\end{aligned}$$

$$=|z_1|^2+|z_2|^2+z_1\bar{z}_2+z_2\bar{z}_1.$$

注意到 $z_1\bar{z}_2+z_2\bar{z}_1=z_1\bar{z}_2+\overline{z_1\bar{z}_2}=2\mathrm{Re}(z_1\bar{z}_2)$，从而有

$$|z_1+z_2|^2=|z_1|^2+|z_2|^2+2\mathrm{Re}(z_1\bar{z}_2).$$

对于等式 $|z_1-z_2|^2=|z_1|^2+|z_2|^2-2\mathrm{Re}(z_1\bar{z}_2)$，类似地可以证明.

1.2　复平面及复数的三角表达式

1.2.1　复平面

在平面上建立直角坐标系 Oxy，则对于每一个复数 $z=x+\mathrm{i}y$，在平面上有唯一的一个点 (x,y) 与之对应；反之，对于平面上的每一个点 (x,y)，有唯一的复数 $z=x+\mathrm{i}y$ 与之对应(见图 1-2-1). 这就是说，全体复数与平面上的点之间建立了一一对应关系，当平面上的点被用来代表复数时，我们就把这个平面叫作**复(数)平面**. 复平面上 x 轴上的点表示实数，因此 x 轴称为**实轴**；y 轴上的点(除坐标原点外)表示纯虚数 $\mathrm{i}y(y\neq 0)$，因此 y 轴称为**虚轴**. 今后，我们对复数和平面上的点不加区别，即"复数集"与"平面点集"用做同义语，"复数"和"点"也用做同义语.

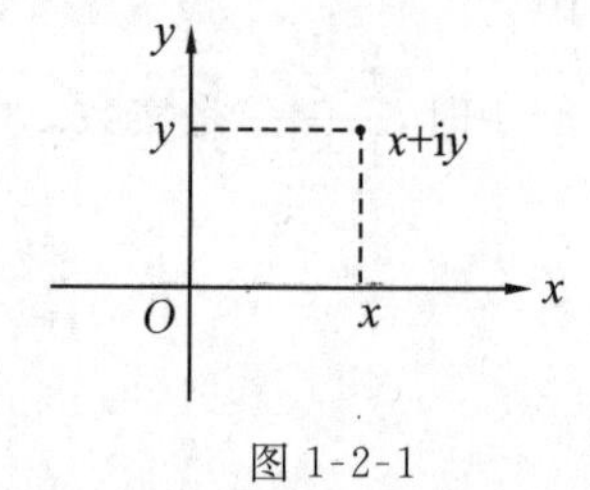

图 1-2-1

1.2.2　复数的模、辐角及三角表达式

在复平面上，复数 z 也可以用平面上的一个自由向量来表示，这个自由向量在实轴和虚轴上的投影分别为 x 和 y，它的起点可以是平面上任意一点. 如果起点是原点，则向量的终点即是平面上的 z 点，点 z 的位置也可以用它的极坐标 r 和 θ 来确定，如图 1-2-2 所示.

r 称为复数 z 的**模**，θ 称为复数 z 的**辐角**，记为

$$r=|z|=\sqrt{x^2+y^2},\quad \theta=\mathrm{Arg}z.$$

关于辐角必须注意以下两点.

(1) 任意复数 $z(z\neq 0)$ 有无穷多个辐角，我们把 z 的辐角 θ 落在 $(-\pi,\pi]$ 这个范围内的值称为辐角的**主值**，记为 $\arg z$. 显然，$\arg z$ 是由 z 唯一确定的，如 $z=x+\mathrm{i}y$.

$$\arg z=\begin{cases}\arctan\dfrac{y}{x} & (z\text{ 在第一、四象限内}),\\ \pi+\arctan\dfrac{y}{x} & (z\text{ 在第二象限内}),\\ -\pi+\arctan\dfrac{y}{x} & (z\text{ 在第三象限内}).\end{cases}$$

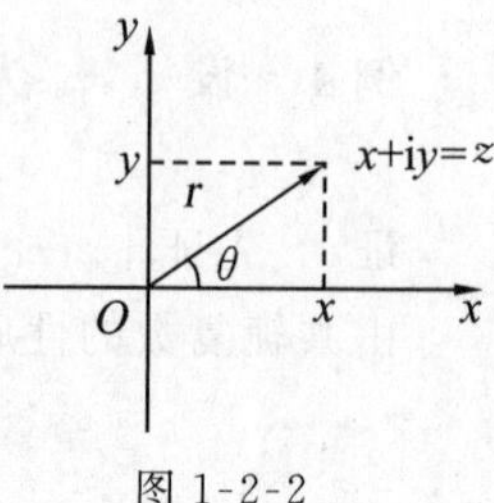

图 1-2-2

若 z 在正、负实轴上，则辐角的主值分别是 0 和 π；若 z 在上、

下半虚轴上，则辐角的主值分别是$\frac{\pi}{2}$和$-\frac{\pi}{2}$. 当 $z\neq 0$ 时，任一辐角与辐角的主值有如下关系：

$$\mathrm{Arg}z=\arg z+2k\pi \quad (k\text{ 为任意整数}).$$

(2) 当 $z=0$ 时，$|z|=0$，辐角是无意义的.

当已知复数 $z(z\neq 0)$ 的模 r 和辐角 θ 时，这个复数也就完全确定了，因为

$$x=r\cos\theta,\quad y=r\sin\theta,$$

所以

$$z=x+\mathrm{i}y=r(\cos\theta+\mathrm{i}\sin\theta),$$

即

$$z=|z|(\cos\mathrm{Arg}z+\mathrm{i}\sin\mathrm{Arg}z)=|z|(\cos\arg z+\mathrm{i}\sin\arg z),$$

这就是复数的**三角表达式**.

设 $z_1=r_1(\cos\theta_1+\mathrm{i}\sin\theta_1)$，$z_2=r_2(\cos\theta_2+\mathrm{i}\sin\theta_2)$，则 $z_1=z_2$ 的充要条件是$r_1=r_2$ 且 $\theta_1=2k\pi+\theta_2$（k 为任意整数）.

例 1　用三角表达式表示下列复数，并求出辐角及辐角的主值.

(1)$z=1-\mathrm{i}$；　　(2)$z=-\sqrt{3}\mathrm{i}$；　　(3)$z=-1-3\mathrm{i}$.

解　(1)$z=1-\mathrm{i}=x+\mathrm{i}y$，则 $x=1$，$y=-1$，z 在第四象限，于是

$$|z|=\sqrt{x^2+y^2}=\sqrt{1^2+(-1)^2}=\sqrt{2},\tan\theta=\frac{y}{x}=-1.$$

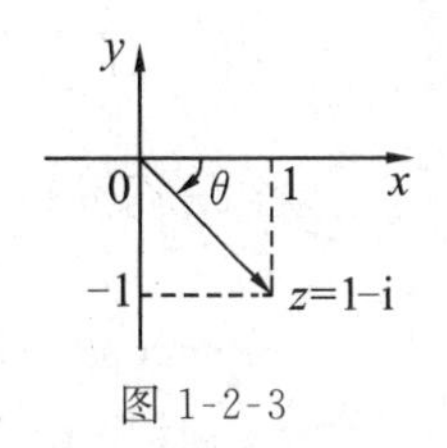

图 1-2-3

如图 1-2-3 所示，z 的辐角的主值 $\arg z=-\frac{\pi}{4}$，因此，$z=1-\mathrm{i}$ 的三角表达式为

$$z=1-\mathrm{i}=\sqrt{2}\left[\cos\left(-\frac{\pi}{4}\right)+\mathrm{i}\sin\left(-\frac{\pi}{4}\right)\right],$$

$z=1-\mathrm{i}$ 的辐角为

$$\mathrm{Arg}z=2k\pi-\frac{\pi}{4}\quad(k\text{ 为任意整数}).$$

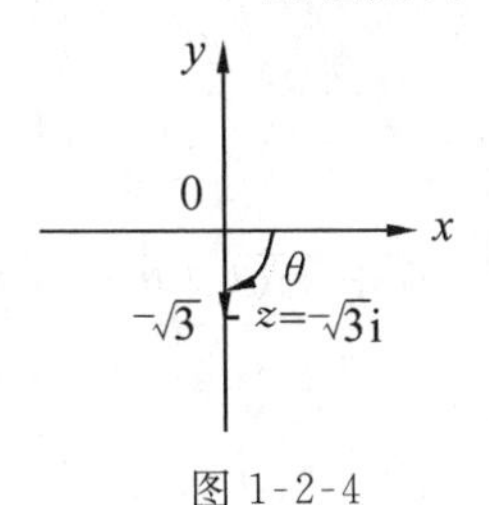

图 1-2-4

(2)$z=-\sqrt{3}\mathrm{i}=x+\mathrm{i}y$，则 $x=0$，$y=-\sqrt{3}$，z 在下半虚轴上，于是 $|z|=\sqrt{x^2+y^2}=\sqrt{3}$，$z$ 的辐角主值 $\arg\theta=-\frac{\pi}{2}$，如图 1-2-4 所示.

因此，$z=-\sqrt{3}\mathrm{i}$ 的三角表达式为

$$z=\sqrt{3}\left[\cos\left(-\frac{\pi}{2}\right)+\mathrm{i}\sin\left(-\frac{\pi}{2}\right)\right].$$

$z=-\sqrt{3}\mathrm{i}$ 的辐角为

$$\mathrm{Arg}z = 2k\pi - \frac{\pi}{2} \quad (k \text{ 为任意整数}).$$

(3) $z = -1 - 3\mathrm{i} = x + \mathrm{i}y$，则 $x = -1, y = -3$，z 在第三象限，于是

$$|z| = \sqrt{x^2 + y^2} = \sqrt{10}, \quad \tan\theta = \frac{y}{x} = 3.$$

z 的辐角主值 $\arg\theta = -\pi + \arctan 3$，如图 1-2-5 所示. 因此 $z = -1 - 3\mathrm{i}$ 的三角表达式为

$$z = \sqrt{10}[\cos(-\pi + \arctan 3) + \mathrm{i}\sin(-\pi + \arctan 3)].$$

y
x
-1
0
θ=-π+arctan3
-1
-2
-3
z=-1-3i

图 1-2-5

$z = -1 - 3\mathrm{i}$ 的辐角为

$$\mathrm{Arg}z = 2k\pi - \pi + \arctan 3 \quad (k \text{ 为任意整数}).$$

例 2 求 $z = 1 - \cos\theta + \mathrm{i}\sin\theta$ 在 $0 \leqslant \theta \leqslant 2\pi$ 及 $2\pi \leqslant \theta \leqslant 4\pi$ 的三角表达式.

解 当 $0 \leqslant \theta \leqslant 2\pi$ 时，$0 \leqslant \frac{\theta}{2} \leqslant \pi$，$\sin\frac{\theta}{2} \geqslant 0$，于是

$$1 - \cos\theta + \mathrm{i}\sin\theta = 2\sin^2\frac{\theta}{2} + \mathrm{i}2\sin\frac{\theta}{2}\cos\frac{\theta}{2} = 2\sin\frac{\theta}{2}\left(\sin\frac{\theta}{2} + \mathrm{i}\cos\frac{\theta}{2}\right)$$

$$= 2\sin\frac{\theta}{2}\left[\cos\left(\frac{\pi}{2} - \frac{\theta}{2}\right) + \mathrm{i}\sin\left(\frac{\pi}{2} - \frac{\theta}{2}\right)\right] \quad (\text{三角表达式}).$$

当 $2\pi \leqslant \theta \leqslant 4\pi$ 时，$\pi \leqslant \frac{\theta}{2} \leqslant 2\pi$，$\sin\frac{\theta}{2} \leqslant 0$，于是

$$1 - \cos\theta + \mathrm{i}\sin\theta = -2\sin\frac{\theta}{2}\left(-\sin\frac{\theta}{2} - \mathrm{i}\cos\frac{\theta}{2}\right) \quad (\text{注意 } |z| \geqslant 0)$$

$$= -2\sin\frac{\theta}{2}\left[\cos\left(\frac{3}{2}\pi - \frac{\theta}{2}\right) + \mathrm{i}\sin\left(\frac{3}{2}\pi - \frac{\theta}{2}\right)\right] \quad (\text{三角表达式}).$$

例 3 设 $z = r(\cos\theta + \mathrm{i}\sin\theta)$，求 $\bar{z}$ 及 $\frac{1}{z}$ 的三角表达式.

解 依题意，

$$\bar{z} = r(\cos\theta - \mathrm{i}\sin\theta) = r[\cos(-\theta) + \mathrm{i}\sin(-\theta)],$$

$$\frac{1}{z} = \frac{\bar{z}}{z\bar{z}} = \frac{\bar{z}}{|z|^2} = \frac{1}{r^2}r[\cos(-\theta) + \mathrm{i}\sin(-\theta)] = \frac{1}{r}[\cos(-\theta) + \mathrm{i}\sin(-\theta)].$$

例 4 设复数 z 满足 $\arg(z+2) = \frac{\pi}{3}$，$\arg(z-2) = \frac{6}{5}\pi$，求 z.

解 设 $z = x + \mathrm{i}y$，则 $z + 2 = (x+2) + \mathrm{i}y$，$z - 2 = (x-2) + \mathrm{i}y$，于是，依题意，

$$\tan\frac{\pi}{3} = \frac{y}{x+2}, \quad \tan\frac{6}{5}\pi = \frac{y}{x-2},$$

从而有

$$\begin{cases} x+2=\dfrac{1}{\sqrt{3}}y, \\ x-2=-\sqrt{3}y, \end{cases}$$

解之得
$$x=-1, \quad y=\sqrt{3}.$$

因此
$$z=x+\mathrm{i}y=-1+\sqrt{3}\mathrm{i}.$$

1.2.3 复数模的三角不等式

设 $z=x+\mathrm{i}y$,可以得到关于复数模的几个重要不等式.

(1) $|x|=|\mathrm{Re}z|\leqslant|z|=\sqrt{x^2+y^2}$, $|y|=|\mathrm{Im}z|\leqslant|z|=\sqrt{x^2+y^2}$.

(2) $|z|\leqslant|\mathrm{Re}z|+|\mathrm{Im}z|=|x|+|y|$.

下面说明复数加减法的几何意义.既然复数可以用起点是原点的向量来表示,那么两个复数的加减法就可以利用向量的平行四边形法则或三角形法则来进行,如图 1-2-6 所示.

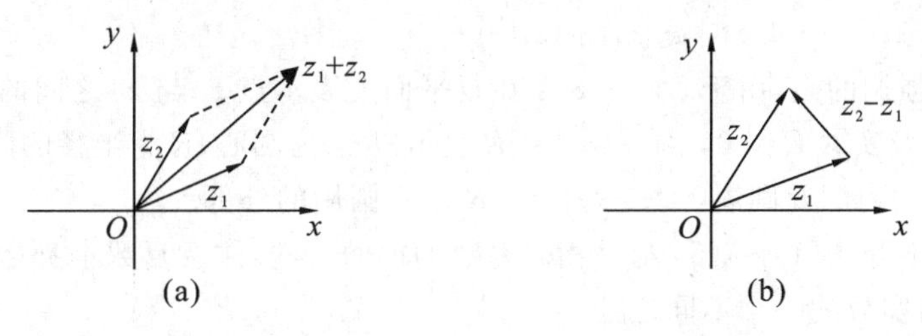

图 1-2-6

复数 z_1 的模 $|z_1|$ 可以解释成复平面上点 $z=z_1$ 与坐标原点 $z=0$ 的距离,$|z_2-z_1|$ 可以解释成复平面上点 $z=z_2$ 与点 $z=z_1$ 之间的距离,按照三角形的两边之和不能小于第三边(见图 1-2-6(a)),两边之差不大于第三边(见图 1-2-6(b)),就可得到下列关于复数模的三角不等式.

(3) $|z_1+z_2|\leqslant|z_1|+|z_2|$.

把 z_1 改写成 $-z_1$,得
$$|z_2-z_1|\leqslant|z_2|+|z_1|.$$

(4) $||z_2|-|z_1||\leqslant|z_2+z_1|$.

把 z_1 改写成 $-z_1$,得
$$||z_2|-|z_1||\leqslant|z_2-z_1|.$$

在不等式(3)、(4)中,等号当且仅当点 z_1 与点 z_2 位于通过原点的同一条直线上时成立.这两个不等式还可以用代数方法证明.由本章 1.1.2 节的例 4 知,
$$|z_1\pm z_2|^2=|z_1|^2+|z_2|^2\pm2\mathrm{Re}(z_1\bar{z}_2),$$

又因为

$$|\mathrm{Re}(z_1\bar{z}_2)| \leqslant |z_1\bar{z}_2| = |z_1||\bar{z}_2| = |z_1||z_2|,$$

即

$$-|z_1||z_2| \leqslant \mathrm{Re}(z_1\bar{z}_2) \leqslant |z_1||z_2|,$$

所以有

$$|z_1+z_2|^2 \leqslant |z_1|^2+|z_2|^2+2|z_1||z_2| = (|z_1|+|z_2|)^2,$$

$$|z_1-z_2|^2 \geqslant |z_1|^2+|z_2|^2-2|z_1||z_2| = (|z_1|-|z_2|)^2,$$

即得

$$|z_1+z_2| \leqslant |z_1|+|z_2|, \quad |z_2-z_1| \geqslant ||z_2|-|z_1||.$$

将不等式(3)和不等式(4)合在一起也可写成下列形式：

$$||z_1|-|z_2|| \leqslant |z_1-z_2| \leqslant |z_1|+|z_2|$$

及

$$||z_1|-|z_2|| \leqslant |z_1+z_2| \leqslant |z_1|+|z_2|.$$

利用不等式(3)及数学归纳法可证明不等式(5).

(5) $|z_1+z_2+\cdots+z_n| \leqslant |z_1|+|z_2|+\cdots+|z_n|$.

这里需要强调的是,由于 $|z_1-z_2|$ 在复平面上表示点 z_1 与 z_2 之间的距离,因此,对固定的复数 z_0 及实数 $R>0$, $|z-z_0|=R$ 表示以 z_0 为圆心、R 为半径的圆周. $|z-z_0| \leqslant R$ 表示圆周的内部及圆周, $|z-z_0|>R$ 表示圆周的外部.

以上所有不等式(1)～(5)都是相对复数的模而言的. 注意复数本身是不能比较大小的,这是复数与实数的一个不同之处.

1.2.4　利用复数的三角表达式作乘除法

设有两个复数

$$z_1 = r_1(\cos\theta_1 + \mathrm{i}\sin\theta_1), \quad z_2 = r_2(\cos\theta_2 + \mathrm{i}\sin\theta_2),$$

则

$$\begin{aligned} z_1z_2 &= r_1r_2[(\cos\theta_1\cos\theta_2 - \sin\theta_1\sin\theta_2) + \mathrm{i}(\sin\theta_1\cos\theta_2 + \cos\theta_1\sin\theta_2)] \\ &= r_1r_2[\cos(\theta_1+\theta_2) + \mathrm{i}\sin(\theta_1+\theta_2)]. \end{aligned}$$

也就是说,两个复数的乘积是这样的一个复数:**它的模等于原来两复数模的乘积,它的辐角等于原来两复数辐角之和**,即

$$|z_1z_2| = |z_1||z_2|, \quad \mathrm{Arg}(z_1z_2) = \mathrm{Arg}z_1 + \mathrm{Arg}z_2.$$

注意　由于第二个等式的两边都是表示多值的式子,因此,在这里“=”应理解成集合 $\{\mathrm{Arg}(z_1z_2)\}$ 与集合 $\{\mathrm{Arg}z_1+\mathrm{Arg}z_2\}$ 相等,即对于 $\mathrm{Arg}(z_1z_2)$ 的任一值,一定存在一个 $\mathrm{Arg}z_1$ 与 $\mathrm{Arg}z_2$,它们之和等于 $\mathrm{Arg}(z_1z_2)$;反过来,对于每一个 $\mathrm{Arg}z_1$ 与 $\mathrm{Arg}z_2$,一定存在一个 $\mathrm{Arg}(z_1z_2)$,使得 $\mathrm{Arg}(z_1z_2)$ 等于 $\mathrm{Arg}z_1$ 与 $\mathrm{Arg}z_2$ 之和.

从几何意义上解释复数乘法 z_1z_2:把表示 z_1 的那个向量逆时针转动一个角度 θ_2,并

将长度放大 r_2 倍，就得到代表 z_1z_2 的向量，如图 1-2-7 所示.

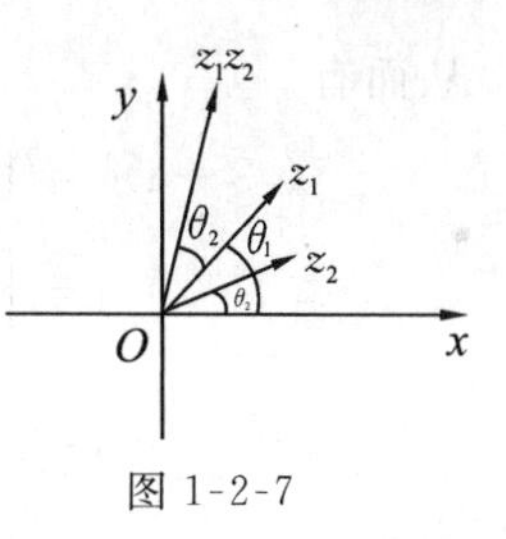

图 1-2-7

如把向量 z 逆时针旋转 $\frac{\pi}{2}$，就得到了向量 $\mathrm{i}z$，即 $\mathrm{i}z=\left(\cos\frac{\pi}{2}+\mathrm{i}\sin\frac{\pi}{2}\right)z$；把向量 z 顺时针旋转 $\frac{\pi}{2}$，就得到了向量 $-\mathrm{i}z$，即 $-\mathrm{i}z=\left[\cos\left(-\frac{\pi}{2}\right)+\mathrm{i}\sin\left(-\frac{\pi}{2}\right)\right]z$.

对于复数除法，有公式

$$\frac{z_1}{z_2}=\frac{r_1}{r_2}[\cos(\theta_1-\theta_2)+\mathrm{i}\sin(\theta_1-\theta_2)]\quad(z_2\neq0),$$

即

$$\left|\frac{z_1}{z_2}\right|=\frac{r_1}{r_2},\quad \mathrm{Arg}\frac{z_1}{z_2}=\mathrm{Arg}z_1-\mathrm{Arg}z_2.$$

例 5 利用复数的三角表达式计算 $\mathrm{i}(1-\sqrt{3}\mathrm{i})(\sqrt{3}+\mathrm{i})$.

解 因为

$$\mathrm{i}=\cos\frac{\pi}{2}+\mathrm{i}\sin\frac{\pi}{2},$$

$$1-\sqrt{3}\mathrm{i}=2\left(\frac{1}{2}-\frac{\sqrt{3}}{2}\mathrm{i}\right)=2\left[\cos\left(-\frac{\pi}{3}\right)+\mathrm{i}\sin\left(-\frac{\pi}{3}\right)\right],$$

$$\sqrt{3}+\mathrm{i}=2\left(\frac{\sqrt{3}}{2}+\frac{1}{2}\mathrm{i}\right)=2\left(\cos\frac{\pi}{6}+\mathrm{i}\sin\frac{\pi}{6}\right),$$

因此

$$\begin{aligned}\mathrm{i}(1-\sqrt{3}\mathrm{i})(\sqrt{3}+\mathrm{i})&=[\mathrm{i}(1-\sqrt{3}\mathrm{i})](\sqrt{3}+\mathrm{i})\\&=2\left[\cos\left(\frac{\pi}{2}-\frac{\pi}{3}\right)+\mathrm{i}\sin\left(\frac{\pi}{2}-\frac{\pi}{3}\right)\right]\cdot2\left(\cos\frac{\pi}{6}+\mathrm{i}\sin\frac{\pi}{6}\right)\\&=4\left[\cos\left(\frac{\pi}{2}-\frac{\pi}{3}+\frac{\pi}{6}\right)+\mathrm{i}\sin\left(\frac{\pi}{2}-\frac{\pi}{3}+\frac{\pi}{6}\right)\right]\\&=4\left(\cos\frac{\pi}{3}+\mathrm{i}\sin\frac{\pi}{3}\right)\\&=2+2\sqrt{3}\mathrm{i}.\end{aligned}$$

例 6 利用复数的三角表达式计算 $\frac{1}{(\sqrt{3}+\mathrm{i})^3}$.

解 由于

$$1=\cos0+\mathrm{i}\sin0,$$

$$\sqrt{3}+\mathrm{i}=2\left(\cos\frac{\pi}{6}+\mathrm{i}\sin\frac{\pi}{6}\right),$$

从而有

$$\begin{aligned}(\sqrt{3}+\mathrm{i})^3 &= [(\sqrt{3}+\mathrm{i})(\sqrt{3}+\mathrm{i})](\sqrt{3}+\mathrm{i}) \\ &= \left[2\left(\cos\frac{\pi}{6}+\mathrm{i}\sin\frac{\pi}{6}\right)\cdot 2\left(\cos\frac{\pi}{6}+\mathrm{i}\sin\frac{\pi}{6}\right)\right]\cdot 2\left(\cos\frac{\pi}{6}+\mathrm{i}\sin\frac{\pi}{6}\right) \\ &= 8\left(\cos\frac{\pi}{2}+\mathrm{i}\sin\frac{\pi}{2}\right),\end{aligned}$$

因此

$$\frac{1}{(\sqrt{3}+\mathrm{i})^3} = \frac{1}{8}\left[\cos\left(0-\frac{\pi}{2}\right)+\mathrm{i}\sin\left(0-\frac{\pi}{2}\right)\right] = -\frac{1}{8}\mathrm{i}.$$

1.2.5　复数的乘方和开方

设 n 是正整数，z^n 表示 n 个复数 z 的乘积，显然当 $z=0$ 时，$z^n=0$，当 $z\neq 0$ 时，设 $z=r(\cos\theta+\mathrm{i}\sin\theta)$，由乘法的运算规则知，

$$z^n = [r(\cos\theta+\mathrm{i}\sin\theta)]^n = r^n(\cos n\theta+\mathrm{i}\sin n\theta). \tag{1.2.1}$$

易知，式(1.2.1)对于 $n=0$ 时也成立(定义 $z\neq 0$ 时，$z^0=1$)，如果定义

$$z^{-n}=\frac{1}{z^n},$$

则

$$\begin{aligned}z^{-n} &= [r(\cos\theta+\mathrm{i}\sin\theta)]^{-n} = \frac{1}{z^n} = \frac{\cos 0+\mathrm{i}\sin 0}{r^n(\cos n\theta+\mathrm{i}\sin n\theta)} \\ &= r^{-n}[\cos(-n\theta)+\mathrm{i}\sin(-n\theta)].\end{aligned} \tag{1.2.2}$$

在式(1.2.1)及式(1.2.2)中令 $r=1$，得

$$(\cos\theta+\mathrm{i}\sin\theta)^n = \cos n\theta+\mathrm{i}\sin n\theta,$$

其中 n 为任意整数，此公式称为**德摩弗公式**.

如当 $n=3$ 时，

$$(\cos\theta+\mathrm{i}\sin\theta)^3 = \cos 3\theta+\mathrm{i}\sin 3\theta,$$

即

$$\cos^3\theta+3\mathrm{i}\cos^2\theta\sin\theta-3\cos\theta\sin^2\theta-\mathrm{i}\sin^3\theta = \cos 3\theta+\mathrm{i}\sin 3\theta,$$

比较等式两边的实部和虚部，得到下列公式：

$$\cos 3\theta = \cos^3\theta-3\cos\theta\sin^2\theta,\quad \sin 3\theta = 3\cos^2\theta\sin\theta-\sin^3\theta.$$

下面考虑开方，设 z 为已知的复数，凡是满足方程

$$\omega^n = z\quad (n\text{ 为正整数}) \tag{1.2.3}$$

的所有解 ω，称为 z 的 n **次方根**，记为 $\omega = z^{\frac{1}{n}} = \sqrt[n]{z}$.

当 $z=0$ 时，显然 $\omega^n=0$ 只有唯一解 $\omega=0$，即 $0^{\frac{1}{n}}=\sqrt[n]{0}=0$.

当 $z \neq 0$ 时，设 $z = r(\cos\theta + \mathrm{i}\sin\theta)$，$\omega = p(\cos\varphi + \mathrm{i}\sin\varphi)$，将其代入方程(1.2.3)并利用德摩弗公式得

$$p^n(\cos n\varphi + \mathrm{i}\sin n\varphi) = r(\cos\theta + \mathrm{i}\sin\theta).$$

比较等式两端的模与辐角得

$$p^n = r, \quad n\varphi = \theta + 2k\pi \quad (k = 0, \pm 1, \pm 2, \cdots),$$

即

$$p = \sqrt[n]{r}, \quad \varphi = \frac{\theta + 2k\pi}{n}.$$

由此导出了公式

$$\sqrt[n]{z} = [r(\cos\theta + \mathrm{i}\sin\theta)]^{\frac{1}{n}} = r^{\frac{1}{n}}\left(\cos\frac{\theta + 2k\pi}{n} + \mathrm{i}\sin\frac{\theta + 2k\pi}{n}\right). \tag{1.2.4}$$

注意 式(1.2.4)中的 k 虽然可以取任意整数，但得出的所有结果只有 n 个是互不相同的. 事实上，k 取 $0,1,2,\cdots,n-1$ 的 n 个结果是互不相同的，k 取 n 时与 k 取 0 时的结果一样(利用三角函数的周期性)，k 取 $n+1$ 时与 k 取 1 时的结果一样，等等.

记 $\omega_k = r^{\frac{1}{n}}\left(\cos\frac{\theta + 2k\pi}{n} + \mathrm{i}\sin\frac{\theta + 2k\pi}{n}\right)(k = 0,1,2,\cdots,n-1)$，由于这 n 个复数 ω_0，$\omega_1,\cdots,\omega_{n-1}$ 的模都是 $\sqrt[n]{r}$，因此，它们都位于以原点为圆心、$\sqrt[n]{r}$ 为半径的圆周上，它们相邻两复数的辐角之差为 $\frac{2\pi}{n}$，所以这 n 个复数恰好把圆周 n 等分，即若把相邻两复数用直线段连起来，就构成了内接于圆的正 n 边形，这 n 个复数的终点恰为这个 n 边形的 n 个顶点.

如 $\sqrt[5]{1} = (\cos 0 + \mathrm{i}\sin 0)^{\frac{1}{5}} = \cos\frac{2k\pi}{5} + \mathrm{i}\sin\frac{2k\pi}{5}$ $(k = 0,1,2,3,4)$，则 $\omega_0 = 1$，$\omega_1 = \cos\frac{2}{5}\pi + \mathrm{i}\sin\frac{2}{5}\pi$，$\omega_2 = \cos\frac{4}{5}\pi + \mathrm{i}\sin\frac{4}{5}\pi$，$\omega_3 = \cos\frac{6}{5}\pi + \mathrm{i}\sin\frac{6}{5}\pi$，$\omega_4 = \cos\frac{8}{5}\pi + \mathrm{i}\sin\frac{8}{5}\pi$. $\omega_0,\omega_1,\omega_2,\omega_3,\omega_4$ 都在单位圆上且构成一个内接于单位圆的正五边形，如图 1-2-8 所示.

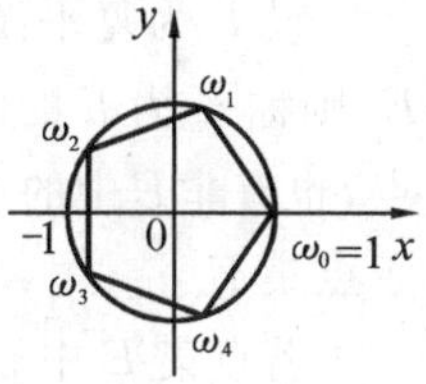

图 1-2-8

例 7 计算 $(1+\mathrm{i})^6$.

解

$$(1+\mathrm{i}) = \left[\sqrt{2}\left(\frac{1}{\sqrt{2}} + \frac{\mathrm{i}}{\sqrt{2}}\right)\right]^6 = 2^3\left(\cos\frac{\pi}{4} + \mathrm{i}\sin\frac{\pi}{4}\right)^6$$

$$= 8\left(\cos\frac{6}{4}\pi + \mathrm{i}\sin\frac{6}{4}\pi\right) = -8\mathrm{i}.$$

例 8 求 $\sqrt[3]{-8}$ 的全部值.

解 由于 $-8 = 2^3(\cos\pi + \mathrm{i}\sin\pi)$，因此

$$\sqrt[3]{-8} = 2\left(\cos\frac{\pi + 2k\pi}{3} + \mathrm{i}\sin\frac{\pi + 2k\pi}{3}\right) \quad (k = 0,1,2)$$

$$
=\begin{cases}1+\sqrt{3}\mathrm{i} \quad (k=0),\\ -2 \quad (k=1),\\ 1-\sqrt{3}\mathrm{i} \quad (k=2).\end{cases}
$$

例 9 解方程 $z^3=-1+\sqrt{3}\mathrm{i}$.

解
$$
z^3=-1+\sqrt{3}\mathrm{i}=2\left(-\frac{1}{2}+\frac{\sqrt{3}}{2}\mathrm{i}\right)=2\left(\cos\frac{2}{3}\pi+\mathrm{i}\sin\frac{2}{3}\pi\right),
$$

所以

$$
\begin{aligned}
z&=\left[2\left(\cos\frac{2}{3}\pi+\mathrm{i}\sin\frac{2}{3}\pi\right)\right]^{\frac{1}{3}}\\
&=\sqrt[3]{2}\left(\cos\frac{\frac{2}{3}\pi+2k\pi}{3}+\mathrm{i}\sin\frac{\frac{2}{3}\pi+2k\pi}{3}\right) \quad (k=0,1,2).
\end{aligned}
$$

1.3 平面点集

1. 邻域和开集

设 z_0 为复平面上的一点,δ 为任一正数,集合

$$
\{z \mid |z-z_0|<\delta\}
$$

称为 z_0 的**邻域**(或 z_0 的 δ 邻域).

设 E 为复平面上已知的点集,z_0 为 E 中任意一点,如果存在 z_0 的一个邻域完全属于 E,则称 z_0 为 E 的**内点**. z_0 为复平面内一点,如果对于 z_0 的任意一个领域既有点集 E 中的点,也有非 E 中的点,则称 z_0 为 E 的一个**边界点**. 注意边界点可以属于点集 E,也可以不属于点集 E.

若点集 E 中的每一点全是内点,则称 E 为**开集**. E 的边界点的集合称为 E 的**边界**. 如果 E 的边界也全属于 E,则称 E 为**闭集**. 如果存在一个原点的领域包含 E,则 E 为**有界集**,否则称 E 为**无界集**.

2. 区域、简单曲线

如果非空点集 D 具有下列两个性质:

(1)D 是开集,即 D 的每一个点都是内点;

(2)D 中任意两点都可以用一条完全属于 D 的折线连接起来(连通性),

则称 D 为区域. 简单地说,连通的开集称为**区域**,区域 D 加上它的边界 C 称为**闭域**,记为 $\overline{D}=C+D$.

如果区域 D 可以包含在一个以圆点为中心的圆内,则称 D 为**有界区域**,否则称为**无界区域**.

设 $x(t)$ 和 $y(t)$ 是定义在$[\alpha,\beta]$上的连续函数，由微积分课程知，参数方程

$$\begin{cases} x = x(t), \\ y = y(t) \end{cases} \quad (\alpha \leqslant t \leqslant \beta)$$

表示直角坐标系中的一条连续曲线. 事实上，我们也可用复平面上的复值函数来表示，即

$$z(t) = x + \mathrm{i}y = x(t) + \mathrm{i}y(t) \quad (\alpha \leqslant t \leqslant \beta).$$

如可将以点(x_0, y_0)为中心、R 为半径的圆表示成

$$z(t) = x_0 + R\cos t + \mathrm{i}(y_0 + R\sin t) \quad (0 \leqslant t \leqslant 2\pi).$$

过点(x_1, y_1)与点(x_2, y_2)的直线段可表示成

$$z(t) = x_1 + (x_2 - x_1)t + \mathrm{i}[y_1 + (y_2 - y_1)t] \quad (0 \leqslant t \leqslant 1),$$

记 $z_1 = x_1 + \mathrm{i}y_1$，$z_2 = x_2 + \mathrm{i}y_2$，则有

$$z(t) = z_1 + (z_2 - z_1)t = z_2 t + (1-t)z_1 \quad (0 \leqslant t \leqslant 1).$$

若 t 在区间$[\alpha,\beta]$上，$x'(t)$ 和 $y'(t)$ 都是连续的，且对于 t 的每一个值，有$[x'(t)]^2 + [y'(t)]^2 \neq 0$，则称曲线为**光滑曲线**；由几段依次相接的光滑曲线所组成的曲线，称为**逐段光滑曲线**. 如果 t_1, t_2 是$[\alpha,\beta]$上的任意两个不同的参数值，且它们不同时是$[\alpha,\beta]$的端点，有 $z(t_1) \neq z(t_2)$，则称这样的曲线为**约当曲线**或**简单曲线**；一条曲线，如果满足 $z(\alpha) = z(\beta)$，则称这条曲线为**约当闭曲线**或**简单闭曲线**，如图 1-3-1 所示.

3. 单连通区域与多连通区域

设 D 是一区域，如果 D 内的任一条简单闭曲线的内部仍都属于 D，则称 D 为**单连通区域**，非单连通的区域称为**复(多)连通区域**，如图 1-3-2 所示. 如 $|z| < R$ 是一个单连通区域，而圆环 $0 < r < |z| < R$ 是多连通区域.

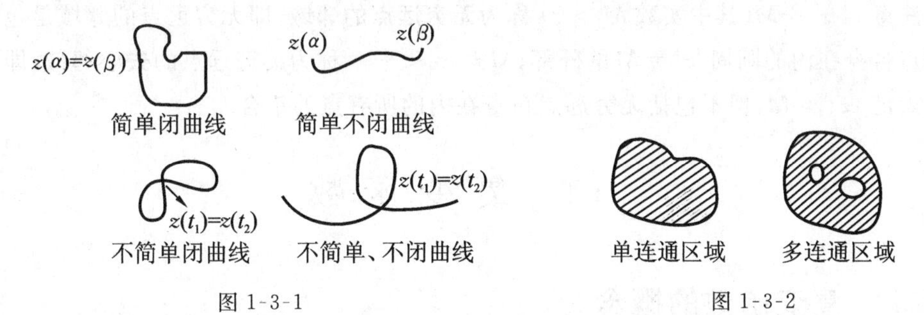

图 1-3-1　　　　图 1-3-2

例 1　求满足下列关系的点集 E，如果是区域，说明是单连通区域还是多连通区域.

(1) $\mathrm{Re}z = \mathrm{Im}z$；　(2) $0 < \arg z < \dfrac{\pi}{3}$；　(3) $0 < |z - \mathrm{i}| < 1$.

解　(1) 设 $z = x + \mathrm{i}y$，则 $\mathrm{Re}z = \mathrm{Im}z$，即 $x = y$，E 为复平面上直线 $x - y = 0$ 的全体点，不是区域.

(2)E 是介于两射线 $\arg z=0$ 和 $\arg z=\frac{\pi}{3}$ 之间的一个三角形区域，是区域，并且是单连通区域.

(3) 满足 $0<|z-\mathrm{i}|<1$ 的所有点集是以 i 为中心、1 为半径的去心单位圆域，是区域，是复连通区域. 注意：如果把一个单连通区域挖去若干个点，所得的区域也是复连通区域.

4. 无穷远点

为了使复数系统在许多场合方便使用，我们还要讨论一个特殊的"复数"—— **无穷远大**，记为 ∞，它由式 $\infty=\frac{1}{0}$ 来定义.

无穷远大与有限数的四则运算定义如下：

(1) **加法** $a+\infty=\infty+a=\infty \quad (a\neq\infty)$；

(2) **减法** $\infty-a=\infty,\quad a-\infty=\infty \quad (a\neq\infty)$；

(3) **乘法** $a\cdot\infty=\infty\cdot a=\infty \quad (a\neq 0)$；

(4) **除法** $\frac{a}{\infty}=0,\quad \frac{\infty}{a}=\infty \quad (a\neq\infty)$.

注意 下列运算是无意义的：

$$\infty\pm\infty,\ 0\cdot\infty,\ \infty\cdot 0,\ \frac{\infty}{\infty},\frac{0}{0}.$$

在复平面上没有一点与 ∞ 对应，但我们可设想复平面上有一理想点与它对应，此点称为**无穷远点**. 复平面加上无穷远点称为**扩充复平面**，扩充复平面上的每一条直线都通过无穷远点.

注意 $|z|>M$(其中实数 $M>0$) 称为**无穷远点的邻域**，即无穷远点的邻域是包括无穷远点自身在内的圆周 $|z|=M$ 的外部；$M<|z|<+\infty$ 称为无穷远点的**去心邻域**，即它是仅仅满足 $|z|>M$，但不包括无穷远点自身在内的所有点的集合.

1.4 复变函数

1.4.1 复变函数的概念

设有一复数点集 D，如果对于 D 中的每一个复数 z，按照某种对应法则，总有一个或多个确定的复数 ω 与之对应，则称复数 ω 是复数 z 的**复变函数**，记为 $\omega=f(z)$，D 称为这个函数的**定义域**，全体函数值组成的集合称为**值域**. 如果 z 的一个值对应着唯一的一个 ω，则称 $\omega=f(z)$ 为**单值函数**；如果 z 的一个值对应着两个或两个以上的 ω 值，则称函数 $\omega=$

$f(z)$ 为**多值函数**. 今后若无特殊说明,所讨论的函数均为单值函数.

设 $z=x+\mathrm{i}y,\omega=u+\mathrm{i}v$,则 $\omega=f(z)$ 可写为下列形式:

$$\omega=u+\mathrm{i}v=f(z)=f(x+\mathrm{i}y)=u(x,y)+\mathrm{i}v(x,y),$$

其中 $u(x,y),v(x,y)$ 为**二元实函数**. 因此,得到

$$u=u(x,y),\quad v=v(x,y).$$

所以,给定了复变函数 $\omega=f(z)$,就相当于给定了两个二元实函数 $u=u(x,y)$ 和 $v=v(x,y)$;反过来,若给定了两个二元实函数 $u=u(x,y)$ 和 $v=v(x,y)$,则 $\omega=u(x,y)+\mathrm{i}v(x,y)$ 就构成了 $z=x+\mathrm{i}y$ 的一个复变函数 $\omega=f(z)$.

例如,$\omega=z^2$,设 $z=x+\mathrm{i}y,\omega=u+\mathrm{i}v$,则复变函数 $\omega=z^2$ 对应于 $u=x^2-y^2,v=2xy$.

1.4.2 复变函数的极限和连续性

定义 1.4.1 设函数 $\omega=f(z)$ 在 z_0 的去心邻域 $0<|z-z_0|<\rho$ 内有定义,如果对任意 $\varepsilon>0$,总有正数 $\delta>0$,使得当 $0<|z-z_0|<\delta(\delta\leqslant\rho)$ 时,恒有 $|f(z)-a|<\varepsilon$,则称当 z 趋于 z_0 时,$f(z)$ 的极限值为 a,记为 $\lim\limits_{z\to z_0}f(z)=a$ 或 $f(z)\to a(z\to z_0)$.

注意 定义中 z 趋于 z_0 的方式是任意的,即若 $\lim\limits_{z\to z_0}f(z)=a$,则意味着动点 z 沿任意路径趋于 z_0 时的极限均存在且都等于 a.

例 1 问 $\lim\limits_{z\to 0}\dfrac{\bar{z}}{z}$ 是否存在?

解 当 z 沿实轴方向趋于 0 时,即取 $z=x(x\neq 0)$,则

$$\lim_{z\to 0}\frac{\bar{z}}{z}=\lim_{x\to 0}\frac{x}{x}=1.$$

当 z 沿虚轴方向趋于 0 时,即取 $z=\mathrm{i}y(y\neq 0)$,则

$$\lim_{z\to 0}\frac{\bar{z}}{z}=\lim_{y\to 0}\frac{-\mathrm{i}y}{\mathrm{i}y}=-1.$$

由于上述两个不同方向的极限不相等,从而 $\lim\limits_{z\to 0}\dfrac{\bar{z}}{z}$ 不存在.

由于复变函数 $\omega=f(z)$ 相当于两个二元实函数 $u=u(x,y),v=v(x,y)$,因此可得到下列定理.

定理 1.4.1 设 $f(z)=u(x,y)+\mathrm{i}v(x,y),a=u_0+\mathrm{i}v_0,z_0=x_0+\mathrm{i}y_0$,则 $\lim\limits_{z\to z_0}f(z)=a$ 的充要条件是

$$\lim_{\substack{x\to x_0\\ y\to y_0}}u(x,y)=u_0,\quad \lim_{\substack{x\to x_0\\ y\to y_0}}v(x,y)=v_0.$$

证 先证充分性. 设$\lim\limits_{\substack{x\to x_0\\y\to y_0}}u(x,y)=u_0$, $\lim\limits_{\substack{x\to x_0\\y\to y_0}}v(x,y)=v_0$, 则对任意$\varepsilon>0$, 存在$\delta>0$, 当$0<\sqrt{(x-x_0)^2+(y-y_0)^2}<\delta$时, 有

$$|u(x,y)-u_0|<\frac{\varepsilon}{2},\quad |v(x,y)-v_0|<\frac{\varepsilon}{2}.$$

而

$$|f(z)-a|=|u(x,y)-u_0+\mathrm{i}(v(x,y)-v_0)|$$

$\leqslant|u(x,y)-u_0|+|v(x,y)-v_0|$, 因此, 当$0<\sqrt{(x-x_0)^2+(y-y_0)^2}=|z-z_0|<\delta$时, 有$|f(z)-a|<\varepsilon$, 即$\lim\limits_{z\to z_0}f(z)=a$.

再证必要性. 设$\lim\limits_{z\to z_0}f(z)=a$, 则由极限定义知, 对任意$\varepsilon>0$, 存在$\delta>0$, 当$0<|z-z_0|<\delta$时, $|f(z)-a|<\varepsilon$, 即当$0<\sqrt{(x-x_0)^2+(y-y_0)^2}<\delta$时, 有

$$|(u(x,y)-u_0)+\mathrm{i}(v(x,y)-v_0)|<\varepsilon,$$

也就是

$$\sqrt{(u(x,y)-u_0)^2+(v(x,y)-v_0)^2}<\varepsilon.$$

因此得到

$$|u(x,y)-u_0|<\varepsilon,\quad |v(x,y)-v_0|<\varepsilon.$$

所以

$$\lim_{\substack{x\to x_0\\y\to y_0}}u(x,y)=u_0,\quad \lim_{\substack{x\to x_0\\y\to y_0}}v(x,y)=v_0.$$

由定理1.4.1知, 求极限$\lim\limits_{z\to z_0}f(z)$等价于求微积分的二元函数的极限$\lim\limits_{\substack{x\to x_0\\y\to y_0}}f(x+\mathrm{i}y)$, 其中$z=x+\mathrm{i}y$, $z_0=x_0+\mathrm{i}y_0$.

由于复变函数极限的定义与微积分中一元实函数极限的定义类似, 因此, 复变函数的极限运算性质也与一元实函数的极限运算性质相同.

若$\lim\limits_{z\to z_0}f(z)=a$, $\lim\limits_{z\to z_0}g(z)=b$($a,b$均为复常数), 则有

$$\lim_{z\to z_0}[f(z)\pm g(z)]=\lim_{z\to z_0}f(z)\pm\lim_{z\to z_0}g(z)=a\pm b,$$

$$\lim_{z\to z_0}[f(z)g(z)]=\lim_{z\to z_0}f(z)\lim_{z\to z_0}g(z)=ab,$$

$$\lim_{z\to z_0}\frac{f(z)}{g(z)}=\frac{\lim\limits_{z\to z_0}f(z)}{\lim\limits_{z\to z_0}g(z)}=\frac{a}{b}\quad(b\neq 0).$$

定义 1.4.2 设函数 $f(z)$ 在区域 D 上有定义，$z_0 \in D$，如果 $\lim\limits_{z \to z_0} f(z) = f(z_0)$，则称函数 $f(z)$ 在点 z_0 处**连续**；如果函数 $f(z)$ 在区域 D 上每一点都连续，则称函数 $f(z)$ 在区域 D 内连续.

由函数连续的定义及定理 1.4.1 可得下述结论.

定理 1.4.2 函数 $f(z) = u(x,y) + \mathrm{i}v(x,y)$ 在点 $z_0 = x_0 + \mathrm{i}y_0$ 处连续的充要条件是实部 $u(x,y)$ 和虚部 $v(x,y)$ 均在点 (x_0, y_0) 处连续.

与一元连续函数性质类似，复连续函数也有下列性质：连续函数的和、差、积、商(分母不为零)仍为连续函数，两个连续函数的复合函数仍为连续函数.

习 题 1

1. 填空题.

(1) 设 $z = \dfrac{5\mathrm{i}(2-\mathrm{i})(3-\mathrm{i})}{(\sqrt{2}-\mathrm{i}\sqrt{3})(3+\mathrm{i})(2+\mathrm{i})}$，则 $|z| =$ ________.

(2) 设 $z = \dfrac{2+\mathrm{i}}{1-2\mathrm{i}}$，则 $\arg z =$ ________.

(3) 设 $z = x + \mathrm{i}y$，则 $\dfrac{1+z}{1-z}$ 的实部为________，虚部为________.

(4) 设 $|z| = 5$，$\arg(z - \mathrm{i}) = \dfrac{\pi}{4}$，则 $z =$ ________.

(5) $(\sqrt{3}-\mathrm{i})^5 =$ ________.

(6) $\left(\dfrac{1+\sqrt{3}\mathrm{i}}{1-\sqrt{3}\mathrm{i}}\right)^{10} =$ ________.

(7) 以 $z^6 = \sqrt{15} + 7\mathrm{i}$ 的根为顶点的正六边形的边长为________.

(8) 满足方程 $|z+3| + |z+1| = 4$ 的 z 的轨迹是________.

2. 选择题.

(1) 设 $z = \dfrac{1+\mathrm{i}}{1-\mathrm{i}}$，则 $z^{48} + z^{21} + z^{10}$ 的值等于(　　).

A. 1　　B. -1　　C. i　　D. $-$i

(2) 设 $z = \cos\dfrac{2\pi}{21} + \mathrm{i}\sin\dfrac{2\pi}{21}$，则 $1 + z + z^2 + \cdots + z^{20}$ 等于(　　).

A. 0　　B. 1　　C. i　　D. $-$i

(3) 设 z 为非零复数，则 $\dfrac{z^2-\bar{z}^2}{4\mathrm{i}}$ 与 $\dfrac{1}{2}z\bar{z}$ 之间的关系是(　　).

A. $\dfrac{z^2-\bar{z}^2}{4\mathrm{i}}\leqslant\dfrac{1}{2}z\bar{z}$　　B. $\dfrac{z^2-\bar{z}^2}{4\mathrm{i}}\geqslant\dfrac{1}{2}z\bar{z}$

C. 不能比较大小　　D. $\dfrac{z^2-\bar{z}^2}{4\mathrm{i}}=\dfrac{1}{2}z\bar{z}$

(4) 一个向量逆时针旋转 $\dfrac{\pi}{2}$，然后向右平移 m 个单位，再向上平移 n 个单位后对应的复数为 $1+\sqrt{3}\mathrm{i}$，则原向量对应的复数是(　　).

A. $1+\sqrt{3}\mathrm{i}$　　B. $1-\sqrt{3}\mathrm{i}$

C. $\sqrt{3}+\mathrm{i}$　　D. $\sqrt{3}-\mathrm{i}$

3. 当 x,y 等于什么实数时，等式 $\dfrac{x+1+\mathrm{i}(y-3)}{5+3\mathrm{i}}=1+\mathrm{i}$ 成立？

4. 计算下面各题：

(1) $(x-\mathrm{i}\sqrt{y})(-x-2\mathrm{i}\sqrt{y})$；　　(2) $(a+\mathrm{i}b)^3$；

(3) $\dfrac{3-4\mathrm{i}}{4+3\mathrm{i}}$；　　(4) $(1+\mathrm{i})-(2-2\mathrm{i})$.

5. 证明下列等式或命题：

(1) $\overline{z_1\pm z_2}=\overline{z_1}\pm\overline{z_1}$；　(2) $\overline{z_1z_2}=\overline{z_1}\cdot\overline{z_2}$；　(3) $\overline{\left(\dfrac{z_1}{z_2}\right)}=\dfrac{\bar{z}_1}{\bar{z}_2}$；

(4) 当且仅当 $z=\bar{z}$ 时，z 为实数；

(5) 设 z_1 和 z_2 是两复数，若 z_1+z_2 和 z_1z_2 都是实数，那么 z_1 和 z_2 或者都是实数，或者是一对共轭复数.

6. 证明 $|z_1+z_2|^2+|z_1-z_2|^2=2(|z_1|^2+|z_2|^2)$，并说明其几何意义.

7. 利用复数的三角表达式表示下列复数，并求辐角的一般值：

(1) $z=2-2\mathrm{i}$；　　(2) $z=-\dfrac{1}{2}-\sqrt{3}\mathrm{i}$；

(3) $z=-\sin\alpha-\mathrm{i}\cos\alpha\quad\left(0<\alpha<\dfrac{\pi}{2}\right)$；　　(4) $z=-1$；

(5) $z=\mathrm{i}$；

(6) $z=\dfrac{(\cos5\theta+\mathrm{i}\sin5\theta)^2}{(\cos3\theta-\mathrm{i}\sin3\theta)^3}\quad\left(0<\theta<\dfrac{\pi}{38}\right)$.

8. 利用复数的三角表达式计算下列各式：

(1) $\sqrt[3]{1+\mathrm{i}}$；　　(2) $(1+\mathrm{i})^6$；

(3) $(1+\cos\theta+\mathrm{i}\sin\theta)^n$；　　(4) $\dfrac{-2+3\mathrm{i}}{3+2\mathrm{i}}$.

9. 设 $z=x+\mathrm{i}y$，证明

$$\frac{|x|+|y|}{\sqrt{2}}\leqslant|z|\leqslant|x|+|y|.$$

10. 解下列方程：

(1) $z^3=-\mathrm{i}$；　(2) $z^4=-1$；　(3) $z^2-4\mathrm{i}z-(4-9\mathrm{i})=0$；

(4) $x+\mathrm{i}y=\sqrt{a+\mathrm{i}b}$ （x,y 为未知的实数，a,b 为已知实常数）.

11. 设 $(1+\mathrm{i})^n=(1-\mathrm{i})^n$，试求整数 n 的值.

第 2 章　解析函数

解析函数是复变函数研究的主要对象,在理论和实际问题中也有着广泛的应用.本章将介绍解析函数的概念、解析函数与调和函数的关系及一些常用的初等函数.

2.1　解析函数的概念

2.1.1　复变函数的导数

定义 2.1.1　设函数 $\omega = f(z)$ 在点 z_0 的某邻域内有定义,$z_0 + \Delta z$ 为点 z_0 的某邻域内任一点,若极限

$$\lim_{\Delta z \to 0} \frac{f(z_0 + \Delta z) - f(z_0)}{\Delta z}$$

存在,则称函数 $f(z)$ 在点 z_0 处可导,这个极限的值称为函数 $f(z)$ 在点 z_0 的导数,记为

$$f'(z_0) = \left.\frac{\mathrm{d}\omega}{\mathrm{d}z}\right|_{z=z_0} = \lim_{\Delta z \to 0} \frac{f(z_0 + \Delta z) - f(z_0)}{\Delta z}.$$

$f(z)$ 在点 z_0 处的导数的定义也等价于

$$f'(z_0) = \lim_{z \to z_0} \frac{f(z) - f(z_0)}{z - z_0}.$$

$\omega = f(z)$ 在任意点 z 处的导数为

$$f'(z) = \lim_{\Delta z \to 0} \frac{f(z + \Delta z) - f(z)}{\Delta z}.$$

例 1　证明函数 $f(z) = \sqrt{|xy|}$ 在点 $z = 0$ 处不可导.

证　考虑极限

$$\lim_{z \to 0} \frac{f(z) - f(0)}{z - 0} = \lim_{z \to 0} \frac{\sqrt{|xy|}}{x + \mathrm{i}y},$$

当 z 沿着路径 $y = kx$ 趋于 0 时(不妨考虑 $x > 0$),有

$$\lim_{z \to 0} \frac{\sqrt{|xy|}}{x + \mathrm{i}y} = \lim_{x \to 0} \frac{\sqrt{|kx^2|}}{x + \mathrm{i}kx} = \frac{\sqrt{|k|}}{1 + \mathrm{i}k}.$$

随着 k 的不同,上述极限也不同,故 $\lim\limits_{z \to 0} \dfrac{f(z) - f(0)}{z - 0}$ 不存在,即函数 $f(z) = \sqrt{|xy|}$ 在点 $z = 0$ 处不可导.

例 2 求函数 $f(z)=z^2$ 的导数.

解 $\lim\limits_{\Delta z\to 0}\dfrac{f(z+\Delta z)-f(z)}{\Delta z}=\lim\limits_{\Delta z\to 0}\dfrac{(z+\Delta z)^2-z^2}{\Delta z}=\lim\limits_{\Delta z\to 0}(2z+\Delta z)=2z.$

由于 z 具有任意性,因此 $f(z)$ 在复平面内处处可导,且 $f'(z)=2z$.

若 $f(z)$ 在点 z_0 处可导,则 $f(z)$ 在点 z_0 处一定连续.这是因为:

$$f'(z_0)=\lim_{z\to z_0}\frac{f(z)-f(z_0)}{z-z_0},$$

令 $a=\dfrac{f(z)-f(z_0)}{z-z_0}-f'(z_0)$,则 $\lim\limits_{z\to z_0}a=0$,

$$f(z)=f(z_0)+f'(z_0)(z-z_0)+a(z-z_0),$$

于是

$$\lim_{z\to z_0}f(z)=f(z_0),$$

即 $f(z)$ 在点 z_0 处连续.

注意 $f(z)$ 在点 z_0 处连续,推不出 $f(z)$ 在点 z_0 处可导,如函数 $f(z)=\bar{z}$ 在全平面上处处连续,但处处不可导,因为极限 $\lim\limits_{\Delta z\to 0}\dfrac{f(z+\Delta z)-f(z)}{\Delta z}=\lim\limits_{\Delta z\to 0}\dfrac{\overline{\Delta z}}{\Delta z}$ 不存在(由 1.4.2 节中例 1 知).

2.1.2 解析函数的概念与求导法则

定义 2.1.2 如果 $f(z)$ 在点 z_0 处以及在点 z_0 的某个邻域内处处可导,则称 $f(z)$ 在点 z_0 处**解析**;如果 $f(z)$ 在点 z_0 处不解析,则称点 z_0 为函数 $f(z)$ 的**奇点**;如果 $f(z)$ 在区域 D 内的每一点解析,则称 $f(z)$ **在 D 内解析**,或者说 $f(z)$ 为 D 内的**解析函数**.

由定义可知,函数的解析性是一个区域上的性质,即 $f(z)$ 在点 z_0 处解析,也就是说 $f(z)$ 在点 z_0 的某个邻域内的每一点处都可导.函数 $f(z)$ 在点 z_0 处解析,可推出 $f(z)$ 在点 z_0 处可导,但反之不成立,可导与解析是两个不同的概念.

例 3 讨论函数 $f(z)=z^2$ 的解析性.

解 对复平面上任一点 z,有 $f'(z)=2z$,即 $f(z)$ 在任意点可导,所以,函数 $f(z)$ 在复平面上处处解析.

例 4 讨论函数 $f(z)=|z|^2$ 的解析性.

解
$$\begin{aligned}\lim_{\Delta z\to 0}\frac{f(z+\Delta z)-f(z)}{\Delta z}&=\lim_{\Delta z\to 0}\frac{|z+\Delta z|^2-|z|^2}{\Delta z}\\&=\lim_{\Delta z\to 0}\frac{(z+\Delta z)(\bar{z}+\overline{\Delta z})-z\bar{z}}{\Delta z}\\&=\lim_{\Delta z\to 0}\left(\bar{z}+\overline{\Delta z}+z\frac{\overline{\Delta z}}{\Delta z}\right)=\bar{z}+\lim_{\Delta z\to 0}z\frac{\overline{\Delta z}}{\Delta z}.\end{aligned}$$

当 $z=0$ 时，$\bar{z}=0$，上述极限为0，即 $f'(0)=0$.

当 $z\neq 0$ 时，由于 $\lim\limits_{\Delta z\to 0} z\dfrac{\overline{\Delta z}}{\Delta z}=z\lim\limits_{\Delta z\to 0}\dfrac{\overline{\Delta z}}{\Delta z}$ 不存在，因此，上述极限不存在.

综上所述，函数 $f(z)=|z|^2$ 仅仅在点 $z=0$ 处可导，其余点均不可导，所以 $f(z)=|z|^2$ 在复平面上处处不解析.

由于复变函数中导数的定义与微积分中导数的定义完全一样，因此，它们的求导法则在形式上也完全一致.

(1) $[f(z)\pm g(z)]'=f'(z)\pm g'(z)$；

(2) $[f(z)g(z)]'=f'(z)g(z)+f(z)g'(z)$；

(3) $\left[\dfrac{f(z)}{g(z)}\right]'=\dfrac{f'(z)g(z)-f(z)g'(z)}{[g(z)]^2}$；

(4) $(f[g(z)])'=f'[g(z)]\cdot g'(z)$；

(5) $f'(z)=\dfrac{1}{\varphi'(\omega)}$，其中 $\omega=f(z)$ 和 $z=\varphi(\omega)$ 是两个互为反函数的单值函数，且 $\varphi'(\omega)\neq 0$.

此外，用导数定义很容易证明：

(1) $(c)'=0$，其中 c 为复常数；

(2) $(z^n)'=nz^{n-1}$，其中 n 为正整数.

根据求导法则，容易证明下面结论：

两个解析函数的和、差、积、商(分母不为零)也是解析函数，解析函数的复合函数也是解析函数.

根据这个结论及 $(z^n)'=nz^{n-1}$ 知，多项式

$$p(z)=a_0z^n+a_1z^{n-1}+\cdots+a_n$$

在全平面上处处解析；有理函数

$$R(z)=\frac{a_0z^n+a_1z^{n-1}+\cdots+a_n}{b_0z^m+b_1z^{m-1}+\cdots+b_m}$$

除掉分母为0的点外也处处解析.

2.1.3 函数解析的充要条件

前面已讲过，一个复变函数 $f(z)=u(x,y)+\mathrm{i}v(x,y)$ 相当于两个二元实函数，而且它在点 $z=x+\mathrm{i}y$ 处连续等价于 $u(x,y)$ 和 $v(x,y)$ 在点 (x,y) 处连续. 因此，自然要问：$f(z)$ 在点 $z=x+\mathrm{i}y$ 处可导与 $u(x,y)$ 和 $v(x,y)$ 有何关系？下面的定理回答了这个问题.

定理 2.1.1 函数 $f(z)=u(x,y)+\mathrm{i}v(x,y)$ 在点 $z=x+\mathrm{i}y$ 处可导的充要条件是：

(1) $u(x,y)$ 和 $v(x,y)$ 在点 (x,y) 处都可微；

(2) $u(x,y)$ 和 $v(x,y)$ 在点 (x,y) 处满足**柯西-黎曼方程**(Cauchy-Riemann

equations，简称 C-R 方程），即

$$\frac{\partial u}{\partial x}=\frac{\partial v}{\partial y},\quad \frac{\partial u}{\partial y}=-\frac{\partial v}{\partial x}.$$

证 先证必要性. 设 $f(z)$ 在点 $z=x+\mathrm{i}y$ 处可导，且设 $f'(z)=a+\mathrm{i}b,\Delta z=\Delta x+\mathrm{i}\Delta y$，则有

$$a+\mathrm{i}b=f'(z)=\lim_{\Delta z\to 0}\frac{f(z+\Delta z)-f(z)}{\Delta z}.$$

令 $\rho=\dfrac{f(z+\Delta z)-f(z)}{\Delta z}-f'(z)$，显然 $\lim\limits_{\Delta z\to 0}\rho=0$，于是

$$f(z+\Delta z)-f(z)=f'(z)\Delta z+\rho\Delta z=(a+\mathrm{i}b)\Delta z+\rho\Delta z,$$

且

$$\begin{aligned}f(z+\Delta z)-f(z)&=[u(x+\Delta x,y+\Delta y)-u(x,y)]+\mathrm{i}[v(x+\Delta x,y+\Delta y)-v(x,y)]\\&=\Delta u+\mathrm{i}\Delta v.\end{aligned}$$

令 $\rho=\rho_1+\mathrm{i}\rho_2$，由于 $\rho\to 0$，所以 $\rho_1\to 0,\rho_2\to 0(\Delta z\to 0)$，从而有

$$\Delta u=a\Delta x-b\Delta y+\rho_1\Delta x-\rho_2\Delta y,$$
$$\Delta v=b\Delta x+a\Delta y+\rho_2\Delta x-\rho_1\Delta y.$$

而

$$\lim_{\substack{\Delta x\to 0\\ \Delta y\to 0}}\frac{\rho_1\Delta x-\rho_2\Delta y}{\sqrt{\Delta x^2+\Delta y^2}}=\lim_{\substack{\Delta x\to 0\\ \Delta y\to 0}}\rho_1\frac{\Delta x}{\sqrt{\Delta x^2+\Delta y^2}}-\lim_{\substack{\Delta x\to 0\\ \Delta y\to 0}}\rho_2\frac{\Delta y}{\sqrt{\Delta x^2+\Delta y^2}}=0,$$

其中 ρ_1,ρ_2 均为无穷小，$\left|\dfrac{\Delta x}{\sqrt{\Delta x^2+\Delta y^2}}\right|\leqslant 1,\left|\dfrac{\Delta y}{\sqrt{\Delta x^2+\Delta y^2}}\right|\leqslant 1$，均为有界函数. 同理，$\lim\limits_{\substack{\Delta x\to 0\\ \Delta y\to 0}}\dfrac{\rho_2\Delta z+\rho_1\Delta y}{\sqrt{\Delta x^2+\Delta y^2}}=0$.

因此，由微积分中二元函数可微的定义知，$u(x,y),v(x,y)$ 都在点(x,y) 处可微，且

$$a=\frac{\partial u}{\partial x}=\frac{\partial v}{\partial y},\quad -b=\frac{\partial u}{\partial y}=-\frac{\partial v}{\partial x}.$$

再证充分性. 设 $u(x,y),v(x,y)$ 均在点(x,y) 处可微且满足 C-R 方程：$u'_x(x,y)=v'_y(x,y),u'_y(x,y)=-v'_x(x,y)$. 于是

$$\Delta u=u'_x(x,y)\Delta x+u'_y(x,y)\Delta y+o(\sqrt{\Delta x^2+\Delta y^2}),$$
$$\begin{aligned}\Delta v&=v'_x(x,y)\Delta x+v'_y(x,y)\Delta y+o(\sqrt{\Delta x^2+\Delta y^2})\\&=-u'_y(x,y)\Delta x+u'_x(x,y)\Delta y+o(\sqrt{\Delta x^2+\Delta y^2}),\end{aligned}$$

而

$$\begin{aligned}f(z+\Delta z)-f(z)&=\Delta u+\mathrm{i}\Delta v\\&=[u'_x(x,y)-\mathrm{i}u'_y(x,y)](\Delta x+\mathrm{i}\Delta y)+o(\sqrt{\Delta x^2+\Delta y^2})\\&=[u'_x(x,y)-\mathrm{i}u'_y(x,y)]\Delta z+o(|\Delta z|),\end{aligned}$$

从而有

$$\lim_{\Delta z\to 0}\frac{f(z+\Delta z)-f(z)}{\Delta z}=u'_x(x,y)-\mathrm{i}u'_y(x,y),$$

即 $f(z)$ 在点 $z=x+\mathrm{i}y$ 处可导.

推论 2.1.1 $f(z)=u(x,y)+\mathrm{i}v(x,y)$ 在点 $z=x+\mathrm{i}y$ 处可导,则在点 $z=x+\mathrm{i}y$ 处的导数为

$$f'(z)=\frac{\partial u}{\partial x}-\mathrm{i}\frac{\partial u}{\partial y}=\frac{\partial v}{\partial y}+\mathrm{i}\frac{\partial v}{\partial x}=\frac{\partial u}{\partial x}+\mathrm{i}\frac{\partial v}{\partial x}=\frac{\partial v}{\partial y}-\mathrm{i}\frac{\partial u}{\partial y}.$$

为了便于记忆,可用以下图示表示:

$$\begin{matrix}\dfrac{\partial u}{\partial x} & \longrightarrow & -\dfrac{\partial u}{\partial y}\\ \downarrow & \times & \uparrow\\ \dfrac{\partial v}{\partial x} & \longleftarrow & \dfrac{\partial v}{\partial y}\end{matrix}$$

注意 $f(z)=u(x,y)+\mathrm{i}v(x,y)$ 在点 $z=x+\mathrm{i}y$ 处可导的充要条件是:$u(x,y)$ 和 $v(x,y)$ 均在点(x,y) 处可微且满足 C-R 方程.这两个条件缺一不可,只要有一条不满足,就不能推出 $f(x)$ 在点 $z=x+\mathrm{i}y$ 处可导的结论.例如:

$$f(z)=\begin{cases}\dfrac{x^3-y^3+\mathrm{i}(x^3+y^3)}{x^2+y^2}, & z\neq 0,\\ 0, & z=0.\end{cases}$$

令 $f(z)=u(x,y)+\mathrm{i}v(x,y)$,易知 $f(z)$ 在原点处满足 C-R 方程,但由于 $u(x,y)$ 和 $v(x,y)$ 在原点处不可微,因此 $f(z)$ 在原点处不可导.

把函数 $f(z)$ 在一点处可导改为在区域 D 内每一点都可导,就可立即得到函数 $f(z)$ 在区域 D 内解析的充要条件.

定理 2.1.2 函数 $f(z)=u(x,y)+\mathrm{i}v(x,y)$ 在区域 D 内解析(在区域 D 内可微)的充要条件是:

(1) 二元函数 $u(x,y)$ 和 $v(x,y)$ 在 D 内可微;

(2) $u(x,y)$ 和 $v(x,y)$ 在 D 内处处满足 C-R 方程.

根据微积分结论 —— 二元函数的两个偏导数在某点连续,则此二元函数在此点一定可微,可推出下列结论.

推论 2.1.2 设 $f(z)=u(x,y)+\mathrm{i}v(x,y)$ 在区域 D 内有定义,如果 $u(x,y)$ 和 $v(x,y)$ 的一切偏导数 $u'_x(x,y),u'_y(x,y),v'_x(x,y),v'_y(x,y)$ 在区域 D 内存在且连续,并且 $u(x,y)$ 和 $v(x,y)$ 在区域 D 内满足 C-R 方程,则 $f(z)$ 在 D 内解析.

例 5 讨论下列函数的可导性和解析性.

(1)$\omega=\bar{z}$; (2)$\omega=\bar{z}^2$; (3)$f(z)=\mathrm{e}^x(\cos y+\mathrm{i}\sin y)$.

解 (1) 设 $z=x+\mathrm{i}y$,则

$$\omega=x-\mathrm{i}y,\ u(x,y)=x,\ v(x,y)=-y,$$

$$\frac{\partial u(x,y)}{\partial x}=1,\quad \frac{\partial u(x,y)}{\partial y}=0,$$

$$\frac{\partial v(x,y)}{\partial x}=0,\quad \frac{\partial v(x,y)}{\partial y}=-1.$$

由此可知，对一切点 $z=x+\mathrm{i}y$，$u(x,y)$ 和 $v(x,y)$ 都不满足C-R方程，因此 $\omega=\bar{z}$ 处处不可导、处处不解析.

(2) 设 $z=x+\mathrm{i}y$，则 $\omega=(x-\mathrm{i}y)^2=x^2-y^2-\mathrm{i}2xy$，于是 $u=x^2-y^2$，$v=-2xy$，所以

$$\frac{\partial u}{\partial x}=2x,\quad \frac{\partial u}{\partial y}=-2y,\quad \frac{\partial v}{\partial x}=-2y,\quad \frac{\partial v}{\partial y}=-2x.$$

由于 $\frac{\partial u}{\partial x},\frac{\partial u}{\partial y},\frac{\partial v}{\partial x},\frac{\partial v}{\partial y}$ 对一切点 $z=x+\mathrm{i}y$ 连续，u,v 在全平面上可微，但满足C-R方程的点仅有 $x=y=0$，即 $z=0$. 因此，由推论2.1.2知，$\omega=\bar{z}^2$ 仅在一点 $z=0$ 处可导，在其他点 $z\neq 0$ 处均不可导，故 $\omega=\bar{z}^2$ 在复平面上处处不解析.

(3) 由 $u=\mathrm{e}^x\cos y$，$v=\mathrm{e}^x\sin y$，得

$$\frac{\partial u}{\partial x}=\mathrm{e}^x\cos y,\quad \frac{\partial u}{\partial y}=-\mathrm{e}^x\sin y,$$

$$\frac{\partial v}{\partial x}=\mathrm{e}^x\sin y,\quad \frac{\partial v}{\partial y}=\mathrm{e}^x\cos y,$$

故

$$\frac{\partial u}{\partial x}=\frac{\partial v}{\partial y},\qquad \frac{\partial u}{\partial y}=-\frac{\partial v}{\partial x}.$$

显然，$\frac{\partial u}{\partial x},\frac{\partial u}{\partial y},\frac{\partial v}{\partial x},\frac{\partial v}{\partial y}$ 满足C-R方程且连续，因此，由推论2.1.2知，$f(z)=\mathrm{e}^x(\cos y+\mathrm{i}\sin y)$ 在复平面上处处可导，也处处解析.

例6 求下列函数在可导点处的导数.

(1) $f(z)=x^3+y^3+\mathrm{i}x^2y^2$；　　(2) $f(z)=z\mathrm{Re}z$.

解 (1) $u=x^3+y^3$，$v=x^2y^2$，于是

$$\frac{\partial u}{\partial x}=3x^2,\quad \frac{\partial u}{\partial y}=3y^2,\quad \frac{\partial v}{\partial x}=2xy^2,\quad \frac{\partial v}{\partial y}=2x^2y.$$

显然，$\frac{\partial u}{\partial x},\frac{\partial u}{\partial y},\frac{\partial v}{\partial x},\frac{\partial v}{\partial y}$ 都连续. 因此，$f(z)$ 在一切可导点处还必须满足C-R方程：

$$\begin{cases}\dfrac{\partial u}{\partial x}=\dfrac{\partial v}{\partial y},\\[2mm] \dfrac{\partial u}{\partial y}=-\dfrac{\partial v}{\partial x},\end{cases}\quad \text{即}\quad \begin{cases}3x^2=2x^2y,\\ 3y^2=-2xy^2.\end{cases}$$

解之得

$$\begin{cases}x=0,\\ y=0\end{cases}\quad \text{或}\quad \begin{cases}x=-3/2,\\ y=3/2,\end{cases}$$

即 $f(z)$ 仅在两个点 $z=0$ 及 $z=-\frac{3}{2}+\frac{3}{2}\mathrm{i}$ 处可导,且

$$f'(0)=\left(\frac{\partial u}{\partial x}-\mathrm{i}\frac{\partial u}{\partial y}\right)\bigg|_{\substack{x=0\\y=0}}=0,f'\left(-\frac{3}{2}+\frac{3}{2}\mathrm{i}\right)=\left(\frac{\partial u}{\partial x}-\mathrm{i}\frac{\partial u}{\partial y}\right)\bigg|_{\substack{x=-\frac{3}{2}\\y=\frac{3}{2}}}=\frac{27}{4}-\frac{27}{4}\mathrm{i}.$$

(2) 设 $z=x+\mathrm{i}y$,则 $f(z)=z\mathrm{Re}z=(x+\mathrm{i}y)x$,于是 $u=x^2$,$v=xy$,所以

$$\frac{\partial u}{\partial x}=2x,\quad \frac{\partial u}{\partial y}=0,\quad \frac{\partial v}{\partial x}=y,\quad \frac{\partial v}{\partial y}=x.$$

显然,四个偏导数$\frac{\partial u}{\partial x}$,$\frac{\partial u}{\partial y}$,$\frac{\partial v}{\partial x}$,$\frac{\partial v}{\partial y}$均连续,即 u,v 在复平面上可微,但满足 C-R 方程的点有且仅有一个 $z=0$. 因此,$f(x)=z\mathrm{Re}z$ 仅在一点$z=0$ 处可导,且

$$f'(0)=\left(\frac{\partial u}{\partial x}-\mathrm{i}\frac{\partial u}{\partial y}\right)\bigg|_{\substack{x=0\\y=0}}=0.$$

例 7 设函数 $f(z)$ 在区域 D 内解析,且满足下列条件之一,试证 $f(z)$ 在区域 D 内是一个常数:

(1) 在 D 内每一点 z 处都有 $f'(z)=0$;

(2)$\mathrm{Re}f(z)$ 或 $\mathrm{Im}f(z)$ 在 D 内是一个常数;

(3) $|f(z)|$ 在 D 内为常数;

(4) $\overline{f(z)}$ 在 D 内解析.

证 (1)$f'(z)=\frac{\partial u}{\partial x}-\mathrm{i}\frac{\partial u}{\partial y}=\frac{\partial v}{\partial y}+\mathrm{i}\frac{\partial v}{\partial x}$,因此$\frac{\partial u}{\partial x}=\frac{\partial u}{\partial y}=0$,$\frac{\partial v}{\partial y}=\frac{\partial v}{\partial x}=0$,从而 u,v 均为常数,即 $f(z)$ 在 D 内为常数.

(2) 若 $\mathrm{Re}f(z)=u$ 在 D 内是一个常数,由 C-R 方程知,$\frac{\partial v}{\partial y}=\frac{\partial u}{\partial x}=0$,$\frac{\partial v}{\partial x}=-\frac{\partial u}{\partial y}=0$,$v$ 在 D 内也为常数,从而 $f(z)$ 在 D 内为常数. 同理可证,若 $\mathrm{Im}f(z)$ 为常数,则 $f(z)$ 在 D 内也为常数.

(3) $|f(z)|$ 在 D 内为常数,即 $|f(z)|^2=u^2+v^2=c$ (c 为复常数).

若 $c=0$,则 $u=0$,$v=0$,于是 $f(z)=0$,结论成立.

若 $c\neq 0$,在 $u^2+v^2=c$ 的两边分别对 x,y 求偏导数,得

$$2u\frac{\partial u}{\partial x}+2v\frac{\partial v}{\partial x}=0,\quad 2u\frac{\partial u}{\partial y}+2v\frac{\partial v}{\partial y}=0.$$

由于 $f(z)$ 在 D 内解析,可知 C-R 方程成立,即

$$\frac{\partial u}{\partial x}=\frac{\partial v}{\partial y},\quad \frac{\partial u}{\partial y}=-\frac{\partial v}{\partial x}.$$

将上述四个方程联立解得

$$\frac{\partial u}{\partial x}=0,\quad \frac{\partial v}{\partial x}=0,\quad \frac{\partial u}{\partial y}=0,\quad \frac{\partial v}{\partial y}=0,$$

故 $f(z)=u+\mathrm{i}v$ 为常数.

(4) $f(z)=u+\mathrm{i}v$ 及 $\overline{f(z)}=u-\mathrm{i}v$ 均在 D 内解析,因此,由 C-R 方程得

$$\frac{\partial u}{\partial x}=\frac{\partial v}{\partial y},\quad \frac{\partial u}{\partial y}=-\frac{\partial v}{\partial x},$$

$$\frac{\partial u}{\partial x}=\frac{\partial(-v)}{\partial y}=-\frac{\partial v}{\partial y},\quad \frac{\partial u}{\partial y}=-\frac{\partial(-v)}{\partial x}=\frac{\partial v}{\partial x}.$$

由以上四个方程解得

$$\frac{\partial u}{\partial x}=\frac{\partial v}{\partial y}=\frac{\partial u}{\partial y}=\frac{\partial v}{\partial x}=0,$$

即 $f(z)$ 在 D 内为常数.

2.2 解析函数与调和函数的关系

定义 2.2.1 若二元实函数 $\varphi(x,y)$ 在区域 D 内具有二阶连续偏导数,且在 D 内满足**拉普拉斯方程**

$$\frac{\partial^2\varphi}{\partial x^2}+\frac{\partial^2\varphi}{\partial y^2}=0,$$

则称 $\varphi(x,y)$ 是区域 D 内的**调和函数**.

定理 2.2.1 若 $f(z)=u(x,y)+\mathrm{i}v(x,y)$ 是区域 D 内的解析函数,则 $u(x,y)$ 和 $v(x,y)$ 都是 D 内的调和函数.

证 因 $f(z)=u+\mathrm{i}v$ 在 D 内解析,因此 u 和 v 都满足以下 C-R 方程:

$$\frac{\partial u}{\partial x}=\frac{\partial v}{\partial y},\quad \frac{\partial u}{\partial y}=-\frac{\partial v}{\partial x}.$$

由于解析函数有一个重要性质,即解析函数的导函数仍为解析函数,因此,解析函数的实部与虚部具有任意阶的连续偏导数,从而有

$$\frac{\partial^2 u}{\partial x^2}=\frac{\partial^2 v}{\partial y\partial x},\quad \frac{\partial^2 u}{\partial y^2}=-\frac{\partial^2 v}{\partial x\partial y},$$

$$\frac{\partial^2 u}{\partial x\partial y}=\frac{\partial^2 v}{\partial y^2},\quad -\frac{\partial^2 u}{\partial y\partial x}=\frac{\partial^2 v}{\partial x^2},$$

所以

$$\frac{\partial^2 u}{\partial x^2}+\frac{\partial^2 u}{\partial y^2}=0,\quad \frac{\partial^2 v}{\partial x^2}+\frac{\partial^2 v}{\partial y^2}=0,$$

即 $u(x,y)$ 和 $v(x,y)$ 都是 D 内的调和函数.

注意 本定理反过来不成立,即若 $u(x,y)$ 和 $v(x,y)$ 都是区域 D 内的调和函数,但 $f(z)=u+\mathrm{i}v$ 不一定在区域 D 内解析,这是因为 u 和 v 不一定满足 C-R 方程. 如 $f(z)=$

$(x^2-y^2)+\mathrm{i}(-2xy)$，$u=x^2-y^2$，$u=-2xy$，$u$，$v$均为调和函数，但$f(z)$在全平面上处处不解析. 因此产生下列定义.

定义 2.2.2 设有两个二元实数$\varphi(x,y)$和$\psi(x,y)$，它们都是区域D内的调和函数，且在区域D内满足C-R方程：

$$\frac{\partial \varphi}{\partial x}=\frac{\partial \psi}{\partial y},\quad \frac{\partial \varphi}{\partial y}=-\frac{\partial \psi}{\partial x},$$

则称$\psi(x,y)$是$\varphi(x,y)$的**共轭调和函数**.

注意 依据定义，$\psi(x,y)$是$\varphi(x,y)$的共轭调和函数，但反过来$\varphi(x,y)$不一定是$\psi(x,y)$的共轭调和函数，当且仅当$\psi(x,y)$和$\varphi(x,y)$均为常数时，它们才互为共轭调和函数.

定理 2.2.2 函数$f(z)=u(x,y)+\mathrm{i}v(x,y)$在区域$D$内解析的充分必要条件是在区域$D$内虚部$v(x,y)$是实部$u(x,y)$的共轭调和函数.

根据定理2.2.2，已知调和函数$u(x,y)$，求出它的一个共轭调和函数$v(x,y)$（或者已知调和函数$v(x,y)$，求出另一个函数$u(x,y)$），使得$v(x,y)$是$u(x,y)$的共轭调和函数，从而构造出解析函数$f(z)=u(x,y)+\mathrm{i}v(x,y)$.

例1 验证$u(x,y)=x^2-y^2+xy$是调和函数，并求以$u(x,y)$为实部的解析函数$f(z)=u(x,y)+\mathrm{i}v(x,y)$.

分析 依题意，$u(x,y)=x^2-y^2+xy$，因此$\dfrac{\partial^2 u}{\partial x^2}=2$，$\dfrac{\partial^2 u}{\partial y^2}=-2$，从而有

$$\frac{\partial^2 u}{\partial x^2}+\frac{\partial^2 u}{\partial y^2}=0,$$

即$u(x,y)$为全平面上的调和函数.

下面利用两种方法求$v(x,y)$，使得$f(z)=u(x,y)+\mathrm{i}v(x,y)$为全平面上的解析函数.

解一 偏积分法.

由C-R方程

$$\frac{\partial u}{\partial x}=2x+y=\frac{\partial v}{\partial y},$$

$$v(x,y)=\int(2x+y)\mathrm{d}y=2xy+\frac{1}{2}y^2+g(x),$$

再由$-\dfrac{\partial u}{\partial y}=-(-2y+x)=\dfrac{\partial v}{\partial x}$，解得

$$2y-x=2y+g'(x),$$

$$g'(x)=-x,$$

$$g(x)=-\frac{1}{2}x^2+c.$$

从而

$$v(x,y)=2xy+\frac{1}{2}y^2-\frac{1}{2}x^2+c,$$

于是

$$f(z)=x^2-y^2+xy+\mathrm{i}\left(2xy+\frac{1}{2}y^2-\frac{1}{2}x^2+c\right).$$

解二 不定积分法.

因 $f(z)=u(x,y)+\mathrm{i}v(x,y)$ 在复平面上解析,从而 $f(z)$ 在复平面上处处可导,由求导公式得

$$f'(z)=\frac{\partial u}{\partial x}-\mathrm{i}\frac{\partial u}{\partial y}=(2x+y)-\mathrm{i}(-2y+x).$$

利用 $x=\frac{z+\bar{z}}{2}, y=\frac{z-\bar{z}}{2\mathrm{i}}$ 得 $f'(z)=2z-\mathrm{i}z$,因此

$$f(z)=z^2-\frac{\mathrm{i}}{2}z^2+c=x^2-y^2+xy+\mathrm{i}\left(2xy+\frac{1}{2}y^2-\frac{1}{2}x^2+c\right).$$

例 2 求一个解析函数 $f(z)$,使其虚部为 $v=2x^2-2y^2+x$,且满足条件 $f(0)=1$.

解一 偏积分法.

由于 $\frac{\partial^2 v}{\partial x^2}+\frac{\partial^2 v}{\partial y^2}=4+(-4)=0$,故 v 为全平面上的调和函数,即把 v 作为虚部,可以构造出在全平面上处处解析的解析函数 $f(z)=u+\mathrm{i}v$. 由 C-R 方程

$$\frac{\partial u}{\partial x}=\frac{\partial v}{\partial y}=-4y,$$

$$u=\int -4y\mathrm{d}x=-4xy+g(y),$$

再由 $\frac{\partial u}{\partial y}=-\frac{\partial v}{\partial x}=-(4x+1)$,解得

$$-4x+g'(y)=-4x-1, \quad 即 \quad g'(y)=-1,$$

则

$$g(y)=-y+c.$$

因此

$$u=-4xy-y+c.$$

所以

$$f(z)=-4xy-y+c+\mathrm{i}(2x^2-2y^2+x)=2\mathrm{i}z^2+\mathrm{i}z+c.$$

再由 $f(0)=1$,可得 $c=1$,故

$$f(z)=2\mathrm{i}z^2+\mathrm{i}z+1.$$

解二 不定积分法.

$$f'(z)=\frac{\partial v}{\partial y}+\mathrm{i}\frac{\partial v}{\partial x}=-4y+\mathrm{i}(4x+1)=4\mathrm{i}(x+\mathrm{i}y)+\mathrm{i}=4\mathrm{i}z+\mathrm{i},$$

所以

$$f(z)=2\mathrm{i}z^2+\mathrm{i}z+c.$$

再由 $f(0)=1$,得 $c=1$,故

$$f(z)=2\mathrm{i}z^2+\mathrm{i}z+1.$$

例 3 如果 $f(z)=u+\mathrm{i}v$ 为解析函数,试证 $-u$ 是 v 的共轭调和函数.

证一 令 $g(z)=-\mathrm{i}$,则易知 $g(z)$ 为解析函数,而已知 $f(z)=u+\mathrm{i}v$ 为解析函数,从而 $f(z)g(z)$ 也为解析函数,即 $f(z)g(z)=v-\mathrm{i}u$ 为解析函数. 根据本节定理2.2.2知,$-u$ 是 v 的共轭调和函数.

证二 $f(z)=u+\mathrm{i}v$ 为解析函数,由本节定理 2.2.1 知,u 和 v 均为调和函数.

又 u 和 v 满足 C-R 方程

$$\frac{\partial u}{\partial x}=\frac{\partial v}{\partial y},\quad \frac{\partial u}{\partial y}=-\frac{\partial v}{\partial x},$$

即为

$$\frac{\partial v}{\partial x}=\frac{\partial(-u)}{\partial y},\quad \frac{\partial v}{\partial y}=-\frac{\partial(-u)}{\partial x}.$$

由共轭调和函数的定义知,$-u$ 是 v 的共轭调和函数.

2.3 初等函数

本节介绍几种最简单、最基本且最常用的初等函数:指数函数、对数函数、幂函数和三角函数. 它们都是实变函数中的初等函数在复数域内的推广,但在推广的过程中,也出现了许多新的性质,如指数函数的周期性,对数函数的无穷多值性,正弦、余弦函数的无界性. 本节将详细讨论这些与实函数完全不同的性质及这些初等函数的解析性.

2.3.1 指数函数

定义 2.3.1 设 $z=x+\mathrm{i}y$ 为任意复数,定义 $\mathrm{e}^z=\mathrm{e}^{x+\mathrm{i}y}=\mathrm{e}^x(\cos y+\mathrm{i}\sin y)$ 为**指数函数**.

例如 $\mathrm{e}^{1+\mathrm{i}}=\mathrm{e}(\cos 1+\mathrm{i}\sin 1)$,$\mathrm{e}^{\mathrm{i}\frac{\pi}{2}}=\cos\frac{\pi}{2}+\mathrm{i}\sin\frac{\pi}{2}=\mathrm{i}$,由定义知复数 e^z 的模 $|\mathrm{e}^z|=\mathrm{e}^x$,其辐角 $\mathrm{Arg}\,\mathrm{e}^z=y+2k\pi$($k$ 为任意整数).

当 $y=0$ 时,$z=x$,此时 $\mathrm{e}^z=\mathrm{e}^x$ 为实指数函数.

当 $x=0$ 时,$z=\mathrm{i}y$,此时 $\mathrm{e}^{\mathrm{i}y}=\cos y+\mathrm{i}\sin y$,这个式子称为**欧拉公式**.

指数函数具有下列性质.

性质1 对任何复数 z,$e^z \neq 0$,这是因为 $|e^z| = e^x \neq 0$.

性质2 $e^{z+2k\pi i} = e^z (k = 0, \pm 1, \pm 2, \cdots)$,即指数函数 e^z 是一个以 $2k\pi i$ 为周期的函数.这个性质是实指数函数 e^x 所没有的.

证 设 $z = x + iy$,则

$$\begin{aligned} e^{z+2k\pi i} &= e^{x+i(y+2k\pi)} = e^x[\cos(y+2k\pi) + i\sin(y+2k\pi)] \\ &= e^x(\cos y + i\sin y) = e^{x+iy} = e^z. \end{aligned}$$

性质3 加法公式:对任意两个复数 z_1, z_2,$e^{z_1} \cdot e^{z_2} = e^{z_1+z_2}$.

证 设 $z_1 = x_1 + iy_1$,$z_2 = x_2 + iy_2$,则由定义知

$$\begin{aligned} e^{z_1} \cdot e^{z_2} &= e^{x_1+iy_1} \cdot e^{x_2+iy_2} = e^{x_1}(\cos y_1 + i\sin y_1) \cdot e^{x_2}(\cos y_2 + i\sin y_2) \\ &= e^{x_1+x_2}[\cos(y_1+y_2) + i\sin(y_1+y_2)] \\ &= e^{x_1+x_2+i(y_1+y_2)} = e^{(x_1+iy_1)+(x_2+iy_2)} \\ &= e^{z_1+z_2}. \end{aligned}$$

性质4 若 $e^{z_1} = e^{z_2}$,则 $z_1 = z_2 + 2k\pi i$,其中 k 为任意整数.

证 设 $z_1 = x_1 + iy_1$,$z_2 = x_2 + iy_2$,由于 $e^{z_1} = e^{z_2}$,所以 $|e^{z_1}| = |e^{z_2}|$,即 $e^{x_1} = e^{x_2}$(注意 x_1, x_2 均为实数),从而

$$x_1 = x_2.$$

又因

$$e^{z_1} = e^{x_1}(\cos y_1 + i\sin y_1) = e^{z_2} = e^{x_2}(\cos y_2 + i\sin y_2),$$

即

$$\cos y_1 + i\sin y_1 = \cos y_2 + i\sin y_2,$$

所以

$$y_1 = y_2 + 2k\pi \quad (k \text{ 为任意整数}).$$

综上所述,$z_1 = x_1 + iy_1 = x_2 + i(y_2 + 2k\pi) = z_2 + 2k\pi i$.

性质5 $\lim\limits_{z\to\infty} e^z$ 不存在,也不等于 ∞.

证 当 z 沿实轴正向趋向于 ∞ 时,即取 $z = x > 0$,则

$$\lim_{z=x\to+\infty} e^z = \lim_{x\to+\infty} e^x = +\infty;$$

当 z 沿实轴负向趋向于 ∞ 时,即取 $z = x < 0$,则

$$\lim_{z=x\to-\infty} e^z = \lim_{x\to-\infty} e^x = 0.$$

由于上述两个极限值不同,因此 $\lim\limits_{z\to\infty} e^z$ 不存在,也不可能为 ∞.

性质6 指数函数 e^z 在全平面上解析,且 $(e^z)' = e^z$.

证 设 $z = x + iy$,$e^z = u(x,y) + iv(x,y)$,则

$$u(x,y)=\mathrm{e}^x\cos y,\quad v(x,y)=\mathrm{e}^x\sin y,$$

于是

$$\frac{\partial u}{\partial x}=\frac{\partial v}{\partial y}=\mathrm{e}^x\cos y,\quad \frac{\partial u}{\partial y}=-\frac{\partial v}{\partial x}=-\mathrm{e}^x\sin y,$$

显然这四个偏导数连续且满足C-R方程,因此,e^z 在全平面上解析,且

$$(\mathrm{e}^z)'=\frac{\partial u}{\partial x}-\mathrm{i}\frac{\partial u}{\partial y}=\mathrm{e}^x\cos y+\mathrm{i}\mathrm{e}^x\sin y=\mathrm{e}^z.$$

例1 设 $z=x+\mathrm{i}y$,计算 $|\mathrm{e}^{\mathrm{i}-2z}|$,$|\mathrm{e}^{z^2}|$ 及 $\mathrm{Re}(\mathrm{e}^{\frac{1}{z}})$.

解

$$|\mathrm{e}^{\mathrm{i}-2z}|=|\mathrm{e}^{-2x+\mathrm{i}(1-2y)}|=\mathrm{e}^{-2x},$$

$$|\mathrm{e}^{z^2}|=|\mathrm{e}^{(x+\mathrm{i}y)^2}|=|\mathrm{e}^{x^2-y^2+2xy\mathrm{i}}|=\mathrm{e}^{x^2-y^2},$$

$$\mathrm{Re}(\mathrm{e}^{\frac{1}{z}})=\mathrm{Re}(\mathrm{e}^{\frac{1}{x+\mathrm{i}y}})=\mathrm{Re}(\mathrm{e}^{\frac{x}{x^2+y^2}+\mathrm{i}\frac{-y}{x^2+y^2}})=\mathrm{e}^{\frac{x}{x^2+y^2}}\cos\frac{y}{x^2+y^2}.$$

例2 计算 $\mathrm{e}^{\frac{2-\pi\mathrm{i}}{3}}$.

解 $$\mathrm{e}^{\frac{2-\pi\mathrm{i}}{3}}=\mathrm{e}^{\frac{2}{3}}\left[\cos\left(-\frac{\pi}{3}\right)+\mathrm{i}\sin\left(-\frac{\pi}{3}\right)\right]=\mathrm{e}^{\frac{2}{3}}\left(\frac{1}{2}-\frac{\sqrt{3}}{2}\mathrm{i}\right)=\frac{1}{2}\mathrm{e}^{\frac{2}{3}}(1-\sqrt{3}\mathrm{i}).$$

例3 解方程 $\mathrm{e}^z-1-\mathrm{i}\sqrt{3}=0$.

解 $$\mathrm{e}^z=1+\mathrm{i}\sqrt{3}=2\left(\frac{1}{2}+\frac{\sqrt{3}}{2}\mathrm{i}\right)=2\left(\cos\frac{\pi}{3}+\mathrm{i}\sin\frac{\pi}{3}\right)=\mathrm{e}^{\ln 2+\mathrm{i}\frac{\pi}{3}},$$

所以由指数函数的性质4知,

$$z=\ln 2+\mathrm{i}\frac{\pi}{3}+2k\pi\mathrm{i}=\ln 2+\mathrm{i}\left(\frac{\pi}{3}+2k\pi\right)\quad(k\text{ 为任意整数}).$$

2.3.2 对数函数

定义2.3.2 设已知复数 $z\neq 0$ 满足等式 $\mathrm{e}^\omega=z$,则称 ω 为 z 的**对数函数**,记为 $\omega=\mathrm{Ln}z$.

令 $z=r\mathrm{e}^{\mathrm{i}\theta}$($r$ 为 z 的模,θ 为 z 的辐角主值),$\omega=u+\mathrm{i}v$,则 $\mathrm{e}^\omega=z$ 即为

$$\mathrm{e}^{u+\mathrm{i}v}=r\mathrm{e}^{\mathrm{i}\theta}=\mathrm{e}^{\ln r+\mathrm{i}\theta},$$

所以,实部 $u=\ln r=\ln|z|$,虚部 $v=\theta+2k\pi=\arg z+2k\pi=\mathrm{Arg}z$,因此

$$\omega=\mathrm{Ln}z=\ln|z|+\mathrm{i}(\arg z+2k\pi)=\ln|z|+\mathrm{i}\mathrm{Arg}z.$$

由上可见,$\mathrm{Ln}z$ $(z\neq 0)$ 是多值函数,而且任意两个值相差 $2\pi\mathrm{i}$ 的整数倍. 我们规定 $\mathrm{Ln}z$ 的**主值**为

$$\ln z=\ln|z|+\mathrm{i}\arg z\ (-\pi<\arg z\leqslant\pi).$$

注意 $\ln z$ 是单值函数,而 $\mathrm{Ln}z$ 是多值函数,如当 $z=-1$ 时,$|z|=1$,$\arg z=\arg(-1)=\pi$,因此

$$\ln(-1)=\ln|-1|+\mathrm{i}\arg(-1)=\mathrm{i}\pi,$$

$$\mathrm{Ln}(-1)=\ln|-1|+\mathrm{i}\arg(-1)+2k\pi\mathrm{i}=(2k+1)\pi\mathrm{i}\quad(k\text{ 为任意整数}).$$

例 4 计算 Lni,lni 及 Ln(3－4i),ln(3－4i).

解 因为 $|\mathrm{i}|=1,\arg(\mathrm{i})=\dfrac{\pi}{2}$,所以

$$\ln\mathrm{i}=\ln|\mathrm{i}|+\mathrm{i}\arg(\mathrm{i})=\frac{\pi}{2}\mathrm{i},$$

$$\mathrm{Ln}(\mathrm{i})=\ln|\mathrm{i}|+\mathrm{i}\arg(\mathrm{i})+2k\pi\mathrm{i}=\left(2k\pi+\frac{\pi}{2}\right)\mathrm{i}\quad(k\text{ 为任意整数}).$$

因为

$$|3-4\mathrm{i}|=\sqrt{3^2+(-4)^2}=5,\quad \arg(3-4\mathrm{i})=-\arctan\frac{4}{3},$$

所以

$$\ln(3-4\mathrm{i})=\ln|3-4\mathrm{i}|+\mathrm{i}\arg(3-4\mathrm{i})=\ln5-\mathrm{i}\arctan\frac{4}{3},$$

$$\begin{aligned}\mathrm{Ln}(3-4\mathrm{i})&=\ln|3-4\mathrm{i}|+\mathrm{i}\arg(3-4\mathrm{i})+2k\pi\mathrm{i}\\&=\ln5+\mathrm{i}\left(2k\pi-\arctan\frac{4}{3}\right)\quad(k\text{ 为任意整数}).\end{aligned}$$

对数函数有以下性质.

性质 1 $\mathrm{Ln}(z_1z_2)=\mathrm{Ln}z_1+\mathrm{Ln}z_2,\mathrm{Ln}\dfrac{z_1}{z_2}=\mathrm{Ln}z_1-\mathrm{Ln}z_2$.

证

$$\begin{aligned}\mathrm{Ln}(z_1z_2)&=\ln|z_1z_2|+\mathrm{iArg}(z_1z_2)=\ln|z_1|+\ln|z_2|+\mathrm{i}(\mathrm{Arg}z_1+\mathrm{Arg}z_2)\\&=\ln|z_1|+\mathrm{iArg}z_1+\ln|z_2|+\mathrm{iArg}z_2=\mathrm{Ln}z_1+\mathrm{Ln}z_2,\end{aligned}$$

$$\begin{aligned}\mathrm{Ln}\frac{z_1}{z_2}&=\ln\left|\frac{z_1}{z_2}\right|+\mathrm{iArg}\left(\frac{z_1}{z_2}\right)=\ln|z_1|-\ln|z_2|+\mathrm{i}(\mathrm{Arg}z_1-\mathrm{Arg}z_2)\\&=\ln|z_1|+\mathrm{iArg}z_1-(\ln|z_2|+\mathrm{iArg}z_2)=\mathrm{Ln}z_1-\mathrm{Ln}z_2.\end{aligned}$$

注意 这两个运算性质必须这样理解:对于它们左边的多值函数的任一个值,一定有右边的两多值函数的各一值与它对应,使等式成立;反过来也是这样,即可以理解成左、右两个集合相等.

还要注意在复变函数里下列式子不再成立:

$$\mathrm{Ln}z^n=n\mathrm{Ln}z,\quad \mathrm{Ln}\sqrt[n]{z}=\frac{1}{n}\mathrm{Ln}z.$$

如 $\mathrm{Ln}z^2$ 并不等于 $2\mathrm{Ln}z$,事实上,设 $z=re^{\mathrm{i}\theta}(r\neq0)$,其中 $|z|=r,\arg z=\theta$,于是

$$z^2=r^2e^{\mathrm{i}2\theta},$$

$$\mathrm{Ln}z^2=\ln|z^2|+\mathrm{iArg}(z^2)=\ln r^2+\mathrm{i}(2\theta+2k\pi)\quad(k=0,\pm1,\pm2,\cdots),$$

$$2\mathrm{Ln}z = 2\ln r + \mathrm{i}(2\theta + 4k\pi) \quad (k = 0, \pm 1, \pm 2, \cdots),$$

所以 $\mathrm{Ln}z^2$ 的值比 $2\mathrm{Ln}z$ 的值多. 另外,在实数范围内,$\mathrm{Ln}z^2$ 的 z 可取负实数,而 $2\mathrm{Ln}z$ 的 z 只能取正实数.

性质 2 主值 $\ln z$ 在除去原点及负实轴的复平面上解析,且 $(\ln z)' = \frac{1}{z}$,$\mathrm{Ln}z$ 在除去原点及负实轴的复平面上也解析,$(\mathrm{Ln}z)' = \frac{1}{z}$.

证 令 $z = x + \mathrm{i}y$,则

$$\ln z = \ln|z| + \mathrm{i}\arg z = \frac{1}{2}\ln(x^2 + y^2) + \mathrm{i}\arg z \quad (-\pi < \arg z \leqslant \pi).$$

实部 $\frac{1}{2}\ln(x^2 + y^2)$ 除原点外处处连续,而 $\arg z$ 在原点和负实轴上都不连续. 这是因为,当 $x < 0$ 时,$\lim\limits_{y\to 0^+}\arg z = \pi$,$\lim\limits_{y\to 0^-}\arg z = -\pi$,因此,$\omega = \ln z$ 在原点和负实轴上不可导,在其他点都可导. $\omega = \ln z$ 是单值函数,是指数函数的反函数,由反函数的求导法则得

$$(\ln z)' = \frac{1}{(\mathrm{e}^{\omega})'} = \frac{1}{\mathrm{e}^{\omega}} = \frac{1}{z},$$

而 $\mathrm{Ln}z = \ln z + 2k\pi\mathrm{i}$,因此 $\mathrm{Ln}z$ 也在除去原点及负实轴的复平面上解析,即

$$(\mathrm{Ln}z)' = (\ln z + 2k\pi\mathrm{i})' = \frac{1}{z}.$$

2.3.3 幂函数

定义 2.3.3 当 $z \neq 0$ 时,对任意复常数 a,我们规定

$$\omega = z^a = \mathrm{e}^{a\mathrm{Ln}z},$$

称 $\omega = z^a$ 为 z 的**幂函数**.

另外,在 a 是正实数的情形下,补充规定当 $z = 0$ 时,$z^a = 0$.

由于 $\mathrm{Ln}z$ 是多值函数,因此 $\omega = z^a = \mathrm{e}^{a\mathrm{Ln}z}$ 也是多值函数.

当 $\mathrm{Ln}z$ 取主值 $\ln z$ 时,对应的 $\mathrm{e}^{a\ln z}$ 称为函数 z^a 的主值. 下面对 a 的取值情况作一个讨论.

当 a 取整数 n 时,$\omega = z^n = \mathrm{e}^{n\mathrm{Ln}z} = \mathrm{e}^{n[\ln|z| + \mathrm{i}\arg z + \mathrm{i}2k\pi]} = \mathrm{e}^{n\ln|z|}\cdot\mathrm{e}^{\mathrm{i}n\mathrm{Arg}z} = |z|^n\mathrm{e}^{\mathrm{i}n\mathrm{Arg}z}$,是单值函数.

当 $a = \frac{1}{n}$ 时,其中 n 为自然数,$\omega = z^{\frac{1}{n}} = \sqrt[n]{z}$ 为 z 的 n 次方根,此时

$$\begin{aligned}\omega = z^{\frac{1}{n}} &= \mathrm{e}^{\frac{1}{n}\mathrm{Ln}z} = \mathrm{e}^{\frac{1}{n}[\ln|z| + \mathrm{i}\arg z + 2k\pi\mathrm{i}]}\\ &= |z|^{\frac{1}{n}}\cdot\mathrm{e}^{\mathrm{i}\frac{\arg z + 2k\pi}{n}} \quad (k = 0, 1, 2, \cdots, n-1)\end{aligned}$$

是 n 值函数.

当 a 为有理数 $\frac{q}{p}$ 时，其中 p,q 为互质的整数，$q>0$，

$$\omega = z^{\frac{q}{p}} = e^{\frac{q}{p}\mathrm{Ln}z} = e^{\frac{q}{p}[\ln|z|+\mathrm{i}\arg z+2k\pi\mathrm{i}]}$$
$$= |z|^{\frac{q}{p}} \cdot e^{\mathrm{i}\frac{q}{p}(\arg z+2k\pi)} \quad (k=0,1,2,\cdots,p-1)$$

是 p 值函数.

当 a 为无理数或复数($\mathrm{Im}a \neq 0$)时，

$$\omega = z^a = e^{a\mathrm{Ln}z}$$

为无穷多值函数.

如 $1^{\sqrt{2}} = e^{\sqrt{2}\mathrm{Ln}1} = e^{\mathrm{i}\sqrt{2}\cdot 2k\pi} = \cos 2\sqrt{2}k\pi + \mathrm{i}\sin 2\sqrt{2}k\pi \quad (k=0,\pm 1,\pm 2,\cdots)$，

$\mathrm{i}^{\mathrm{i}} = e^{\mathrm{i}\mathrm{Ln}\mathrm{i}} = e^{\mathrm{i}(\ln|\mathrm{i}|+\mathrm{i}\frac{\pi}{2}+\mathrm{i}2k\pi)} = e^{-\left(\frac{\pi}{2}+2k\pi\right)} \quad (k=0,\pm 1,\pm 2,\cdots)$.

例 5 计算 $f(z)=e^z$ 在 $z=1+\mathrm{i}$ 处的值及 $g(z)=z^{1+\mathrm{i}}$ 在 $z=e$ 处的值，并说明为什么不同.

解 $f(z)=e^z$ 为指数函数，于是

$$f(1+\mathrm{i}) = e^{1+\mathrm{i}} = e(\cos 1 + \mathrm{i}\sin 1).$$

$g(z)=z^{1+\mathrm{i}}$ 为幂函数，于是

$$g(z) = e^{(1+\mathrm{i})\mathrm{Ln}z},$$

从而

$$g(e) = e^{(1+\mathrm{i})\mathrm{Ln}e} = e^{(1+\mathrm{i})(\ln|e|+\mathrm{i}2k\pi)} = e^{(1+\mathrm{i})(1+2k\pi\mathrm{i})}$$
$$= e^{1-2k\pi}(\cos 1+\mathrm{i}\sin 1) \quad (k=0,\pm 1,\pm 2,\cdots).$$

由于 $f(z),g(z)$ 是两个不同的函数，所以结果完全不同.

由于 $\mathrm{Ln}z$ 的各个分支在除去原点和负实轴的复平面内是解析的，因而幂函数 $\omega=z^a$ 的相应各个分支也在除去原点和负实轴的复平面内解析，且 $(z^a)'=az^{a-1}$.

2.3.4 三角函数

对任何实数 y，由欧拉公式

$$e^{\mathrm{i}y} = \cos y + \mathrm{i}\sin y, \quad e^{-\mathrm{i}y} = \cos y - \mathrm{i}\sin y$$

得

$$\cos y = \frac{e^{\mathrm{i}y}+e^{-\mathrm{i}y}}{2}, \quad \sin y = \frac{e^{\mathrm{i}y}-e^{-\mathrm{i}y}}{2\mathrm{i}}.$$

将上式中的实数 y 推广到复数 z，就得到下列定义.

定义 2.3.4 **余弦函数** $\cos z = \frac{e^{\mathrm{i}z}+e^{-\mathrm{i}z}}{2}$，**正弦函数** $\sin z = \frac{e^{\mathrm{i}z}-e^{-\mathrm{i}z}}{2\mathrm{i}}$.

利用定义可证明正弦函数与余弦函数有下列性质.

性质 1 对任何复数 z，有 $e^{\mathrm{i}z}=\cos z+\mathrm{i}\sin z$，$e^{-\mathrm{i}z}=\cos z-\mathrm{i}\sin z$.

性质 2 $\sin z$ 和 $\cos z$ 均为单值函数.

性质3　$\sin z$ 和 $\cos z$ 均为以 2π 为周期的周期函数.

性质4　$\sin z$ 是奇函数,$\cos z$ 是偶函数.

性质5　$\sin z$ 和 $\cos z$ 都是无界函数.

注意　在实数域内,不等式 $|\sin x|\leqslant 1$ 和 $|\cos x|\leqslant 1$ 都成立,但在复数域内这两个不等式都不成立,而且 $\sin z$ 和 $\cos z$ 都是无界的复函数. 如 y 为实数时,$\cos \mathrm{i}y=\frac{1}{2}(\mathrm{e}^{y}+\mathrm{e}^{-y})$,显然有 $\lim\limits_{y\to\infty}\cos \mathrm{i}y=+\infty$.

性质6　$\sin z=0$,当且仅当 $z=k\pi(k=0,\pm 1,\pm 2,\cdots)$;$\cos z=0$,当且仅当 $z=\left(k+\frac{1}{2}\right)\pi\ (k=0,\pm 1,\pm 2,\cdots)$.

性质7　所有实三角函数公式在复数域内全部都成立. 如:

$\cos(z_1\pm z_2)=\cos z_1\cos z_2\mp\sin z_1\sin z_2$;

$\sin(z_1\pm z_2)=\sin z_1\cos z_2\pm\cos z_1\sin z_2$;

$\sin^2 z+\cos^2 z=1$;

$\cos\left(z+\frac{\pi}{2}\right)=-\sin z,\sin\left(z+\frac{\pi}{2}\right)=\cos z$,等等.

性质8　$\sin z$ 和 $\cos z$ 在整个复平面上解析,且 $(\sin z)'=\cos z,(\cos z)'=-\sin z$.

类似地,可定义下列函数:

正切函数 $\tan z=\frac{\sin z}{\cos z}$;　**余切函数** $\cot z=\frac{\cos z}{\sin z}$;

正割函数 $\sec z=\frac{1}{\cos z}$;　**余割函数** $\csc z=\frac{1}{\sin z}$.

这四个函数在复平面上除去使分母为零的点外都解析,且

$$(\tan z)'=\sec^2 z;\quad (\cot z)'=-\csc^2 z;$$
$$(\sec z)'=\sec z\tan z;\quad (\csc z)'=-\csc z\cot z.$$

例6　计算 $\sin(-\mathrm{i})$ 及 $\cos\mathrm{i}$.

解　由 $\sin z=\frac{\mathrm{e}^{\mathrm{i}z}-\mathrm{e}^{-\mathrm{i}z}}{2\mathrm{i}}$,得

$$\sin(-\mathrm{i})=\frac{\mathrm{e}-\mathrm{e}^{-1}}{2\mathrm{i}}=\frac{1}{2}(\mathrm{e}^{-1}-\mathrm{e})\mathrm{i}.$$

由 $\cos z=\frac{\mathrm{e}^{\mathrm{i}z}+\mathrm{e}^{-\mathrm{i}z}}{2}$,得

$$\cos\mathrm{i}=\frac{\mathrm{e}^{-1}+\mathrm{e}}{2}.$$

例7　解方程 $\sin z-\cos z=1$.

解　由于

$$\sin z-\cos z=\sqrt{2}\left(\sin z\cos\frac{\pi}{4}-\cos z\sin\frac{\pi}{4}\right)=\sqrt{2}\sin\left(z-\frac{\pi}{4}\right),$$

所以方程 $\sin z-\cos z=1$ 等价于 $\sin\left(z-\frac{\pi}{4}\right)=\frac{\sqrt{2}}{2}$,即

$$\sin\left(z-\frac{\pi}{4}\right)=\sin\frac{\pi}{4}=\sin\left(\pi-\frac{\pi}{4}\right),$$

从而

$$z-\frac{\pi}{4}=\frac{\pi}{4}+2k\pi \quad 或 \quad z-\frac{\pi}{4}=2k\pi+\pi-\frac{\pi}{4},$$

即

$$z=\frac{\pi}{2}+2k\pi \quad 或 \quad z=(2k+1)\pi \quad (k=0,\pm 1,\pm 2,\cdots).$$

习　题　2

1. 填空题.

(1) $f(0)=0,f'(0)=1+\mathrm{i}$,则 $\lim\limits_{z\to 0}\frac{f(z)}{z}=$ ________.

(2) 在复平面上,函数 $f(z)=x^2-y^2-x+\mathrm{i}(2xy-y^2)$ 在________上可导.

(3) $f(z)=x^2+2xy-y^2+\mathrm{i}(y^2+axy-x^2)$ 在复平面上处处解析,那么常数 $a=$ ________.

(4) $z_0=-1+\sqrt{3}\mathrm{i}$ 的指数表示式 $z_0=$ ________.

(5) 方程 $\mathrm{e}^{-z}-1=0$ 的全部解为________.

(6) i^{i} 的主值为________.

(7) 满足 $|\tan z|=1$ 的一切 z 值为________.

(8) 设 $u=\mathrm{e}^{px}\sin y$ 为调和函数,则 $p=$ ________.

2. 选择题.

(1) 设 $f(z)=u+\mathrm{i}v$ 在区域 D 内有定义,则在 D 内(　　).

A. 由 u,v 为调和函数可推得 $f(z)$ 在 D 内解析

B. 由 u,v 满足 C-R 方程可推得 $f(z)$ 在 D 内解析

C. 由 v 为 u 的共轭调和函数可推得 $f(z)$ 在 D 内解析

D. A,B,C 都不成立

(2) 设 $f(z)=x^2+\mathrm{i}y^2$,则 $f'(1+\mathrm{i})=$ (　　).

A. 2　　B. $2\mathrm{i}$　　C. $1+\mathrm{i}$　　D. $2+2\mathrm{i}$

(3) $(-3)^{\sqrt{2}}$ (　　).

A. 无定义　　B. 等于 $\mathrm{e}^{\sqrt{2}\ln 3}$

C. 是复数,其实部等于 $\mathrm{e}^{\sqrt{2}\ln 3}$　　D. 是复数,其模等于 $\mathrm{e}^{\sqrt{2}\ln 3}$

(4) 设 $f(z)=\sin z$，则下列命题中不正确的是(　　).

A. $f(z)$ 在复平面上处处解析　　B. $f(z)$ 以 2π 为周期

C. $f(z)=\dfrac{e^{iz}-e^{-iz}}{2}$　　D. $|f(z)|$ 是无界的

3. 判断下列命题哪些是正确的：

(1) 若 $f(z)$ 在点 z_0 连续，则 $f'(z_0)$ 存在；

(2) 若 $f'(z_0)$ 存在，则 $f(z)$ 在点 z_0 解析；

(3) 若点 z_0 为 $f(z)$ 的奇点，则 $f'(z_0)$ 不存在；

(4) 若 $f(z)$ 在点 z_0 连续，则 $\overline{f(z)}$ 在点 z_0 也连续；

(5) 若 $f(z)$ 在点 z_0 可导，则 $\overline{f(z)}$ 在点 z_0 也可导；

(6) 若 $u(x,y)$ 和 $v(x,y)$ 都可微，则 $f(z)=u(x,y)+iv(x,y)$ 也可微；

(7) $f(z)=e^{\bar{z}}$ 在复平面上无可导点；

(8) 设 a 是复数，则 z^a 在复平面上处处解析；

(9) 设 $z=x+iy$，x,y 为实数，则 $|\cos(x+iy)|\leqslant 1$；

(10) 设 $f(z)=u+iv$ 在 D 内解析，则函数 $\dfrac{\partial u}{\partial x}+i\dfrac{\partial v}{\partial x}$ 在 D 内也解析.

4. 由下列条件求解析函数 $f(z)=u+iv$，并求出 $f'(z)$.

(1) $u=x^3-3xy^2$，$f(0)=i$；

(2) $v=e^x(y\cos y+x\sin y)$，$f(0)=0$.

5. 求出实常数 a,b,c，使下列函数解析：

(1) $f(z)=ay^3+bx^2y+i(x^3+cxy^2)$；

(2) $f(z)=x+ay+i(bx+cy)$.

6. (1) 如果 $f(z)=u+iv$ 是一解析函数，试证：$\overline{i\,\overline{f(z)}}$ 也是解析函数.

(2) 如果 $f(z)=u+iv$ 是一解析函数，试证：uv 是调和函数且 u^2-v^2+i2uv 也是解析函数.

7. 求下列各式的值：

(1) $e^{1-\frac{x}{3}i}$；　(2) $\mathrm{Ln}(1+\sqrt{3}i)$；　(3) 1^a(a 为任意实数)；

(4) $(1-i)^{1+i}$；　(5) $\cos(2i)$；　(6) $\sin(1+2i)$.

8. 解下列方程：

(1) $e^x=1+\sqrt{3}i$；　(2) $\ln z=\dfrac{\pi}{2}i$；

(3) $\sin z+\cos z=0$；　(4) $\sin z+i\cos z=4i$.

9. 证明：

(1) $\cos(z_1+z_2)=\cos z_1\cos z_2-\sin z_1\sin z_2$；　(2) $\sin 2z=2\sin z\cos z$；

(3) $\sin^2 z+\cos^2 z=1$；　(4) $\sin\left(\dfrac{\pi}{2}-z\right)=\cos z$.

第 3 章　复变函数的积分

复变函数的积分是研究解析函数的一个重要工具，解析函数的许多重要性质都可以通过复变函数的积分得到. 除复变函数积分的定义、基本性质和计算方法外，本章还主要介绍了柯西积分定理及柯西积分公式，希望读者能结合微积分的有关知识进行学习和领会.

3.1　复变函数的积分

3.1.1　复变函数积分的定义

复变函数的积分主要考虑在复平面上曲线的积分，这里的曲线仅限于光滑或逐段光滑的简单曲线.

我们首先规定曲线的方向. 设 C 是光滑或逐段光滑的简单闭曲线，当观察者沿 C 环行时，围在线内部的区域 D 总在观察者的左手一方，则称此环行方向为 C 的正向，记为 C^+；相反的方向称为 C 的负向，记为 C^-. 因此，如果 C 是一条光滑的简单闭曲线，则逆时针方向为 C 的正向，顺时针方向为 C 的负向，如图 3-1-1 所示.

另外，若 C 不是闭曲线，则通过指明始点和终点来确定方向，如图 3-1-2 所示.

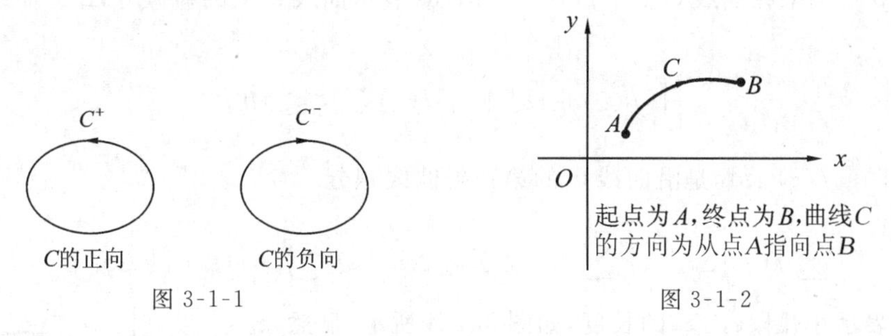

图 3-1-1　　　　图 3-1-2

定义 3.1.1　设 C 是复平面上的一条光滑或逐段光滑曲线，曲线 C 的方程为 $z=z(t)=x(t)+\mathrm{i}y(t)$，起点为 $A=z(\alpha)$，终点为 $B=z(\beta)$，$\alpha\leqslant t\leqslant\beta$. 又设复函数 $f(z)=u(x,y)+\mathrm{i}v(x,y)$ 在 C 上有定义，把曲线 C 任意分割成 n 个小弧段，分点为 $z_0=A, z_1, z_2, \cdots, z_{n-1}, z_n=B$，在每个弧 $\widehat{z_{k-1}z_k}$ 上任取一点 $\xi_k (k=1,2,\cdots,n)$，记 $\Delta z_k=z_k-z_{k-1}$，作和式

$$\sum_{k=1}^{n} f(\xi_k)\Delta z_k.$$

设$\lambda=\max\limits_{1\leqslant k\leqslant n}|\Delta z_k|$,当$\lambda\to 0$时,如果和式的极限存在,且此极限值不依赖于$\xi_k$的选择,也与曲线$C$的分法无关,则称此极限值为$f(z)$沿曲线$C$从$A$到$B$的**复积分**,记为

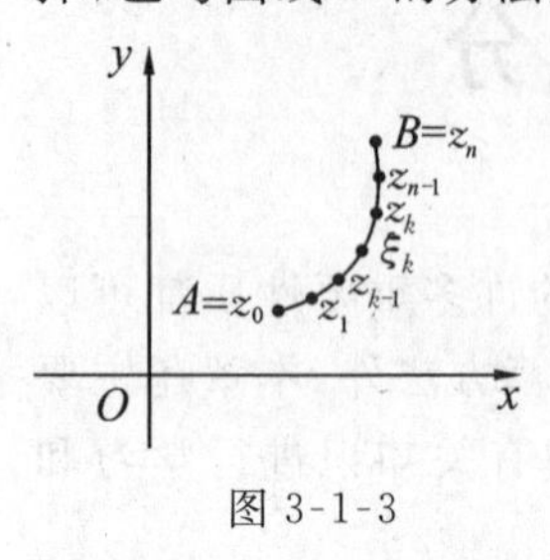

图 3-1-3

$$I=\int_C f(z)\mathrm{d}z=\lim_{\lambda\to 0}\sum_{k=1}^{n}f(\xi_k)\Delta z_k,$$

其中C为**积分路径**,如图 3-1-3 所示.

如果C为闭曲线且为正向,记为$\oint_{C^+}f(z)\mathrm{d}z$(简写为$\oint_C f(z)\mathrm{d}z$);如果$C$为闭曲线且为负向,记为$\oint_{C^-}f(z)\mathrm{d}z$.

3.1.2 复变函数积分的基本性质

由于复积分的定义与微积分中二元函数的第二类曲线积分定义类似,因此,复积分的基本性质也与二元函数第二类曲线积分的基本性质类似,在这里不再证明.

性质 1 如果α是复数,则$\int_C \alpha f(z)\mathrm{d}z=\alpha\int_C f(z)\mathrm{d}z$.

性质 2 $\int_C[f(z)\pm g(z)]\mathrm{d}z=\int_C f(z)\mathrm{d}z\pm\int_C g(z)\mathrm{d}z$.

性质 3 $\int_C f(z)\mathrm{d}z=-\int_{C^-}f(z)\mathrm{d}z$.

性质 4 $\int_C f(z)\mathrm{d}z=\int_{C_1}f(z)\mathrm{d}z+\int_{C_2}f(z)\mathrm{d}z+\cdots+\int_{C_n}f(z)\mathrm{d}z$,其中$C$是由逐段光滑曲线$C_1,C_2,\cdots,C_n$顺序连接而成的.

性质 5 如果在曲线C上$|f(z)|\leqslant M$,$\mathrm{d}s$表示曲线C上的弧微分,L为曲线C的长度,则

$$\left|\int_C f(z)\mathrm{d}z\right|\leqslant\int_C|f(z)|\mathrm{d}s\leqslant ML,$$

其中积分$\int_C|f(z)|\mathrm{d}s$是沿曲线C的第一类曲线积分.

证 $\left|\sum\limits_{k=1}^{n}f(\xi_k)\Delta z_k\right|\leqslant\sum\limits_{k=1}^{n}|f(\xi_k)||\Delta z_k|\leqslant\sum\limits_{k=1}^{n}|f(\xi_k)||\Delta S_k|$,

这里ΔS_k表示小弧段$\overset{\frown}{z_{k-1}z_k}$的长度,如图 3-1-4 所示.显然,$z_{k-1}$到$z_k$的距离为直线段,且$|\Delta z_k|\leqslant|\Delta S_k|$.

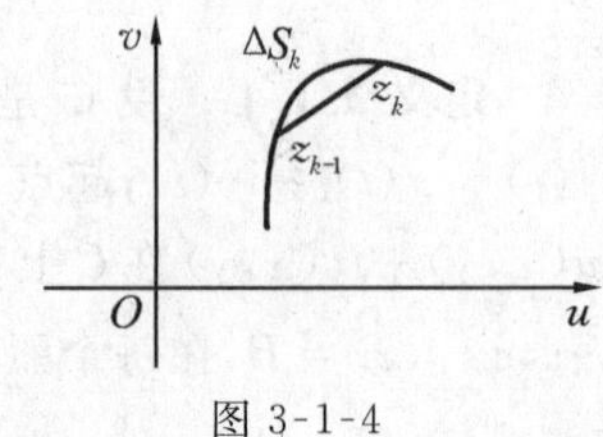

图 3-1-4

对于上述不等式,取$\lambda=\max\limits_{1\leqslant k\leqslant n}|\Delta z_k|\to 0$,得

$$\left|\int_C f(z)\mathrm{d}z\right|\leqslant\int_C|f(z)|\mathrm{d}s.$$

而在曲线C上,$|f(z)|\leqslant M$,从而

$$\int_C |f(z)| \mathrm{d}s \leqslant M\int_C 1\mathrm{d}s = ML.$$

例 1 证明：

(1) $\left|\int_{-\mathrm{i}}^{\mathrm{i}} (x^2 + \mathrm{i}y^2)\mathrm{d}z\right| \leqslant 2$，积分路线是直线段；

(2) $\left|\int_{-\mathrm{i}}^{\mathrm{i}} (x^2 + \mathrm{i}y^2)\mathrm{d}z\right| \leqslant \pi$，积分路线是圆周 $|z| = 1$ 的右半圆周.

证 (1) 积分路线 $C: x = 0, -1 \leqslant y \leqslant 1$，因此在 C 上被积函数 $f(z) = x^2 + \mathrm{i}y^2 = \mathrm{i}y^2$，$|f(z)| \leqslant 1 = M$，$C$ 的长度 $L = 2$，所以

$$\left|\int_{-\mathrm{i}}^{\mathrm{i}} (x^2 + \mathrm{i}y^2)\mathrm{d}z\right| \leqslant \int_C |f(z)| \mathrm{d}s \leqslant ML = 2.$$

(2) 积分路径为以原点为圆心、1 为半径的右半圆，即 $C: x = \cos\theta, y = \sin\theta, -\frac{\pi}{2} \leqslant \theta \leqslant \frac{\pi}{2}$，因此在 C 上，

$$|f(z)| = \sqrt{x^4 + y^4} = \sqrt{\sin^4\theta + \cos^4\theta} = \sqrt{1 - \frac{1}{2}\sin^2 2\theta} \leqslant 1 = M,$$

C 的长度 $L = \pi$，所以

$$\left|\int_{-\mathrm{i}}^{\mathrm{i}} (x^2 + \mathrm{i}y^2)\mathrm{d}z\right| \leqslant \int_C |f(z)| \mathrm{d}s \leqslant ML = \pi.$$

例 2 估计积分 $\int_C \frac{z^3}{1+z^2}\mathrm{d}z$ 的绝对值的一个上界，并求 $\lim\limits_{r\to 0}\int_C \frac{z^3}{1+z^2}\mathrm{d}z$，其中 C 为 $|z| = r(r < 1)$，C 为正向.

解 积分路径 C 为以原点为圆心、r 为半径的圆，C 的周长 $L = 2\pi r$，被积函数 $f(z) = \frac{z^3}{1+z^2}$，在 C 上恒有

$$|f(z)| = \frac{|z^3|}{|1+z^2|} \leqslant \frac{|z^3|}{||1|-|z^2||} = \frac{r^3}{|1-r^2|} = \frac{r^3}{1-r^2} = M,$$

所以

$$\left|\int_C \frac{z^3}{1+z^2}\mathrm{d}z\right| \leqslant ML = \frac{2\pi r^4}{1-r^2}.$$

由于 $\lim\limits_{r\to 0}\frac{2\pi r^4}{1-r^2} = 0$，因此

$$\lim_{r\to 0}\int_C \frac{z^3}{1+z^2}\mathrm{d}z = 0.$$

3.1.3 复变函数积分的计算方法

定理 3.1.1 设函数 $f(z) = u(x,y) + \mathrm{i}v(x,y)$ 在光滑或逐段光滑曲线 C 上连续，则 $\int_C f(z)\mathrm{d}z$ 必存在，且

$$\int_C f(z)\mathrm{d}z = \int_C u(x,y)\mathrm{d}x - v(x,y)\mathrm{d}y + \mathrm{i}\int_C v(x,y)\mathrm{d}x + u(x,y)\mathrm{d}y.$$

证 记 $z_k = x_k + \mathrm{i}y_k, \Delta z_k = \Delta x_k + \mathrm{i}\Delta y_k, \xi_k = \theta_k + \mathrm{i}\eta_k$,于是

$$\begin{aligned}\sum_{k=1}^{n} f(\xi_k)\Delta z_k &= \sum_{k=1}^{n}[u(\theta_k,\eta_k) + \mathrm{i}v(\theta_k,\eta_k)][\Delta x_k + \mathrm{i}\Delta y_k] \\ &= \sum_{k=1}^{n}[u(\theta_k,\eta_k)\Delta x_k - v(\theta_k,\eta_k)\Delta y_k] \\ &\quad + \mathrm{i}\sum_{k=1}^{n}[v(\theta_k,\eta_k)\Delta x_k + u(\theta_k,\eta_k)\Delta y_k].\end{aligned}$$

令 $\lambda = \max\limits_{1 \leqslant k \leqslant n} |\Delta z_k| \to 0$,由二元函数第二类曲线积分的结果知,上式右端极限为

$$\int_C u(x,y)\mathrm{d}x - v(x,y)\mathrm{d}y + \mathrm{i}\int_C v(x,y)\mathrm{d}x + u(x,y)\mathrm{d}y,$$

这就证明了$\int_C f(z)\mathrm{d}z$ 的存在性公式

$$\int_C f(z)\mathrm{d}z = \int_C u(x,y)\mathrm{d}x - v(x,y)\mathrm{d}y + \mathrm{i}\int_C v(x,y)\mathrm{d}x + u(x,y)\mathrm{d}y.$$

事实上,由于 $f(z) = u(x,y) + \mathrm{i}v(x,y), \mathrm{d}z = \mathrm{d}(x + \mathrm{i}y) = \mathrm{d}x + \mathrm{i}\mathrm{d}y$,所以复积分的计算公式又可表示为

$$\int_C f(z)\mathrm{d}z = \int_C [u(x,y) + \mathrm{i}v(x,y)](\mathrm{d}x + \mathrm{i}\mathrm{d}y).$$

下面讨论复积分的具体计算方法.

若 C 的参数方程为 $x = x(t), y = y(t)$,即 $z(t) = x(t) + \mathrm{i}y(t), z'(t) = x'(t) + \mathrm{i}y'(t)$,$C$ 的起点为 α,C 的终点为 β,于是

$$\begin{aligned}\int_C f(z)\mathrm{d}z &= \int_\alpha^\beta f(z(t))\mathrm{d}z(t) = \int_\alpha^\beta f(z(t))z'(t)\mathrm{d}t \\ &= \int_\alpha^\beta [u(x(t),y(t))x'(t) - v(x(t),y(t))y'(t)]\mathrm{d}t \\ &\quad + \mathrm{i}\int_\alpha^\beta [v(x(t),y(t))x'(t) + u(x(t),y(t))y'(t)]\mathrm{d}t.\end{aligned}$$

注意 积分下限为 C 的起点 α,积分上限为 C 的终点 β,然后利用定积分的计算方法计算出结果.

例 3 计算积分$\int_C \mathrm{Re}z\mathrm{d}z$,其中 C 是从原点 0 到点 $1 + \mathrm{i}$ 的直线段.

解 第一步:写出 C 的参数方程.

原点 0 到点 $1 + \mathrm{i}$ 的直线段,即点 $(0,0)$ 到点 $(1,1)$ 的直线段:$y = x\ (0 \leqslant x \leqslant 1)$. 如设 $x = t$,则 $y = t(0 \leqslant t \leqslant 1)$,$z(t) = x(t) + \mathrm{i}y(t) = t + \mathrm{i}t\ (0 \leqslant t \leqslant 1)$.

第二步:把 C 的参数方程 $z(t) = t + \mathrm{i}t$ 及 $z'(t) = 1 + \mathrm{i}$ 代入复积分中,把复积分化为

定积分，并注意 C 的起点 $t=0$ 为积分下限，C 的终点 $t=1$ 为积分上限，故

$$\int_C \mathrm{Re}z\mathrm{d}z=\int_0^1 \mathrm{Re}z(t)\cdot z'(t)\mathrm{d}t=(1+\mathrm{i})\int_0^1 t\mathrm{d}t=\frac{1+\mathrm{i}}{2}.$$

例 4 计算$\int_C \bar{z}\mathrm{d}z$，其中 C 是从原点 0 到 $1+\mathrm{i}$ 的直线段 C_1，再从 $1+\mathrm{i}$ 到 1 的直线段 C_2 所连的线段.

解 C_1 的参数方程为 $x=t,y=t(0\leqslant t\leqslant 1)$，即 $z(t)=t+\mathrm{i}t,z'(t)=1+\mathrm{i}$，于是

$$\int_{C_1}\bar{z}\mathrm{d}z=\int_0^1(t-\mathrm{i}t)(1+\mathrm{i})\mathrm{d}t=2\int_0^1 t\mathrm{d}t=1.$$

C_2 的直线段方程为 $x=1,0\leqslant y\leqslant 1$，令 $y=t$，则 C_2 的方程用复数表示为 $z(t)=1+\mathrm{i}y=1+\mathrm{i}t(0\leqslant t\leqslant 1)$，并注意 $t=1$ 为 C_2 的起点，$t=0$ 为 C_2 的终点，于是

$$\int_{C_2}\bar{z}\mathrm{d}z=\int_1^0\overline{1+\mathrm{i}t}\cdot z'(t)\mathrm{d}t=\int_1^0(1-\mathrm{i}t)\mathrm{i}\mathrm{d}t=-\frac{1}{2}-\mathrm{i}.$$

所以

$$\int_C\bar{z}\mathrm{d}z=\int_{C_1}\bar{z}\mathrm{d}z+\int_{C_2}\bar{z}\mathrm{d}z=\frac{1}{2}-\mathrm{i}.$$

例 5 计算$\oint_C\frac{\mathrm{d}z}{(z-z_0)^n}$，其中 n 为任意整数，C 是以 z_0 为圆心、r 为半径的正向圆周.

解 C 是以 z_0 为圆心、r 为半径的正向圆周，C 的方程为

$$|z-z_0|=r,\quad 即\quad z-z_0=|z-z_0|(\cos\theta+\mathrm{i}\sin\theta)=r\mathrm{e}^{\mathrm{i}\theta},$$

也就是 $z=z_0+r\mathrm{e}^{\mathrm{i}\theta}(0\leqslant\theta\leqslant 2\pi)$，$\mathrm{d}z=\mathrm{i}r\mathrm{e}^{\mathrm{i}\theta}\mathrm{d}\theta$，于是

$$\oint_C\frac{\mathrm{d}z}{(z-z_0)^n}=\int_0^{2\pi}\frac{1}{r^n\mathrm{e}^{\mathrm{i}n\theta}}\cdot\mathrm{i}r\mathrm{e}^{\mathrm{i}\theta}\mathrm{d}\theta=\frac{\mathrm{i}}{r^{n-1}}\int_0^{2\pi}\mathrm{e}^{-\mathrm{i}(n-1)\theta}\mathrm{d}\theta$$
$$=\begin{cases}2\pi\mathrm{i}, & n=1,\\ 0, & n\neq 1.\end{cases}$$

本题的结论十分重要，可以当作公式使用. 特别地，

$$\oint_{|z|=r}\frac{1}{z^n}\mathrm{d}z=\oint_{|z|=r}z^{-n}\mathrm{d}z=\begin{cases}2\pi\mathrm{i}, & n=1,\\ 0, & n\neq 1,\end{cases}$$

其中 $|z|=r$ 为正向.

例如：计算$\oint_{|z|=2}\frac{\bar{z}}{z}\mathrm{d}z$，其中 $|z|=2$ 为正向圆周.

$$\oint_{|z|=2}\frac{\bar{z}}{z}\mathrm{d}z=\oint_{|z|=2}\frac{\bar{z}z}{z^2}\mathrm{d}z=\oint_{|z|=2}\frac{|z|^2}{z^2}\mathrm{d}z$$
$$=4\oint_{|z|=2}\frac{1}{z^2}\mathrm{d}z=0.$$

又如：设 C 为正向圆周 $|z|=3$，计算$\oint_C\frac{z+\bar{z}}{|z|}\mathrm{d}z$.

$$\oint_{|z|=3} \frac{z+\overline{z}}{|z|}dz = \frac{1}{3}\oint_{|z|=3}(z+\overline{z})dz = \frac{1}{3}\oint_{|z|=3} zdz + \frac{1}{3}\oint_{|z|=3}\overline{z}dz$$

$$= 0 + \frac{1}{3}\oint_{|z|=3}\frac{z\overline{z}}{z}dz = 3\oint_{|z|=3}\frac{1}{z}dz = 6\pi i.$$

3.2 柯西积分定理

函数 $f(z)$ 沿曲线 C 的积分可以归结为二元函数的第二类曲线积分.因此,一般说来,复积分不仅依赖于起点和终点,而且还与积分路径有关.那么在什么条件下 $f(z)$ 的积分与路径无关呢?下面的柯西积分定理回答了这个问题.

定理 3.2.1(柯西积分定理) 设 D 是由闭路 C 围成的单连通区域,$f(z)$ 在闭区域 $D+C$ 上解析,则

$$\int_C f(z)dz = 0.$$

证 利用格林(Green)公式,得

$$\int_C f(z)dz = \int_C udx - vdy + i\int_C vdx + udy$$

$$= -\iint_D \left(\frac{\partial v}{\partial x} + \frac{\partial u}{\partial y}\right)dxdy + i\iint_D \left(\frac{\partial u}{\partial x} - \frac{\partial v}{\partial y}\right)dxdy.$$

再由 C-R 方程

$$\frac{\partial u}{\partial x} = \frac{\partial v}{\partial y}, \quad \frac{\partial u}{\partial y} = -\frac{\partial v}{\partial x},$$

所以

$$\int_C f(z)dz = 0.$$

推论 3.2.1 设 $f(z)$ 在单连通区域 D 内解析,C 是 D 内的任意封闭曲线,则 $\int_C f(z)dz = 0$.

推论 3.2.2 设 $f(z)$ 在单连通区域 D 内解析,C 是 D 内的任意一条起于始点 z_0 而终于点 z_1 的简单曲线,则积分 $\int_C f(z)dz$ 的值与积分路径 C 无关,而只与始点 z_0 和终点 z_1 有关,所以此时积分可记为 $\int_{z_0}^{z_1} f(z)dz$.

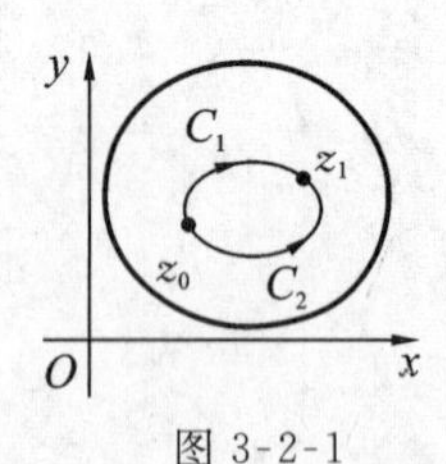

图 3-2-1

证 如图 3-2-1 所示,由柯西积分定理知

$$0 = \int_{C_1+C_2^-} f(z)dz = \int_{C_1} f(z)dz + \int_{C_2^-} f(z)dz$$

$$= \int_{C_1} f(z)dz - \int_{C_2} f(z)dz,$$

即

$$\int_{C_1} f(z)\mathrm{d}z = \int_{C_2} f(z)\mathrm{d}z.$$

也就是说,积分$\int_C f(z)\mathrm{d}z$与路径C无关,只与起点z_0和终点z_1有关,从而

$$\int_C f(z)\mathrm{d}z = \int_{z_0}^{z_1} f(z)\mathrm{d}z.$$

下面把定理3.2.1推广到多连通区域.

定理3.2.2 设C_1与C_2是两条简单闭曲线,C_2在C_1内部,且C_1,C_2同向,$f(z)$在C_1与C_2围成的区域D内解析,在$\overline{D}=D+C_1+C_2$上连续,则

$$\oint_{C_1} f(z)\mathrm{d}z = \oint_{C_2} f(z)\mathrm{d}z.$$

证 如图3-2-2所示,假设C_1与C_2均为逆时针方向,C_1与C_2围成多连通区域D,$C_1+C_2^-$构成D的正向.添加曲线段AB和CE,将D分成两个单连通区域D_1和D_2,其中D_1以$ABPCEGA$为边界,D_2以$AHECQBA$为边界.由柯西积分定理,得

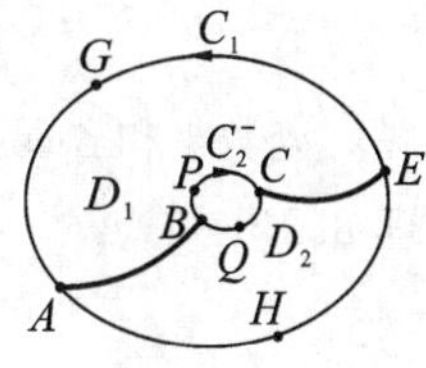

图3-2-2

$$\int_{\widehat{AB}} f(z)\mathrm{d}z + \int_{\widehat{BPC}} f(z)\mathrm{d}z + \int_{\widehat{CE}} f(z)\mathrm{d}z + \int_{\widehat{EGA}} f(z)\mathrm{d}z = 0$$

及

$$\int_{\widehat{BA}} f(z)\mathrm{d}z + \int_{\widehat{AHE}} f(z)\mathrm{d}z + \int_{\widehat{EC}} f(z)\mathrm{d}z + \int_{\widehat{CQB}} f(z)\mathrm{d}z = 0.$$

将上述两式相加,并注意

$$C_1 = \widehat{EGA} + \widehat{AHE}, \quad C_2^- = \widehat{BPC} + \widehat{CQB},$$

$$\int_{\widehat{AB}} f(z)\mathrm{d}z + \int_{\widehat{BA}} f(z)\mathrm{d}z = 0, \quad \int_{\widehat{CE}} f(z)\mathrm{d}z + \int_{\widehat{EC}} f(z)\mathrm{d}z = 0,$$

得

$$\int_{C_1} f(z)\mathrm{d}z + \int_{C_2^-} f(z)\mathrm{d}z = 0,$$

即

$$\int_{C_1} f(z)\mathrm{d}z = -\int_{C_2^-} f(z)\mathrm{d}z = \int_{C_2} f(z)\mathrm{d}z.$$

定理3.2.3 设简单闭曲线C的内部有一组互不包含也互不相交的简单闭曲线C_1,C_2,…,C_n,假定它们都是逆时针方向,又设D是由C的内部及C_1,C_2,…,C_n的外部所构成的区域(显然D是多连通区域).若$f(z)$在D内解析,在$\overline{D}=D+C+C_1+C_2+\cdots+C_n$上连续,则

$$\int_{C+C_1^-+C_2^-+\cdots+C_n^-} f(z)\mathrm{d}z = 0,$$

即

$$\oint_C f(z)\mathrm{d}z = \oint_{C_1} f(z)\mathrm{d}z + \oint_{C_2} f(z)\mathrm{d}z + \cdots + \oint_{C_n} f(z)\mathrm{d}z.$$

显然定理 3.2.3 是定理 3.2.2 的推广.

多连通区域的定理 3.2.1 在积分计算上十分重要,也就是说,若 $f(z)$ 在多连通区域 D 内解析,在 $\overline{D}$ 上连续,则沿 D 的外部边界的积分等于沿 D 的内部边界的积分的和.

例 1 计算积分 $\int_C (|z| - \mathrm{e}^z \cos z)\mathrm{d}z$,其中 C 为正向圆周 $|z| = r(r > 0)$.

解

$$\begin{aligned}\int_C (|z| - \mathrm{e}^z\cos z)\mathrm{d}z &= \int_C |z|\,\mathrm{d}z - \int_C \mathrm{e}^z\cos z\mathrm{d}z \\ &= r\int_C 1\mathrm{d}z - \int_C \mathrm{e}^z\cos z\mathrm{d}z.\end{aligned}$$

函数 1 和 $\mathrm{e}^z\cos z$ 在复平面内处处解析,当然也在 C 围成的区域 D 及 C 上解析,根据定理 3.2.1 知

$$\int_C 1\mathrm{d}z = 0,\quad \int_C \mathrm{e}^z\cos z\mathrm{d}z = 0,$$

因此

$$\int_C (|z| - \mathrm{e}^z\cos z)\mathrm{d}z = 0.$$

例 2 计算积分 $\int_C \frac{\mathrm{e}^z}{z}\mathrm{d}z$,其中 C 是由正向圆周 C_1:$|z| = 2$ 和负向圆周 C_2 :$|z| = 1$ 所组成.

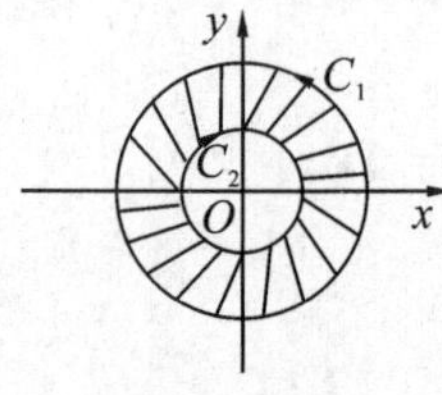

图 3-2-3

解 设由 C_1 内部和 C_2 外部围成的区域为 D(多连通区域),如图 3-2-3 所示.函数 $\frac{\mathrm{e}^z}{z}$ 在整个复平面上只有一个奇点 $z = 0$,即除点 $z = 0$ 外,函数 $\frac{\mathrm{e}^z}{z}$ 在复平面上处处解析,易知 $\frac{\mathrm{e}^z}{z}$ 在 D 内及 C_1,C_2 上解析.因此,由多连通区域的柯西积分定理知,

$$\int_C \frac{\mathrm{e}^z}{z}\mathrm{d}z = \int_{C_1+C_2} \frac{\mathrm{e}^z}{z}\mathrm{d}z = 0.$$

例 3 计算 $\oint_C \frac{2z-1}{z^2-z}\mathrm{d}z$,其中 C 为包含 0 与 1 的简单闭曲线,且为逆时针方向.

解 被积函数 $\frac{2z-1}{z^2-z}$ 恰恰有两个奇点 $z = 0$ 及 $z = 1$,而 C 围成的区域恰恰包含了这两个奇点.因此,在 C 的内部分别以 $z = 0$,$z = 1$ 为圆心作两个互不相交也互不包含的正

向圆周 C_1 与 C_2，如图 3-2-4 所示.

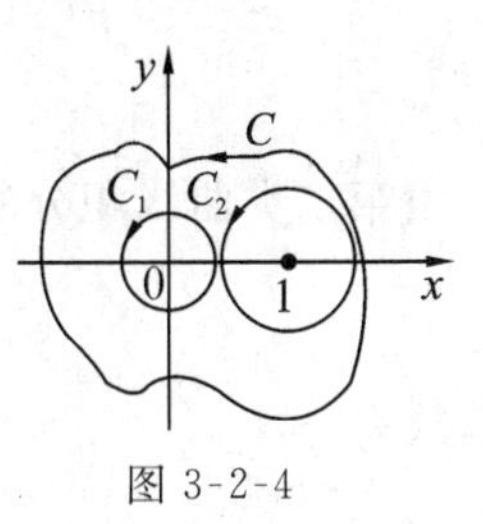

图 3-2-4

显然$\dfrac{2z-1}{z^2-z}$在由 C 的内部、C_1 及 C_2 外部所围成的区域 D 内解析，在 $D+C_1+C_2+C$ 上连续，由多连通区域的定理 3.2.1 知，

$$\begin{aligned}\oint_C \frac{2z-1}{z^2-z}\mathrm{d}z &= \oint_{C_1} \frac{2z-1}{z^2-z}\mathrm{d}z + \oint_{C_2} \frac{2z-1}{z^2-z}\mathrm{d}z \\ &= \oint_{C_1}\left(\frac{1}{z}+\frac{1}{z-1}\right)\mathrm{d}z + \oint_{C_2}\left(\frac{1}{z}+\frac{1}{z-1}\right)\mathrm{d}z \\ &= \oint_{C_1}\frac{1}{z}\mathrm{d}z + \oint_{C_1}\frac{1}{z-1}\mathrm{d}z + \oint_{C_2}\frac{1}{z}\mathrm{d}z + \oint_{C_2}\frac{1}{z-1}\mathrm{d}z \\ &= 2\pi\mathrm{i}+0+0+2\pi\mathrm{i} \quad (\text{由 3.1.3 节中例 5 知}) \\ &= 4\pi\mathrm{i}.\end{aligned}$$

基于定理 3.2.1 的推论 3.2.2 及类似于微积分的方法，我们引入解析函数的原函数的概念.

定义 3.2.1　若在区域 D 内有 $F'(z)=f(z)$，则称 $F(z)$ 为 $f(z)$ 在区域 D 内的一个原函数.

若 $G(z)$ 和 $F(z)$ 都是 $f(z)$ 在区域 D 内的原函数，则也有类似于微积分中的结论，即 $G(z)-F(z)=C$ (C 为某复常数). 事实上，

$$[G(z)-F(z)]'=G'(z)-F'(z)=f(z)-f(z)=0,$$

令 $G(z)-F(z)=u+\mathrm{i}v$，则有

$$[G(z)-F(z)]'=\frac{\partial u}{\partial x}+\mathrm{i}\,\frac{\partial v}{\partial x}=0,$$

从而

$$\frac{\partial u}{\partial x}=\frac{\partial v}{\partial x}=0,$$

再由 C-R 方程知$\dfrac{\partial v}{\partial y}=\dfrac{\partial u}{\partial y}=0$，故 u,v 必为常数，即

$$G(z)-F(z)=u+\mathrm{i}v=C.$$

定理 3.2.4　若 $f(z)$ 在单连通区域 D 内解析，那么

$$F(z)=\int_{z_0}^{z} f(z)\mathrm{d}z$$

也在 D 内解析，且 $F'(z)=f(z)$.

证　设 $f(z)=u(x,y)+\mathrm{i}v(x,y)$，$z_0=x_0+\mathrm{i}y_0$，$z=x+\mathrm{i}y$，由定理 3.2.1 的推论 3.2.2 知，$\int_{z_0}^{z} f(z)\mathrm{d}z$ 与 D 内的积分路径无关，因此

$$F(z)=\int_{z_0}^{z}f(z)\mathrm{d}z=\int_{(x_0,y_0)}^{(x,y)}u\mathrm{d}x-v\mathrm{d}y+\mathrm{i}\int_{(x_0,y_0)}^{(x,y)}v\mathrm{d}x+u\mathrm{d}y$$
$$=P(x,y)+\mathrm{i}Q(x,y).$$

由第二类曲线积分的知识知，

$$\frac{\partial P}{\partial x}=u,\quad \frac{\partial P}{\partial y}=-v,\quad \frac{\partial Q}{\partial x}=v,\quad \frac{\partial Q}{\partial y}=u,$$

故有

$$\frac{\partial P}{\partial x}=\frac{\partial Q}{\partial y},\quad \frac{\partial P}{\partial y}=-\frac{\partial Q}{\partial x},$$

即 $F(z)=P+\mathrm{i}Q$ 满足 C-R 方程，所以 $F(z)$ 为 D 内的解析函数，且

$$F'(z)=\frac{\partial P}{\partial x}+\mathrm{i}\frac{\partial Q}{\partial x}=u+\mathrm{i}v=f(z).$$

定理 3.2.5 设 $f(z)$ 在单连通区域 D 内解析，$G(z)$ 为 $f(z)$ 的一个原函数，则

$$\int_{z_0}^{z_1}f(z)\mathrm{d}z=G(z_1)-G(z_0),$$

其中 z_1,z_0 为 D 内的点.

证 设 $F(z)=\int_{z_0}^{z}f(z)\mathrm{d}z$，则 $F(z),G(z)$ 均为 $f(z)$ 的原函数，故

$$F(z)-G(z)=C\ (C\text{ 为某复常数}).$$

令 $z=z_0$，得

$$F(z_0)-G(z_0)=C,$$

得

$$C=-G(z_0).$$

从而

$$F(z_1)=G(z_1)+C=G(z_1)-G(z_0),$$

即

$$\int_{z_0}^{z_1}f(z)\mathrm{d}z=G(z_1)-G(z_0).$$

这个公式与微积分中的定积分的计算公式相同，故可以把微积分中求定积分的一套方法移植过来，如复变函数的积分也有类似的分部积分法.

设 $f(z),g(z)$ 在单连通区域 D 内解析，且 z_0,z_1 是 D 内的两点，则

$$\int_{z_0}^{z_1}f(z)g'(z)\mathrm{d}z=f(z)g(z)\Big|_{z_0}^{z_1}-\int_{z_0}^{z_1}g(z)f'(z)\mathrm{d}z.$$

例 4 计算 $\int_0^{\mathrm{i}}(3\mathrm{e}^z+2z)\mathrm{d}z$.

解
$$\int_0^{\mathrm{i}}(3\mathrm{e}^z+2z)\mathrm{d}z=(3\mathrm{e}^z+z^2)\Big|_0^{\mathrm{i}}=(3\mathrm{e}^{\mathrm{i}}+\mathrm{i}^2)-(3\mathrm{e}^0+0^2)$$
$$=3(\cos 1+\mathrm{i}\sin 1)-4$$

$$= 3\cos 1 - 4 + 3\mathrm{i}\sin 1.$$

例 5　$\int_0^{\pi\mathrm{i}} \sin z\mathrm{d}z$.

解　$\int_0^{\pi\mathrm{i}} \sin z\mathrm{d}z = -\cos z\Big|_0^{\pi\mathrm{i}} = -[\cos(\pi\mathrm{i}) - \cos 0] = 1 - \cos(\pi\mathrm{i})$

$$= 1 - \frac{1}{2}(\mathrm{e}^{\mathrm{i}\cdot\pi\mathrm{i}} + \mathrm{e}^{-\mathrm{i}\cdot\pi\mathrm{i}})$$

$$= 1 - \frac{1}{2}(\mathrm{e}^{-\pi} + \mathrm{e}^{\pi}).$$

例 6　计算$\int_1^{1+\mathrm{i}} z\mathrm{e}^z\mathrm{d}z$.

解　$\int_1^{1+\mathrm{i}} z\mathrm{e}^z\mathrm{d}z = \int_1^{1+\mathrm{i}} z\mathrm{d}(\mathrm{e}^z) = (z\mathrm{e}^z)\Big|_1^{1+\mathrm{i}} - \int_1^{1+\mathrm{i}} \mathrm{e}^z\mathrm{d}z$

$$= (1+\mathrm{i})\mathrm{e}^{1+\mathrm{i}} - \mathrm{e} - \mathrm{e}^z\Big|_1^{1+\mathrm{i}}$$

$$= \mathrm{i}\mathrm{e}^{1+\mathrm{i}}.$$

例 7　计算$\int_C \frac{1}{z^2}\mathrm{d}z$,其中 C 为圆周 $|z+\mathrm{i}| = 2$ 的右半圆周,走向从 $-3\mathrm{i}$ 到 i.

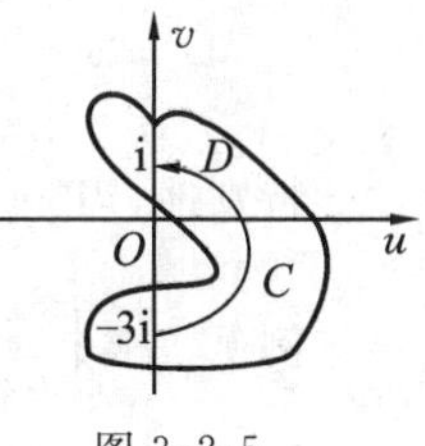

图 3-2-5

解　$f(z) = \frac{1}{z^2}$ 在点 $z \neq 0$ 处解析,存在单连通区域 D 包含点 $z = \mathrm{i}$ 及 $z = -3\mathrm{i}$ 和 C,使 $f(z)$ 在 D 内解析,如图 3-2-5 所示,因此

$$\int_C \frac{1}{z^2}\mathrm{d}z = \int_{-3\mathrm{i}}^{\mathrm{i}} \frac{1}{z^2}\mathrm{d}z = -\frac{1}{z}\Big|_{-3\mathrm{i}}^{\mathrm{i}} = \frac{4}{3}\mathrm{i}.$$

3.3　柯西积分公式

定理 3.3.1　设函数 $f(z)$ 在简单闭曲线 C 所围成的区域 D 内解析,在 $\overline{D} = D + C$ 连续,则对 D 内任一点 z_0,有

$$f(z_0) = \frac{1}{2\pi\mathrm{i}}\oint_C \frac{f(z)}{z - z_0}\mathrm{d}z.$$

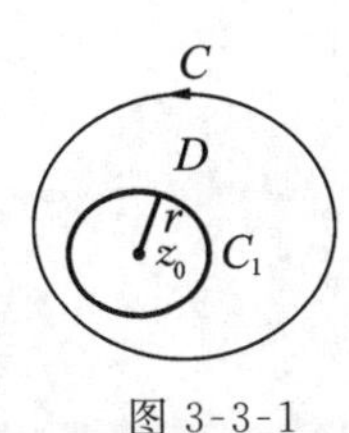

图 3-3-1

证　由于 z_0 是 D 内的点,作 z_0 的一个充分小的邻域 $|z - z_0| < r$,如图 3-3-1 所示,使它完全落在 D 内,记 C_1: $|z - z_0| = r$,于是函数$\frac{f(z)}{z - z_0}$在 C 和 C_1 围成的多连通区域内解析. 因此,由多连通区域的定理 3.2.1 知,

$$\oint_C \frac{f(z)}{z-z_0}\mathrm{d}z = \oint_{C_1} \frac{f(z)}{z-z_0}\mathrm{d}z = f(z_0)\oint_{C_1} \frac{\mathrm{d}z}{z-z_0} + \oint_{C_1} \frac{f(z)-f(z_0)}{z-z_0}\mathrm{d}z$$

$$= 2\pi \mathrm{i} f(z_0) + \oint_{C_1} \frac{f(z)-f(z_0)}{z-z_0}\mathrm{d}z.$$

由于 $f(z)$ 在点 z_0 处连续,故对任意 $\varepsilon > 0$,存在 $\delta > 0$,当 $|z-z_0| \leqslant \delta$ 时,$|f(z)-f(z_0)| < \varepsilon$. 又由于 C_1:$|z-z_0| = r$ 中的半径 r 可以任意取小,因此可以取 $r \leqslant \delta$,于是当 $|z-z_0| \leqslant r \leqslant \delta$ 时,有 $|f(z)-f(z_0)| < \varepsilon$,所以

$$\left|\oint_C \frac{f(z)}{z-z_0}\mathrm{d}z - 2\pi \mathrm{i} f(z_0)\right| = \left|\oint_{C_1} \frac{f(z)-f(z_0)}{z-z_0}\mathrm{d}z\right|$$

$$\leqslant \oint_{C_1} \left|\frac{f(z)-f(z_0)}{z-z_0}\right| \mathrm{d}z \leqslant \frac{\varepsilon}{r} 2\pi r = 2\pi\varepsilon.$$

上述不等式左端是一个常数,而右端可以任意小,因此,左端的常数必为 0,即得

$$f(z_0) = \frac{1}{2\pi \mathrm{i}}\oint_C \frac{f(z)}{z-z_0}\mathrm{d}z.$$

此公式称为**柯西积分公式**. 也可以将其写成如下形式:

$$\oint_C \frac{f(z)}{z-z_0}\mathrm{d}z = 2\pi \mathrm{i} f(z_0).$$

特别地,当 $f(z) = 1$ 时,$\oint_C \frac{1}{z-z_0}\mathrm{d}z = 2\pi\mathrm{i}$. 该结果与 3.1.3 节中的例 5 一致.

例 1　求$\oint_C \frac{\sin z}{z+\mathrm{i}}\mathrm{d}z$,其中 C:$|z+\mathrm{i}| = 1$.

解　令 $f(z) = \sin z$,则 $f(z)$ 在全平面内解析,由柯西积分公式知,

$$\oint_C \frac{\sin z}{z+\mathrm{i}}\mathrm{d}z = 2\pi \mathrm{i} f(-\mathrm{i}) = 2\pi \mathrm{i}\sin(-\mathrm{i}) = \pi(\mathrm{e}-\mathrm{e}^{-1}).$$

例 2　求$\oint_C \frac{z}{(9-z^2)(z+\mathrm{i})}\mathrm{d}z$,其中 C:$|z| = 2$.

解　被积函数在 C 围成的区域内只有一个不解析点,即 $z = -\mathrm{i}$,因此

$$\oint_C \frac{z}{(9-z^2)(z+\mathrm{i})}\mathrm{d}z = \oint_{|z|=2} \frac{\frac{z}{9-z^2}}{z-(-\mathrm{i})}\mathrm{d}z = 2\pi \mathrm{i} \left.\frac{z}{9-z^2}\right|_{z=-\mathrm{i}} = \frac{\pi}{5}.$$

例 3　求$\oint_C \frac{3z-1}{(z+1)(z-3)}\mathrm{d}z$,其中 C:$|z| = 4$.

解　$$\oint_C \frac{3z-1}{(z+1)(z-3)}\mathrm{d}z = \oint_{|z|=4} \left(\frac{1}{z+1} + \frac{2}{z-3}\right)\mathrm{d}z$$

$$= \oint_{|z|=4} \frac{1}{z-(-1)}\mathrm{d}z + \oint_{|z|=4} \frac{2}{z-3}\mathrm{d}z$$

$$= 2\pi\mathrm{i} + 2\pi\mathrm{i} \cdot 2 = 6\pi\mathrm{i}.$$

例 4　设 $f(z)=\oint_{|\xi|=3}\dfrac{3\xi^3+7\xi+1}{\xi-z}\mathrm{d}\xi$，求 $f'(1+\mathrm{i})$.

解　当 $|z|<3$ 时，由柯西积分公式知，

$$f(z)=2\pi\mathrm{i}\cdot(3\xi^3+7\xi+1)\Big|_{\xi=z}=2\pi\mathrm{i}\cdot(3z^3+7z+1),$$

故

$$f'(z)=2\pi\mathrm{i}(9z^2+7),$$

从而

$$f'(1+\mathrm{i})=2\pi(-18+7\mathrm{i}).$$

定理 3.3.2　设函数 $f(z)$ 在简单闭曲线 C 所围成的区域 D 内解析，在 $\overline{D}=D+C$ 上连续，则函数 $f(z)$ 在区域 D 内任一点 z_0 有各阶导数，且在 D 内任一点 z_0 有下列关系式：

$$f^{(n)}(z_0)=\frac{n!}{2\pi\mathrm{i}}\oint_C\frac{f(z)\mathrm{d}z}{(z-z_0)^{n+1}}\quad(n=1,2,\cdots).$$

这个公式也称为解析函数的**高阶导数公式**.

证　当 $n=1$ 时，设 δ 为点 z_0 到边界线 C 上的最短距离，于是，当 $|h|<\delta$ 时，z_0+h 在 D 内，由柯西积分公式知，

$$f(z_0)=\frac{1}{2\pi\mathrm{i}}\oint_C\frac{f(z)}{z-z_0}\mathrm{d}z,$$

$$f(z_0+h)=\frac{1}{2\pi\mathrm{i}}\oint_C\frac{f(z)}{z-z_0-h}\mathrm{d}z,$$

从而

$$\frac{f(z_0+h)-f(z_0)}{h}=\frac{1}{2\pi\mathrm{i}}\oint_C\frac{f(z)}{(z-z_0-h)(z-z_0)}\mathrm{d}z.$$

当 $h\to0$ 时，上式左边的极限为 $f'(z_0)$. 因此，只要证明

$$\lim_{h\to0}\oint_C\frac{f(z)}{(z-z_0-h)(z-z_0)}\mathrm{d}z=\oint_C\frac{f(z)}{(z-z_0)^2}\mathrm{d}z$$

即可. 为此作差式

$$\left|\oint_C\frac{f(z)}{(z-z_0-h)(z-z_0)}\mathrm{d}z-\oint_C\frac{f(z)}{(z-z_0)^2}\mathrm{d}z\right|$$

$$=\left|\oint_C\frac{hf(z)}{(z-z_0)^2(z-z_0-h)}\mathrm{d}z\right|,$$

由于 $|z-z_0|\geqslant\delta$，$|z-z_0-h|\geqslant|z-z_0|-|h|\geqslant\delta-|h|$，且 $f(z)$ 在 C 上连续，故存在正常数 $M>0$，使得 $|f(z)|\leqslant M$，所以

$$\left|\int_C\frac{hf(z)}{(z-z_0)^2(z-z_0-h)}\mathrm{d}z\right|\leqslant\frac{|h|M}{\delta^2(\delta-|h|)}L\to0\quad(h\to0),$$

其中 L 为 C 的弧长. 这就证明了

$$\lim_{h\to 0}\oint_C \frac{f(z)}{(z-z_0)(z-z_0-h)}\mathrm{d}z=\oint_C \frac{f(z)}{(z-z_0)^2}\mathrm{d}z,$$

即

$$f'(z_0)=\frac{1}{2\pi\mathrm{i}}\oint_C \frac{f(z)}{(z-z_0)^2}\mathrm{d}z.$$

同理,又可作差商

$$\frac{f'(z_0+h)-f'(z_0)}{h},$$

类似地,可以证明

$$f''(z_0)=\frac{2!}{2\pi\mathrm{i}}\oint_C \frac{f(z)}{(z-z_0)^3}\mathrm{d}z.$$

对于一般的情形可用数学归纳法证明.

本定理证明了解析函数的一个非常重要的性质:**一个解析函数具有任意阶导数,而且各阶导函数也必然是解析函数.**

例 5 计算$\oint_{|z-\mathrm{i}|=1}\frac{\sin z}{(z-\mathrm{i})^3}\mathrm{d}z$.

解 函数 $f(z)=\sin z$ 在 $|z-\mathrm{i}|\leqslant 1$ 上解析,所以

$$\oint_{|z-\mathrm{i}|=1}\frac{\sin z}{(z-\mathrm{i})^3}\mathrm{d}z=\frac{1}{2!}\cdot 2\pi\mathrm{i}\cdot(\sin z)''\Big|_{z=\mathrm{i}}=-\pi\mathrm{i}\sin\mathrm{i}=\frac{\pi}{2}(\mathrm{e}-\mathrm{e}^{-1}).$$

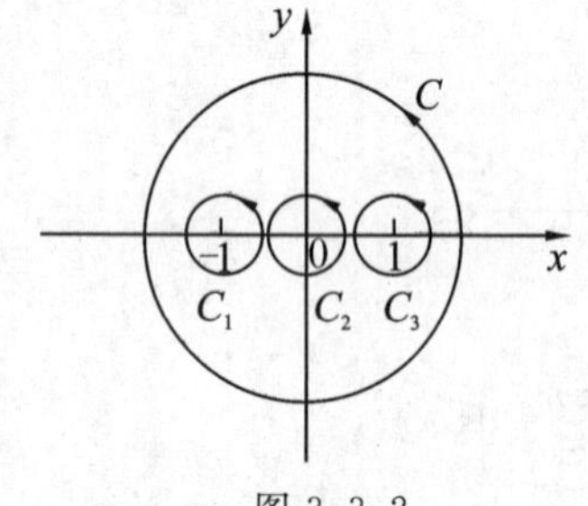

图 3-3-2

例 6 求$\oint_C \frac{\mathrm{d}z}{z^3(z+1)^2(1-z)}$,其中 C: $|z|=4$.

解 被积函数在 C 围成的闭区域 D 内有三个不解析点:$z_1=-1$,$z_2=0$,$z_3=1$. 为此,在 D 内作三个互不相交的小圆,C_1: $|z+1|=r_1$,C_2: $|z|=r_2$,C_3: $|z-1|=r_3$,如图 3-3-2 所示.

由多连通区域的柯西积分定理知,

$$\oint_C \frac{\mathrm{d}z}{z^3(z+1)^2(1-z)}$$

$$=\oint_{C_1}\frac{\mathrm{d}z}{z^3(z+1)^2(1-z)}+\oint_{C_2}\frac{\mathrm{d}z}{z^3(z+1)^2(1-z)}+\oint_{C_3}\frac{\mathrm{d}z}{z^3(z+1)^2(1-z)}$$

$$=\oint_{C_1}\frac{\frac{1}{z^3(1-z)}}{(z+1)^2}\mathrm{d}z+\oint_{C_2}\frac{\frac{1}{(z+1)^2(1-z)}}{z^3}\mathrm{d}z+\oint_{C_3}\frac{\frac{-1}{z^3(z+1)^2}}{z-1}\mathrm{d}z$$

$$=2\pi\mathrm{i}\left[\frac{1}{z^3(1-z)}\right]'\Big|_{z=-1}+2\pi\mathrm{i}\cdot\frac{1}{2!}\left[\frac{1}{(z+1)^2(1-z)}\right]''\Big|_{z=0}+2\pi\mathrm{i}\left[\frac{1}{-z^3(z+1)^2}\right]'\Big|_{z=1}$$

$=-\frac{7}{2}\pi i+4\pi i-\frac{1}{2}\pi i=0.$

例 7 若 n 为自然数,试证明:

(1) $\int_0^{2\pi} e^{r\cos\theta}\cos(r\sin\theta-n\theta)d\theta=\frac{2\pi}{n!}r^n$;

(2) $\int_0^{2\pi} e^{r\cos\theta}\sin(r\sin\theta-n\theta)d\theta=0.$

证 取 C: $|z|=1$,且 $z=e^{i\theta}$,$dz=ie^{i\theta}d\theta$,即 $d\theta=\frac{dz}{iz}$,令 $I_1=\int_0^{2\pi} e^{r\cos\theta}\cos(r\sin\theta-n\theta)d\theta$,
$I_2=\int_0^{2\pi} e^{r\cos\theta}\sin(r\sin\theta-n\theta)d\theta$,则

$$\begin{aligned}I_1+iI_2&=\int_0^{2\pi} e^{r\cos\theta}\cdot e^{i(r\sin\theta-n\theta)}d\theta=\int_0^{2\pi} e^{r(\cos\theta+i r\sin\theta)}\cdot\frac{1}{(e^{i\theta})^n}d\theta\\&=\oint_C\frac{e^{rz}}{z^n}\frac{dz}{iz}=\frac{1}{i}\oint_C\frac{e^{rz}}{z^{n+1}}dz\\&=\frac{1}{i}\cdot 2\pi i\cdot\frac{1}{n!}(e^{rz})^{(n)}\Big|_{z=0}=\frac{2\pi}{n!}r^n.\end{aligned}$$

比较两端的实部与虚部,即得 $I_1=\frac{2\pi}{n!}r^n$,$I_2=0$.

习　题　3

1. 填空题.

(1) 积分 $\int_0^{1+i}[(x-y)+ix^2]dz=$ ________,积分路径从原点沿实轴至1,再由1铅直向上至 $1+i$.

(2) 设 C 为负向圆周 $|z-3|=1$,则 $\oint_C\frac{z^2-3z+2}{(z-3)^2}dz=$ ________.

(3) 设 C_1: $|z|=1$(负向),C_2: $|z|=2$(正向),则 $\oint_{C_1+C_2}\frac{\sin z}{z^3}dz=$ ________.

(4) 设 $f(z)$ 在 $|z|<R(R>1)$ 内解析,且 $f(0)=1$,$f'(0)=1$,则 $\oint_{|z|=1}(z+1)^2\frac{f(z)}{z^2}dz=$ ________.

2. 选择题.

(1) 设 C 为正向圆周 $x^2+y^2=2x$,则 $\oint_C\frac{\sin\left(\frac{\pi}{4}z\right)}{z^2-1}dz=$ (　　).

A. $\frac{\sqrt{2}}{2}\pi i$　　B. $-\frac{\sqrt{2}}{2}\pi i$　　C. $\sqrt{2}\pi i$　　D. 0

(2) 设 C 为正向圆周 $|z|=\frac{1}{3}$,则 $\oint_C \frac{z^4\cos\frac{1}{z-2}}{(z-1)^3}dz=$( ).

A. $2\pi i(3\cos1-\sin1)$　　B. $6\pi i\cos1$

C. 0　　D. $-2\pi i\sin1$

(3) 设 C 是从 0 到 $1+\frac{\pi}{2}i$ 的直线段,则 $\int_C ze^z dx=$( ).

A. $1-\frac{\pi e}{2}i$　　B. $1+\frac{\pi e}{2}i$

C. $-1-\frac{\pi e}{2}i$　　D. $1-\frac{\pi e}{2}$

(4) 下列命题中,不正确的是( ).

A. $\left|\int_C (z^2+iy^2)dz\right|\leqslant 2$,其中 C 为 $-i$ 到 i 的直线段

B. 积分 $\oint_{|z-z_2|=1}\frac{1}{(z-z_0)^n}dz$($n$ 为正整数)与 n 无关

C. 若在区域 D 内 $f'(z)=g(z)$,则在 D 内 $g'(z)$ 存在且解析

D. 设 $f(z)$ 在单连通区域 D 内处处解析且不为 0,C 为 D 内任一条简单闭曲线,则积分 $\oint_C \frac{f''(z)+2f'(z)+f(z)}{f(z)}dz$ 为零

3. 计算积分 $\int_C |\bar{z}|dz$,其中 C 为从原点到 $2-i$ 的直线段.

4. 计算积分 $\oint_C \frac{\bar{z}}{|z|}dz$,其中 C 为正向圆周 $|z|=2$.

5. 利用观察法计算下列积分:

(1) $\int_{|z|=\frac{3}{2}}\frac{dz}{z-2}$;　　(2) $\int_a^b z^3 dz$;

(3) $\int_i^i (1+4iz^3)dz$;　　(4) $\oint_{x^2+y^2=2x}\cos z dz$.

6. 计算下列积分:

(1) $\oint_{|z|=2}\frac{1}{z^2-z}dz$;

(2) $\oint_C \frac{dz}{z(z^2-1)}$,其中 C 为包围但不经过点 0,1 与 -1 的正向简单闭曲线;

(3) $\oint_{|z|=r}\frac{dz}{z^3(z+1)(z-2)}$,其中 $R>0$,且 $R\neq 1, R\neq 2$;

(4) $\oint_{|z-2|=1} \frac{e^z}{z-2}dz$；

(5) $\oint_{|z|=r} \frac{dz}{(z^2-1)(z^3-1)}\ (r<1)$；

(6) $\oint_{z-i=1} \frac{dz}{z^2-i}$；

(7) $\oint_{|z|=1} \frac{e^z}{z^5}dz$；

(8) $\oint_{|z-1|=1} \frac{z^4+2}{(z-1)^2}dz$；

(9) $\oint_{\left|z-\frac{1}{2}\right|=1} \frac{e^z+2}{(z-1)^4}dz$；

(10) $\oint_{|z-i|=3} \frac{e^{-z}\sin z}{z^2}dz$.

7. (1) 求 $\oint_C \frac{dz}{z+2}$，其中 C：$|z|=1$，由此证明 $\int_0^{\pi} \frac{1+2\cos\theta}{5+4\cos\theta}d\theta=0$.

(2) 求 $\oint_C \frac{e^z}{z}dz$，其中 C：$|z|=1$，由此证明 $\int_0^{\pi} e^{\cos\theta}\cos(\sin\theta)d\theta=\pi$.

第4章　级　　数

级数是研究解析函数的一个重要工具.本章主要讨论解析函数的两种级数展开式,希望读者能结合微积分的知识进行学习.

4.1　复级数的基本概念

4.1.1　复数项级数

定义 4.1.1　设$\{z_n\}$为一复数列,$z_n = x_n + \mathrm{i}y_n$,若对任意给定$\varepsilon > 0$,总存在正整数$N$,当$n > N$时,有$|z_n - z_0| < \varepsilon$,则称$\{z_n\}$收敛于$z_0$,或称$z_0$为复数序列$\{z_n\}$在$n \to \infty$时的**极限**,记为

$$\lim_{n\to\infty} z_n = z_0 \quad 或 \quad z_n \to z_0 \quad (n \to \infty).$$

如果$\{z_n\}$不收敛,则称$\{z_n\}$**发散**,或者称$\{z_n\}$为**发散序列**.

定理 4.1.1　设$z_n = x_n + \mathrm{i}y_n$,$z_0 = x_0 + \mathrm{i}y_0$,则$\lim\limits_{n\to\infty} z_n = z_0$的充要条件是

$$\lim_{n\to\infty} x_n = x_0, \quad \lim_{n\to\infty} y_n = y_0.$$

证　若$\lim\limits_{n\to\infty} z_n = z_0$,则对任意$\varepsilon > 0$存在$N$,当$n > N$时,有

$$|z_n - z_0| < \varepsilon,$$

即

$$|(x_n - x_0) + \mathrm{i}(y_n - y_0)| < \varepsilon,$$

也就是

$$\sqrt{(x_n - x_0)^2 + (y_n - y_0)^2} < \varepsilon,$$

从而有

$$|x_n - x_0| < \frac{\varepsilon}{2}, \ |y_n - y_0| < \frac{\varepsilon}{2},$$

即$\lim\limits_{n\to\infty} x_n = x_0$,　$\lim\limits_{n\to\infty} y_n = y_0$.

若$\lim\limits_{n\to\infty} x_n = x_0$,$\lim\limits_{n\to\infty} y_n = y_0$,则对任意$\varepsilon > 0$,存在正整数$N$,当$n > N$时,有

$$|x_n - x_0| < \frac{\varepsilon}{2}, \quad |y_n - y_0| < \frac{\varepsilon}{2}.$$

又因为

$$|z_n - z_0| = |(x_n - x_0) + i(y_n - y_0)| \leqslant |x_n - x_0| + |y_n - y_0|,$$

故对于上述$\varepsilon > 0$,当$n > N$时,存在$|z_n - z_0| < \varepsilon$,即$\lim\limits_{n\to\infty} z_n = z_0$.

定义 4.1.2 设$\{z_n\}$为一复数序列,则

$$\sum_{n=1}^{\infty} z_n = z_1 + z_2 + \cdots + z_n + \cdots$$

称为**复数项级数**,z_n称为**第n项**,$s_n = z_1 + z_2 + \cdots + z_n$称为**部分和**,$s_1, s_2, \cdots, s_n, \cdots$称为**部分和数列**. 如果$\lim\limits_{n\to\infty} s_n = s$($s$为某一复常数)存在,则称复数项级数$\sum\limits_{n=1}^{\infty} z_n$收敛,$s$称为级数的和,即$\lim\limits_{n\to\infty} z_n = s$;如果$\lim\limits_{n\to\infty} s_n$不存在,则称复数项级数$\sum\limits_{n=1}^{\infty} z_n$发散.

定理 4.1.2 若$\sum\limits_{n=1}^{\infty} z_n$收敛,则$\lim\limits_{n\to\infty} z_n = 0$.

定理 4.1.3 设$z_n = x_n + iy_n$,则$\sum\limits_{n=1}^{\infty} z_n$收敛的充要条件是级数$\sum\limits_{n=1}^{\infty} x_n$和$\sum\limits_{n=1}^{\infty} y_n$同时收敛.

证 考虑$\sum\limits_{n=1}^{\infty} z_n$的部分和

$$\begin{aligned} s_n &= z_1 + z_2 + \cdots + z_n \\ &= (x_1 + iy_1) + (x_2 + iy_2) + \cdots + (x_n + iy_n) \\ &= (x_1 + x_2 + \cdots + x_n) + i(y_1 + y_2 + \cdots + y_n). \end{aligned}$$

$\sum\limits_{n=1}^{\infty} z_n$收敛$\Leftrightarrow \lim\limits_{n\to\infty} s_n = s$存在$\Leftrightarrow s_n$的实部和虚部的极限均存在$\Leftrightarrow \sum\limits_{n=1}^{\infty} x_n$收敛,$\sum\limits_{n=1}^{\infty} y_n$收敛.

定义 4.1.3 如果$\sum\limits_{n=1}^{\infty} |z_n|$收敛,则称级数$\sum\limits_{n=1}^{\infty} z_n$**绝对收敛**;如果$\sum\limits_{n=1}^{\infty} z_n$收敛但$\sum\limits_{n=1}^{\infty} |z_n|$发散,则称级数$\sum\limits_{n=1}^{\infty} z_n$**条件收敛**.

定理 4.1.4 如果$\sum\limits_{n=1}^{\infty} |z_n|$收敛,则$\sum\limits_{n=1}^{\infty} z_n$也收敛,即绝对收敛的级数本身也一定收敛.

证

$$\sum_{n=1}^{\infty} |z_n| = \sum_{n=1}^{\infty} |x_n + iy_n| = \sum_{n=1}^{\infty} \sqrt{x_n^2 + y_n^2},$$

$\sum\limits_{n=1}^{\infty} |z_n|$收敛,则

$$|x_n| \leqslant \sqrt{x_n^2 + y_n^2}, \quad |y_n| \leqslant \sqrt{x_n^2 + y_n^2},$$

由正项级数的比较判别法知$\sum\limits_{n=1}^{\infty}|x_n|$,$\sum\limits_{n=1}^{\infty}|y_n|$都收敛,从而$\sum\limits_{n=1}^{\infty}x_n$,$\sum\limits_{n=1}^{\infty}y_n$也收敛,所以$\sum\limits_{n=1}^{\infty}z_n$收敛.

定理 4.1.5 设$z_n=x_n+\mathrm{i}y_n$,则$\sum\limits_{n=1}^{\infty}z_n$绝对收敛的充分必要条件是$\sum\limits_{n=1}^{\infty}x_n$和$\sum\limits_{n=1}^{\infty}y_n$都绝对收敛.

此定理的证明只需利用不等式$|x_n|\leqslant\sqrt{x_n^2+y_n^2}$,$|y_n|\leqslant\sqrt{x_n^2+y_n^2}$及$\sqrt{x_n^2+y_n^2}\leqslant|x_n|+|y_n|$即可,此问题留给读者来完成.

另外,要注意到判断$\sum\limits_{n=1}^{\infty}z_n$是否绝对收敛时,由于$\sum\limits_{n=1}^{\infty}|z_n|=\sum\limits_{n=1}^{\infty}\sqrt{x_n^2+y_n^2}$是正项级数,因此可以利用微积分中的正项级数敛散性的各种判别方法.

例 1 判断下列级数是否收敛:

(1) $\sum\limits_{n=1}^{\infty}\left(\dfrac{1}{2^n}+\dfrac{\mathrm{i}}{n}\right)$; (2) $\sum\limits_{n=1}^{\infty}\dfrac{\mathrm{i}^n}{n}$.

解 (1) 设$z_n=\dfrac{1}{2^n}+\dfrac{\mathrm{i}}{n}=x_n+\mathrm{i}y_n$,则$x_n=\dfrac{1}{2^n}$,$y_n=\dfrac{1}{n}$.由于$\sum\limits_{n=1}^{\infty}x_n=\sum\limits_{n=1}^{\infty}\left(\dfrac{1}{2}\right)^n$收敛,$\sum\limits_{n=1}^{\infty}y_n=\sum\limits_{n=1}^{\infty}\dfrac{1}{n}$发散,故由定理 4.1.3 知$\sum\limits_{n=1}^{\infty}z_n$发散.

(2)
$$\sum_{n=1}^{\infty}\frac{\mathrm{i}^n}{n}=-\left(\frac{1}{2}-\frac{1}{4}+\frac{1}{6}-\frac{1}{8}+\cdots\right)+\mathrm{i}\left(1-\frac{1}{3}+\frac{1}{5}-\frac{1}{7}+\cdots\right),$$

此级数的实部$\sum\limits_{n=1}^{\infty}x_n=-\left(\dfrac{1}{2}-\dfrac{1}{4}+\dfrac{1}{6}-\dfrac{1}{8}+\cdots\right)$收敛,虚部$\sum\limits_{n=1}^{\infty}y_n=1-\dfrac{1}{3}+\dfrac{1}{5}-\dfrac{1}{7}+\cdots$收敛,由定理 4.1.3 知$\sum\limits_{n=1}^{\infty}\dfrac{\mathrm{i}^n}{n}$收敛.

例 2 判断下列级数是否收敛?是否绝对收敛?

(1) $\sum\limits_{n=1}^{\infty}\dfrac{\mathrm{i}^n}{n!}$; (2) $\sum\limits_{n=1}^{\infty}(1+\mathrm{i})^n$.

解 (1) 设$z_n=\dfrac{\mathrm{i}^n}{n!}$,由于$\sum\limits_{n=1}^{\infty}|z_n|=\sum\limits_{n=1}^{\infty}\dfrac{1}{n!}$收敛,故$\sum\limits_{n=1}^{\infty}\dfrac{\mathrm{i}^n}{n!}$绝对收敛,$\sum\limits_{n=1}^{\infty}\dfrac{\mathrm{i}^n}{n!}$也收敛.

(2) 设$z_n=(1+\mathrm{i})^n$,由于$\lim\limits_{n\to\infty}|z_n|=\lim\limits_{n\to\infty}|1+\mathrm{i}|^n=\lim\limits_{n\to\infty}(\sqrt{2})^n=+\infty$,即通项不趋近于 0,因此$\sum\limits_{n=1}^{\infty}z_n$发散,从而也不绝对收敛.

4.1.2 复变函数项级数

定义 4.1.4 设$\{f_n(z)\}$是定义在区域D上的复变函数序列,则

$$\sum_{n=1}^{\infty} f_n(z) = f_1(z) + f_2(z) + \cdots + f_n(z) + \cdots$$

称为**复变函数项级数**，$s_n(z) = f_1(z) + f_2(z) + \cdots + f_n(z)$ 称为级数 $\sum\limits_{n=1}^{\infty} f_n(z)$ 的**部分和**.

若对于 D 内的点 z_0，$\sum\limits_{n=1}^{\infty} f_n(z_0)$ 收敛，则称点 z_0 为 $\sum\limits_{n=1}^{\infty} f_n(z)$ 的**收敛点**，收敛点的集合称为 $\sum\limits_{n=1}^{\infty} f_n(z)$ 的**收敛域**；否则，称为**发散点**，发散点的集合称为**发散域**.

定义 4.1.5 若对于 D 内任一点，级数 $\sum\limits_{n=1}^{\infty} |f_n(z)|$ 收敛，则称级数 $\sum\limits_{n=1}^{\infty} f_n(z)$ 在 D 内**绝对收敛**.

4.2 幂 级 数

定义 4.2.1 形如 $\sum\limits_{n=0}^{\infty} c_n(z-z_0)^n = c_0 + c_1(z-z_0) + c_2(z-z_0)^2 + \cdots + c_n(z-z_0)^n + \cdots$ 的复变函数项级数称为**幂级数**，这里 $c_n(n=0,1,2,\cdots)$ 及 z_0 均为复常数.

定理 4.2.1(阿贝尔定理)

(1) 如果幂级数 $\sum\limits_{n=0}^{\infty} c_n(z-z_0)^n$ 在点 $z_1(z_1 \neq z_0)$ 处收敛，则它在圆内 $|z-z_0| < |z_1-z_0|$ 任一点处绝对收敛；

(2) 如果幂级数在点 z_1 处发散，则它在圆外 $|z-z_0| > |z_1-z_0|$ 任一点处也发散.

证 若 $\sum\limits_{n=0}^{\infty} c_n(z_1-z_0)^n$ 收敛，则

$$\lim_{n\to\infty} c_n(z_1-z_0)^n = 0.$$

从而存在常数 M，使得 $|c_n(z_1-z_0)^n| \leqslant M$，于是

$$|c_n(z-z_0)^n| = |c_n(z_1-z_0)^n| \left|\frac{z-z_0}{z_1-z_0}\right|^n \leqslant M\left|\frac{z-z_0}{z_1-z_0}\right|^n.$$

因此，当 $|z-z_0| < |z_1-z_0|$，即 $\left|\dfrac{z-z_0}{z_1-z_0}\right| < 1$ 时，级数 $\sum\limits_{n=0}^{\infty} M\left|\dfrac{z-z_0}{z_1-z_0}\right|^n$ 收敛，从而 $\sum\limits_{n=0}^{\infty} |c_n(z-z_0)^n|$ 收敛，即级数 $\sum\limits_{n=0}^{\infty} c_n(z-z_0)^n$ 绝对收敛.

若 $\sum\limits_{n=0}^{\infty} (z_1-z_0)^n$ 发散，用反证法证明. 如果级数 $\sum\limits_{n=0}^{\infty} c_n(z-z_0)^n$ 在圆外 $|z-z_0| > |z_1-z_0|$ 某一点 z_2 处收敛，则由定理 4.2.1 知，对一切满足不等式 $|z-z_0| < |z_2-z_0|$ 的 z

的幂级数也收敛，而点 z_1 恰恰满足不等式 $|z_1-z_0|<|z_2-z_0|$，从而在点 z_1 处收敛，这与假设矛盾，结论得证.

定义 4.2.2 如果存在一个正数 R，使得幂级数 $\sum_{n=0}^{\infty}c_nz^n$ 在 $|z|<R$ 内处处收敛，而在 $|z|>R$ 内处处发散，则称 $\sum_{n=0}^{\infty}c_nz^n$ 的**收敛半径**为 R.

注意 若幂级数 $\sum_{n=0}^{\infty}c_nz^n$ 的收敛半径为 R，则此幂级数在 $|z|=R$ 处可能收敛，也可能发散.

根据定义 4.2.2 讨论幂级数的敛散性：

若 $0<R<+\infty$，则幂级数 $\sum_{n=0}^{\infty}c_nz^n$ 在 $|z|<R$ 内绝对收敛，在 $|z|>R$ 内发散；

若 $R=\infty$，则幂级数 $\sum_{n=0}^{\infty}c_nz^n$ 在复平面上任一点都绝对收敛；

若 $R=0$，则幂级数 $\sum_{n=0}^{\infty}c_nz^n$ 仅在 $z=0$ 处收敛，其余点均发散.

也可以用类似于微积分中幂级数的方法求收敛半径，因此可得出下面定理.

定理 4.2.2 若幂级数 $\sum_{n=0}^{\infty}c_nz^n$ 满足

$$\lim_{n\to\infty}\left|\frac{c_{n+1}}{c_n}\right|=r \quad 或 \quad \lim_{n\to\infty}\sqrt[n]{|c_n|}=r,$$

则 $\sum_{n=0}^{\infty}c_nz^n$ 的收敛半径 $R=\frac{1}{r}$.

(证明略).

例 1 求下列幂级数的收敛半径：

(1) $\sum_{n=0}^{\infty}n!z^n$；　(2) $\sum_{n=0}^{\infty}\frac{1}{n!}z^n$；　(3) $\sum_{n=1}^{\infty}\frac{n!}{n^n}z^n$；　(4) $\sum_{n=0}^{\infty}n^3z^n$.

解 (1)

$$c_n=n!,\quad \lim_{n\to\infty}\left|\frac{c_{n+1}}{c_n}\right|=\lim_{n\to\infty}(n+1)=+\infty=r,$$

故 $R=\frac{1}{r}=0$，即 $\sum_{n=0}^{\infty}n!z^n$ 仅在 $z=0$ 处收敛.

(2)

$$c_n=\frac{1}{n!},\quad r=\lim_{n\to\infty}\left|\frac{c_{n+1}}{c_n}\right|=\lim_{n\to\infty}\frac{1}{n+1}=0,$$

故 $R=\frac{1}{r}=\infty$，即幂级数 $\sum_{n=0}^{\infty}\frac{1}{n!}z^n$ 处处绝对收敛.

(3) $c_n=\dfrac{n!}{n^n}, r=\lim\limits_{n\to\infty}\left|\dfrac{c_{n+1}}{c_n}\right|=\lim\limits_{n\to\infty}\left(\dfrac{n}{n+1}\right)^n=\lim\limits_{n\to\infty}\dfrac{1}{\left(1+\dfrac{1}{n}\right)^n}=\dfrac{1}{\mathrm{e}}$,

故 $R=\dfrac{1}{r}=\mathrm{e}$.

(4)$c_n=n^3, r=\lim\limits_{n\to\infty}\sqrt[n]{|c_n|}=1$,故 $R=1$.

例 2 求$\sum\limits_{n=0}^{\infty}\dfrac{n}{2^n}(z-1)^n$ 的收敛半径和绝对收敛域.

解 $c_n=\dfrac{n}{2^n}, r=\lim\limits_{n\to\infty}\sqrt[n]{|c_n|}=\dfrac{1}{2}$,故收敛半径 $R=\dfrac{1}{r}=2$.当 $|z-1|<2$ 时,级数绝对收敛;当 $|z-1|=2$ 时,$\sum\limits_{n=0}^{\infty}\left|\dfrac{n}{2^n}(z-1)^n\right|=\sum\limits_{n=0}^{\infty}n$ 且发散.故绝对收敛域为$|z-1|<2$.

设 $f(z)=\sum\limits_{n=0}^{\infty}c_n(z-z_0)^n$,其收敛半径为$R$,则 $f(z)$ 在 $|z-z_0|<R$ 内是解析函数,并且在 $|z-z_0|<R$ 内,幂级数的和 $f(z)=\sum\limits_{n=0}^{\infty}c_n(z-z_0)^n$ 可以逐项求导,逐项积分,且收敛半径不变.

例 3 求幂级数$\sum\limits_{n=0}^{\infty}\dfrac{(-1)^n}{n+1}z^{n+1}$ 在 $|z|<1$ 内的和函数.

解 设
$$f(z)=\sum_{n=0}^{\infty}\frac{(-1)^n}{n+1}z^{n+1},\quad c_n=\frac{(-1)^n}{n+1},$$
于是 $r=\lim\limits_{n\to\infty}\left|\dfrac{c_{n+1}}{c_n}\right|=1$,故 $R=1$.因此,$f(z)$ 在 $|z|<1$ 内可以逐项求导,所以
$$f'(z)=\sum_{n=0}^{\infty}\left(\frac{(-1)^n}{n+1}z^{n+1}\right)'=\sum_{n=0}^{\infty}(-1)^nz^n=\frac{1}{1+z}.$$
注意到 $f(0)=0$,从而
$$f(z)=\int_0^z f'(z)\mathrm{d}z=\int_0^z\frac{1}{1+z}\mathrm{d}z=\ln(1+z).$$

4.3 泰勒级数

定理 4.3.1 设函数 $f(z)$ 在点 z_0 处解析,若以点 z_0 为圆心作一个圆,并假设圆的半径不断扩大,直到圆周碰上 $f(z)$ 的奇点为止,则在此圆域的内部 $f(z)$ 可展开成幂级数:
$$f(z)=\sum_{n=0}^{\infty}c_n(z-z_0)^n,$$

其中 $c_n = \dfrac{1}{n!}f^{(n)}(z_0)$.

证　设 $f(z)$ 在圆域 $|z-z_0|<R$ 内解析，任取正数 $r<R$ 作圆 $|z-z_0|<r$，记 C：$|z-z_0|=r$ 上的点为 ξ，则 $|z-z_0|<|\xi-z_0|$，利用

$$\frac{1}{1-z}=1+z+z^2+\cdots+z^n+\cdots\quad(|z|<1),$$

知

$$\begin{aligned}\frac{1}{\xi-z}&=\frac{1}{(\xi-z_0)-(z-z_0)}\\&=\frac{1}{\xi-z_0}\cdot\frac{1}{1-\dfrac{z-z_0}{\xi-z_0}}\quad\left(\left|\frac{z-z_0}{\xi-z_0}\right|<1\right)\\&=\frac{1}{\xi-z_0}\left[1+\frac{z-z_0}{\xi-z_0}+\frac{(z-z_0)^2}{(\xi-z_0)^2}+\cdots+\frac{(z-z_0)^n}{(\xi-z_0)^n}+\cdots\right]\\&=\frac{1}{\xi-z_0}+\frac{z-z_0}{(\xi-z_0)^2}+\frac{(z-z_0)^2}{(\xi-z_0)^3}+\cdots+\frac{(z-z_0)^n}{(\xi-z_0)^{n+1}}+\cdots,\end{aligned}$$

从而也有

$$\frac{f(\xi)}{\xi-z}=\frac{f(\xi)}{\xi-z_0}+\frac{(z-z_0)f(\xi)}{(\xi-z_0)^2}+\cdots+\frac{(z-z_0)^nf(\xi)}{(\xi-z_0)^{n+1}}+\cdots,$$

上式两边同时对变量 ξ 积分(逐项积分)并除以 $2\pi i$，得

$$\frac{1}{2\pi i}\oint_C\frac{f(\xi)}{\xi-z}d\xi=\frac{1}{2\pi i}\oint_C\frac{f(\xi)}{\xi-z_0}d\xi+\frac{z-z_0}{2\pi i}\oint_C\frac{f(\xi)}{(\xi-z_0)^2}d\xi+\cdots.$$

利用解析函数的 n 阶导数公式 $f^{(n)}(z_0)=\dfrac{n!}{2\pi i}\oint_C\dfrac{f(\xi)}{(\xi-z_0)^{n+1}}d\xi$ 得

$$f(z)=\sum_{n=0}^{\infty}\frac{f^{(n)}(z_0)}{n!}(z-z_0)^n=\sum_{n=0}^{\infty}c_n(z-z_0)^n,$$

其中 $c_n=\dfrac{1}{n!}f^{(n)}(z_0)=\dfrac{1}{2\pi i}\oint_C\dfrac{f(\xi)}{(\xi-z_0)^{n+1}}d\xi$，$c_n$ 称为**泰勒系数**，$f(z)=\sum\limits_{n=0}^{\infty}\dfrac{1}{n!}f^{(n)}(z_0)(z-z_0)^n$ 称为 $f(z)$ 在点 z_0 处的**泰勒展开式**.

还可以证明泰勒展开式是唯一的，把定理 4.3.1 和幂级数的性质结合起来就可得到一个重要结论(对于复变函数，解析函数和幂级数是等价的)，即有下列定理.

定理 4.3.2　函数 $f(z)$ 在区域 D 内解析的充要条件是 $f(z)$ 在 D 内任一点 z_0 的邻域内可展开成关于 $z-z_0$ 的幂级数.

例 1　求 $f(z)=e^z$ 在 $z=0$ 处的泰勒展开式.

解　由于 $f(z)=e^z$ 在复平面内处处解析，无奇点，因此，以 $z_0=0$ 为圆心的解析圆域的半径 $R=+\infty$，且有

$$f(z)=f'(z)=f''(z)=\cdots=f^{(n)}(z)=e^z,$$

从而

$$f(0)=f'(0)=f''(0)=\cdots=f^{(n)}(0)=1,$$

所以

$$\begin{aligned} f(z)=\mathrm{e}^z &= \sum_{n=0}^{\infty}\frac{f^{(n)}(0)}{n!}(z-z_0)^n \\ &= 1+z+\frac{z^2}{2!}+\cdots+\frac{z^n}{n!}+\cdots \quad (|z|<\infty). \end{aligned}$$

例 2 求 $\sin z,\cos z$ 在 $z=0$ 处的泰勒展开式.

解 $\sin z=\dfrac{\mathrm{e}^{\mathrm{i}z}-\mathrm{e}^{-\mathrm{i}z}}{2\mathrm{i}}$,而

$$\mathrm{e}^{\mathrm{i}z}=\sum_{n=0}^{\infty}\frac{(\mathrm{i}z)^n}{n!},\quad \mathrm{e}^{-\mathrm{i}z}=\sum_{n=0}^{\infty}\frac{(-\mathrm{i}z)^n}{n!},$$

故

$$\sin z=\frac{1}{2\mathrm{i}}\left[\sum_{n=0}^{\infty}\frac{(\mathrm{i}z)^n}{n!}-\sum_{n=0}^{\infty}\frac{(-\mathrm{i}z)^n}{n!}\right]=\frac{1}{2\mathrm{i}}\sum_{n=0}^{\infty}\frac{[1-(-1)^n]\mathrm{i}^n z^n}{n!}.$$

当 n 为偶数时,

$$\frac{[1-(-1)^n]\mathrm{i}^n z^n}{n!}=0;$$

当 n 为奇数时,

$$\frac{[1-(-1)^n]\mathrm{i}^n z^n}{n!}=\frac{2(-1)^k\mathrm{i}z^{2k+1}}{(2k+1)!},$$

即得

$$\sin z=\sum_{n=0}^{\infty}\frac{(-1)^k z^{2k+1}}{(2k+1)!}=1-\frac{z^3}{3!}+\frac{z^5}{5!}-\cdots \quad (|z|<\infty).$$

同理可得

$$\cos z=1-\frac{z^2}{2!}+\frac{z^4}{4!}-\cdots \quad (|z|<\infty).$$

例 3 求 $\dfrac{1}{1-z},\dfrac{1}{1+z}$ 在 $z=0$ 处的泰勒展开式.

解 $f(z)=\dfrac{1}{1-z}$ 在复平面上有唯一奇点 $z=1$,因此,以 $z=0$ 为圆心的 $f(z)$ 的解析圆域为 $|z|<1$.

由 $1+z+z^2+\cdots+z^n+\cdots=\dfrac{1}{1-z}$, $|z|<1$ 知,

$$f(z)=\frac{1}{1-z}=1+z+z^2+\cdots+z^n+\cdots=\sum_{n=0}^{\infty}z^n \quad (|z|<1).$$

也可以直接求出 $f^{(n)}(z)=\dfrac{n!}{(1-z)^{n+1}}\quad(n=0,1,2,3,\cdots)$,从而 $f^{(n)}(0)=n!$. 于是

$$f(z)=\sum_{n=0}^{\infty}\frac{f^{(n)}(z)}{n!}z^n=\sum_{n=0}^{\infty}z^n\quad(|z|<1).$$

对于$\dfrac{1}{1+z}$,则有

$$\frac{1}{1+z}=\frac{1}{1-(-z)}=\sum_{n=0}^{\infty}(-z)^n=\sum_{n=0}^{\infty}(-1)^n z^n\quad(|z|<1).$$

例 4 把下列各函数展开成 $z=0$ 的泰勒展开式.

(1) $\ln(1+z)$; (2) $\dfrac{1}{(1+z)^2}$.

解 (1) 设 $f(z)=\ln(1+z)$,则 $f'(z)=\dfrac{1}{1+z}=\sum\limits_{n=0}^{\infty}(-1)^n z^n(|z|<1)$,两端同时取$[0,z]$的积分,得

$$\begin{aligned}f(z)&=f(z)-f(0)=\int_0^z f'(z)\mathrm{d}z\\&=\int_0^z\sum_{n=0}^{\infty}[(-1)^n z^n]\mathrm{d}z=\sum_{n=0}^{\infty}\int_0^z(-1)^n z^n\mathrm{d}z\\&=\sum_{n=0}^{\infty}(-1)^n\frac{z^{n+1}}{n+1}\quad(|z|<1),\end{aligned}$$

即得

$$\ln(1+z)=z-\frac{z^2}{2}+\frac{z^3}{3}-\frac{z^4}{4}+\cdots+(-1)^{n-1}\frac{z^n}{n}+\cdots\quad(|z|<1).$$

(2) 设 $f(z)=\dfrac{1}{(1+z)^2}$,注意到$\left(-\dfrac{1}{1+z}\right)'=\dfrac{1}{(1+z)^2}$,即

$$\frac{1}{(1+z)^2}=\left[-\sum_{n=0}^{\infty}(-1)^n z^n\right]'=\sum_{n=1}^{\infty}(-1)^{n+1}nz^{n-1}\quad(|z|<1).$$

例 5 (1) 求 $f(z)=\dfrac{z-1}{z+1}$ 在 $z=1$ 处的泰勒展开式,并求出收敛半径;

(2) 求 $f(z)=\mathrm{e}^z\sin z$ 在 $z=0$ 处的泰勒展开式.

解 (1) 本题要求把 $f(z)$ 表示成$\sum\limits_{n=0}^{\infty}c_n(z-1)^n$ 的形式,为此令 $z-1=\omega$,即 $z=\omega+1$,也就是要求把 $f(z)$ 表示成$\sum\limits_{n=0}^{\infty}c_n\omega^n$ 的形式.

$$f(z)=\frac{(\omega+1)-1}{(\omega+1)+1}=\frac{\omega}{\omega+2}=\frac{\omega}{2}\frac{1}{1+\frac{\omega}{2}}$$

$$= \frac{\omega}{2}\sum_{n=0}^{\infty}\left(-\frac{\omega}{2}\right)^n = \sum_{n=0}^{\infty}(-1)^n\frac{1}{2^{n+1}}\omega^{n+1}$$

$$= \sum_{n=0}^{\infty}(-1)^n\frac{1}{2^{n+1}}(z-1)^{n+1} \quad \left(\left|\frac{\omega}{2}\right|<1,\text{即 } |z-1|<2\right).$$

(2)

$$e^z\sin z = e^z\frac{e^{iz}-e^{-iz}}{2i} = \frac{1}{2i}\left[e^{(1+i)z}-e^{(1-i)z}\right]$$

$$= \frac{1}{2i}\left[\sum_{n=0}^{\infty}\frac{(1+i)^n}{n!}z^n - \sum_{n=0}^{\infty}\frac{(1-i)^n}{n!}z^n\right]$$

$$= \frac{1}{2i}\sum_{n=0}^{\infty}\frac{(1+i)^n-(1-i)^n}{n!}z^n.$$

注意到

$$(1+i)^n-(1-i)^n = (\sqrt{2})^n\left[\left(\frac{\sqrt{2}}{2}+i\frac{\sqrt{2}}{2}\right)^n-\left(\frac{\sqrt{2}}{2}-i\frac{\sqrt{2}}{2}\right)^n\right]$$

$$= 2^{\frac{n}{2}}\left\{\left(\cos\frac{\pi}{4}+i\sin\frac{\pi}{4}\right)^n-\left[\cos\left(-\frac{\pi}{4}\right)+i\sin\left(-\frac{\pi}{4}\right)\right]^n\right\}$$

$$= 2^{\frac{n}{2}}i\sin\frac{n\pi}{4},$$

故

$$e^z\sin z = \sum_{n=0}^{\infty}\frac{2^{\frac{n}{2}}\sin\frac{n\pi}{4}}{n!}z^n.$$

从以上可以看出,求 $f(z)$ 的泰勒展开式一般有三种方法:

(1) 直接求出 $f^{(k)}(z_0)$ $(k=0,1,2,\cdots)$,然后代入公式 $f(z)=\sum_{k=0}^{\infty}\frac{f^{(k)}(z_0)}{k!}(z-z_0)$ 中,该方法称为直接法;

(2) 利用幂级数的性质,幂级数在收敛圆域内可以逐项求导和积分,通过求导和积分的方法求出 $f(z)$ 的泰勒展开式;

(3) 利用常用的复变函数如 $e^z,\sin z,\cos z,\frac{1}{1+z},\frac{1}{1-z},\ln(1+z)$ 等的泰勒展开式求 $f(z)$ 的泰勒展开式.

4.4 罗朗级数[①]

定义 4.4.1 形如 $\sum_{n=-\infty}^{+\infty}c_n(z-z_0)^n = \cdots + c_{-n}(z-z_0)^{-n}+\cdots+c_{-1}(z-z_0)^{-1}+c_0+$

① 全国科学技术名词审定委员会审定为洛朗级数(Laurent series),本书采用较常用的叫法,即罗朗级数.

$c_1(z-z_0)+\cdots+c_n(z-z_0)^n+\cdots$ 的级数称为**罗朗级数**,其中 $c_n(n=0,\pm1,\pm2,\cdots)$,$z_0$ 均为复常数.

从定义 4.4.1 易知,罗朗级数由两部分组成:含有 $z-z_0$ 的非负整数次幂 $\sum\limits_{n=0}^{\infty}c_n(z-z_0)^n$ 及负整数次幂 $\sum\limits_{n=-\infty}^{-1}c_n(z-z_0)^n$. 对于 $\sum\limits_{n=0}^{\infty}c_n(z-z_0)^n$,很容易求出其收敛半径 R,且当 $|z-z_0|<R$ 时,$\sum\limits_{n=0}^{\infty}c_n(z-z_0)^n$ 收敛. 对于 $\sum\limits_{n=-\infty}^{-1}c_n(z-z_0)^n$,即为

$$c_{-1}\frac{1}{z-z_0}+c_{-2}\frac{1}{(z-z_0)^2}+\cdots+c_{-n}\frac{1}{(z-z_0)^n}+\cdots.$$

令 $t=\dfrac{1}{z-z_0}$,则上式可化为

$$c_{-1}t+c_{-2}t^2+\cdots+c_{-n}t^n+\cdots.$$

设它的收敛半径为 $\dfrac{1}{r}$,则当 $|t|=\left|\dfrac{1}{z-z_0}\right|<\dfrac{1}{r}$ 时,$\sum\limits_{n=-\infty}^{-1}c_n(z-z_0)^n$ 收敛,也就是 $|z-z_0|>r$,$\sum\limits_{n=-\infty}^{-1}c_n(z-z_0)^n$ 收敛.

因此,罗朗级数 $\sum\limits_{n=-\infty}^{+\infty}c_n(z-z_0)^n$ 的收敛域应为圆环域:$r<|z-z_0|<R\ (r<R)$;当 $r\geqslant R$ 时,级数 $\sum\limits_{n=0}^{+\infty}c_n(z-z_0)^n$ 和级数 $\sum\limits_{n=-\infty}^{-1}c_n(z-z_0)^n$ 没有公共部分,罗朗级数 $\sum\limits_{n=-\infty}^{+\infty}c_n(z-z_0)^n$ 发散;当 $r=0$,$R=+\infty$,即 $0<|z-z_0|<+\infty$ 时,罗朗级数在复平面内除去点 $z=z_0$ 外处处收敛.

例 1 求罗朗级数 $\sum\limits_{n=-\infty}^{+\infty}c_n(z-2)^n$ 的收敛圆环域,其中

$$c_0=1,c_n=\frac{n!}{n^n},c_{-n}=1+\frac{1}{2}+\frac{1}{3}+\cdots+\frac{1}{n}\ (n=1,2,\cdots).$$

解

$$\begin{aligned}\sum_{n=-\infty}^{+\infty}c_n(z-2)^n&=\sum_{n=0}^{+\infty}c_n(z-2)^n+\sum_{n=-\infty}^{-1}c_n(z-2)^n\\&=\sum_{n=1}^{+\infty}\frac{n!}{n^n}(z-2)^n+1+\sum_{n=1}^{\infty}\left(1+\frac{1}{2}+\cdots+\frac{1}{n}\right)\frac{1}{(z-2)^n}.\end{aligned}$$

对于第一个级数 $c_n=\dfrac{n!}{n^n}$,$\lim\limits_{n\to\infty}\left|\dfrac{c_{n+1}}{c_n}\right|=\lim\limits_{n\to\infty}\dfrac{1}{\left(1+\dfrac{1}{n}\right)^n}=\dfrac{1}{\mathrm{e}}$,收敛半径 $R=\mathrm{e}$,即当 $|z-2|<\mathrm{e}$ 时,此级数收敛.

对于第二个级数系数 $a_n=c_{-n}=1+\dfrac{1}{2}+\cdots+\dfrac{1}{n}$,则

$$\left|\frac{a_{n+1}}{a_n}\right| = 1 + \frac{\frac{1}{n+1}}{1+\frac{1}{2}+\cdots+\frac{1}{n}}, \quad 1 \leqslant \left|\frac{a_{n+1}}{a_n}\right| \leqslant 1 + \frac{1}{n+1},$$

故

$$\lim_{n\to\infty}\left|\frac{a_{n+1}}{a_n}\right| = 1 = r.$$

因此，当 $\left|\frac{1}{z-2}\right| < 1$，即 $|z-2| > 1$ 时收敛，所以此罗朗级数的收敛圆环域为 $1 < |z-2| < \mathrm{e}$.

定理 4.4.1(罗朗定理) 若 $f(z)$ 在圆环域 $r < |z-z_0| < R$ $(0 \leqslant r \leqslant R < +\infty)$ 内解析，则 $f(z)$ 一定能在此圆环域内展开成罗朗级数

$$f(z) = \sum_{n=-\infty}^{+\infty} c_n (z-z_0)^n,$$

其中 $c_n = \frac{1}{2\pi \mathrm{i}}\oint_C \frac{f(\xi)}{(\xi-z_0)^{n+1}}\mathrm{d}\xi$ $(n=0, \pm 1, \pm 2, \cdots)$，$C$ 是正向圆周 $|z-z_0| = \rho$ $(r < \rho < R)$.

证 在圆环域 $r < |z-z_0| < R$ 内作两个正向圆周，

$$C_1: |z-z_0| = r_1, \quad C_2: |z-z_0| = r_2 \quad (r < r_1 < r_2 < R).$$

设 z 为 $r_1 < |z-z_0| < r_2$ 内任一点，由于 $f(z)$ 在 $r_1 < |z-z_0| < r_2$ 内解析，根据多连通区域的柯西积分公式得

$$f(z) = \frac{1}{2\pi \mathrm{i}}\oint_{C_2}\frac{f(\xi)}{\xi-z}\mathrm{d}\xi - \frac{1}{2\pi \mathrm{i}}\oint_{C_1}\frac{f(\xi)}{\xi-z}\mathrm{d}\xi.$$

对于第一个积分，ξ 满足 $|\xi-z_0| = r_2$，$|z-z_0| < r_2$，因此 $\left|\frac{z-z_0}{\xi-z_0}\right| < 1$，于是

$$\frac{1}{\xi-z} = \frac{1}{\xi-z_0}\cdot\frac{1}{1-\frac{z-z_0}{\xi-z_0}} = \sum_{n=0}^{\infty}\frac{(z-z_0)^n}{(\xi-z_0)^{n+1}},$$

所以

$$\begin{aligned}\frac{1}{2\pi \mathrm{i}}\oint_{C_2}\frac{f(\xi)}{\xi-z}\mathrm{d}\xi &= \sum_{n=0}^{\infty}(z-z_0)^n\frac{1}{2\pi \mathrm{i}}\oint_{C_2}\frac{f(\xi)}{(\xi-z_0)^{n+1}}\mathrm{d}\xi \\ &= \sum_{n=0}^{\infty}c'_n(z-z_0)^n,\end{aligned}$$

其中 $c'_n = \frac{1}{2\pi \mathrm{i}}\oint_{C_2}\frac{f(\xi)}{(\xi-z_0)^{n+1}}\mathrm{d}\xi$.

对于第二个积分，ξ 满足 $|\xi-z_0| = r_1$，$|z-z_0| < r_1$，因此 $\left|\frac{\xi-z_0}{z-z_0}\right| < 1$，于是

$$\frac{1}{\xi-z}=\frac{-1}{z-z_0}\cdot\frac{1}{1-\dfrac{\xi-z_0}{z-z_0}}=-\sum_{n=0}^{\infty}\frac{(\xi-z_0)^n}{(z-z_0)^{n+1}}=-\sum_{n=-\infty}^{-1}\frac{(z-z_0)^n}{(\xi-z_0)^{n+1}},$$

所以

$$\begin{aligned}-\frac{1}{2\pi i}\oint_{C_1}\frac{f(\xi)}{\xi-z}d\xi&=\sum_{n=-\infty}^{-1}(z-z_0)^n\frac{1}{2\pi i}\oint_{C_1}\frac{f(\xi)}{(\xi-z_0)^{n+1}}d\xi\\&=\sum_{n=-\infty}^{-1}c''_n(z-z_0)^n,\end{aligned}$$

其中 $c''_n=\dfrac{1}{2\pi i}\oint_{C_1}\dfrac{f(\xi)}{(\xi-z_0)^{n+1}}d\xi\quad(n=-1,-2,\cdots)$. 因此,得到

$$f(z)=\sum_{n=-\infty}^{+\infty}c_n(z-z_0)^n,\quad c_n=\frac{1}{2\pi i}\oint_{C_1}\frac{f(\xi)}{(\xi-z_0)^{n+1}}d\xi\quad(n=0,\pm1,\pm2,\cdots).$$

例 2 将函数 $f(z)=z^3e^{\frac{1}{z}}$ 在 $0<|z|<\infty$ 内展开成罗朗级数.

解 $f(z)$ 在 $z=0$ 处不解析,在 $0<|z|<\infty$ 内处处解析,故可在 $0<|z|<\infty$ 内展开成罗朗级数,即

$$\begin{aligned}z^3e^{\frac{1}{z}}&=z^3\left(1+\frac{1}{z}+\frac{1}{2!z^2}+\frac{1}{3!z^3}+\cdots+\frac{1}{n!z^n}+\cdots\right)\\&=z^3+z^2+\frac{z}{2!}+\frac{1}{3!}+\frac{1}{4!z}+\cdots+\frac{1}{n!z^{n-3}}+\cdots\quad(0<|z|<\infty).\end{aligned}$$

例 3 将下列函数在指定的圆环域内展开成罗朗级数.

(1) $\dfrac{1}{(1+z^2)(z-2)}$, $1<|z|<2$;

(2) $\dfrac{1}{(z-1)(z-2)}$, $0<|z-1|<1$, $1<|z-2|<+\infty$.

解 (1) 本题要求把 $f(z)=\dfrac{1}{(1+z^2)(z-2)}$ 化成 $\sum\limits_{n=-\infty}^{+\infty}c_nz^n$ 的形式. 在利用下列公式时一定要注意它的适用范围:

$$|z|<1,\quad\frac{1}{1-z}=\sum_{n=0}^{\infty}z^n\quad 及\quad\frac{1}{1+z}=\sum_{n=0}^{\infty}(-1)^nz^n.$$

首先把 $f(z)$ 表示成如下形式:

$$f(z)=\frac{1}{5}\frac{1}{z-2}-\frac{1}{5}\frac{z}{z^2+1}-\frac{2}{5}\frac{1}{z^2+1}.$$

由于 $1<|z|<2$,即 $\left|\dfrac{1}{z}\right|<1$,$\left|\dfrac{z}{2}\right|<1$,因此 $f(z)$ 可化为

$$f(z)=-\frac{1}{10}\frac{1}{1-\dfrac{z}{2}}-\frac{1}{5}\frac{1}{z}\frac{1}{1+\left(\dfrac{1}{z}\right)^2}-\frac{2}{5}\frac{1}{z^2}\frac{1}{1+\left(\dfrac{1}{z}\right)^2}$$

$$=-\frac{1}{10}\sum_{n=0}^{\infty}\left(\frac{z}{2}\right)^n-\frac{1}{5z}\sum_{n=0}^{\infty}(-1)^n\left(\frac{1}{z^2}\right)^n-\frac{2}{5z^2}\sum_{n=0}^{\infty}(-1)^n\left(\frac{1}{z^2}\right)^n$$

$$=-\frac{1}{10}\sum_{n=0}^{\infty}\frac{1}{2^n}z^n-\frac{1}{5}\sum_{n=0}^{\infty}\frac{(-1)^n}{z^{2n+1}}-\frac{2}{5}\sum_{n=0}^{\infty}(-1)^n\frac{1}{z^{2n+2}}\quad(1<|z|<2).$$

(2) 令 $$f(z)=\frac{1}{(z-1)(z-2)}=\frac{1}{z-2}-\frac{1}{z-1}.$$

先考虑 $f(z)$ 在圆环域 $0<|z-1|<1$ 内的罗朗级数，即要求把 $f(z)$ 化成 $\sum_{n=-\infty}^{+\infty}c_n(z-1)^n$ $(0<|z-1|<1)$ 的形式，为此设 $z-1=\omega$，即 $z=1+\omega$，则

$$f(z)=\frac{1}{\omega-1}-\frac{1}{\omega}=-\frac{1}{\omega}-\frac{1}{1-\omega}=-\frac{1}{\omega}-\sum_{n=0}^{\infty}\omega^n$$

$$=-\frac{1}{z-1}-\sum_{n=0}^{\infty}(z-1)^n=-\sum_{n=-1}^{\infty}(z-1)^n.$$

再考虑 $1<|z-2|<+\infty$，即要求把 $f(z)$ 化成 $\sum_{n=-\infty}^{+\infty}c_n(z-2)^n=\sum_{n=-\infty}^{+\infty}c_n\omega^n$ 的形式，这里 $\omega=z-2$，即 $z=\omega+2$，并且注意到 $\left|\frac{1}{z-2}\right|=\left|\frac{1}{\omega}\right|<1$，因此

$$f(z)=\frac{1}{\omega}-\frac{1}{\omega+1}=\frac{1}{\omega}-\frac{1}{\omega}\frac{1}{1+\frac{1}{\omega}}=\frac{1}{\omega}-\frac{1}{\omega}\sum_{n=0}^{\infty}(-1)^n\left(\frac{1}{\omega}\right)^n$$

$$=\frac{1}{\omega}+\sum_{n=0}^{\infty}(-1)^{n+1}\frac{1}{\omega^{n+1}}=\sum_{n=1}^{\infty}\frac{(-1)^{n+1}}{(z-2)^{n+1}}.$$

例 4 求 $f(z)=\frac{1}{z(z-1)}$ 以 $z=0$ 及 $z=1$ 为中心的罗朗级数.

解 函数 $f(z)$ 只有两个奇点 $z=0, z=1$，$f(z)$ 在以 $z=0$ 为中心的圆环域 $0<|z|<1$，$1<|z|<+\infty$ 解析，在以 $z=1$ 为中心的圆环域 $0<|z-1|<1$，$1<|z-1|<\infty$ 解析. 因此，在这些圆环域内 $f(z)$ 可展开成罗朗级数.

当 $0<|z|<1$ 时，

$$f(z)=\frac{1}{z-1}-\frac{1}{z}=-\frac{1}{z}-\frac{1}{1-z}=-\frac{1}{z}-\sum_{n=0}^{\infty}z^n=-\sum_{n=-1}^{\infty}z^n.$$

当 $1<|z|<+\infty$ 时，注意到 $\left|\frac{1}{z}\right|<1$，

$$f(z)=-\frac{1}{z}+\frac{1}{z-1}=-\frac{1}{z}+\frac{1}{z}\frac{1}{1-\frac{1}{z}}$$

$$=-\frac{1}{z}+\frac{1}{z}\sum_{n=0}^{\infty}\left(\frac{1}{z}\right)^n=\sum_{n=2}^{\infty}\frac{1}{z^n}.$$

当 $0<|z-1|<1$ 时,令 $\omega=z-1$,即 $0<|\omega|<1, z=\omega+1$,于是

$$f(z)=\frac{1}{z-1}-\frac{1}{z}=\frac{1}{\omega}-\frac{1}{\omega+1}$$

$$=\frac{1}{\omega}-\sum_{n=0}^{\infty}(-1)^{n}\omega^{n}=\sum_{n=-1}^{\infty}(-1)^{n+1}(z-1)^{n}.$$

当 $1<|z-1|<\infty$ 时,令 $\omega=z-1$,即 $1<|\omega|<\infty, z=\omega+1$,注意到 $\left|\frac{1}{\omega}\right|<1$,于是

$$f(z)=\frac{1}{z-1}-\frac{1}{z}=\frac{1}{\omega}-\frac{1}{1+\omega}=\frac{1}{\omega}-\frac{1}{\omega}\cdot\frac{1}{1+\frac{1}{\omega}}$$

$$=\frac{1}{\omega}-\frac{1}{\omega}\cdot\sum_{n=0}^{\infty}(-1)^{n}\left(\frac{1}{\omega}\right)=\sum_{n=2}^{\infty}(-1)^{n}\frac{1}{(z-1)^{n}}.$$

习 题 4

1. 填空题.

(1) 设 $z_n=x_n+\mathrm{i}y_n$,则 $\lim\limits_{n\to\infty}z_n$ 存在的充要条件是________;级数 $\sum\limits_{n=1}^{\infty}z_n$ 收敛的充要条件是________;级数 $\sum\limits_{n=1}^{\infty}z_n$ 绝对收敛的充要条件是________.

(2) 若幂级数 $\sum\limits_{n=1}^{\infty}c_n(z+\mathrm{i})^n$ 在 $z=\mathrm{i}$ 处发散,那么该级数在 $z=2$ 处的敛散性为________.

(3) 设 $0<|q|<1$,则 $\sum\limits_{n=0}^{\infty}q^{n^2}z^n$ 的收敛半径 R 为________.

(4) 若 $c_n=\begin{cases}3^n+(-1)^n & (n=0,1,2,\cdots),\\ 4^n & (n=-1,-2,\cdots),\end{cases}$ 则罗朗级数 $\sum\limits_{n=-\infty}^{+\infty}c_nz^n$ 的收敛域为________.

2. 选择题.

(1) 下列级数中,绝对收敛的级数为(　　).

A. $\sum\limits_{n=1}^{\infty}\left[\frac{(-1)^n}{n}+\frac{\mathrm{i}}{3^n}\right]$　　B. $\sum\limits_{n=1}^{\infty}\frac{1}{\sqrt{n}}\left(1+\frac{\mathrm{i}}{n}\right)$

C. $\sum\limits_{n=1}^{\infty}\frac{\mathrm{i}^n}{n}$　　D. $\sum\limits_{n=1}^{\infty}\frac{(-1)^n\mathrm{i}^n}{3^n}$

(2) 若幂级数 $\sum\limits_{n=0}^{\infty}c_nz^n$ 在 $z=1+2\mathrm{i}$ 处收敛,那么该级数在 $z=2$ 处的敛散性为(　　).

A. 绝对收敛　　B. 发散　　C. 条件收敛　　D. 不能确定

(3) 设级数 $\sum_{n=1}^{\infty} c_n$ 收敛，而 $\sum_{n=1}^{\infty} |c_n|$ 发散，则 $\sum_{n=1}^{\infty} c_n z^n$ 的收敛半径 R 为(　　).

A. $R<1$　　B. $R>1$　　C. $R=1$　　D. 不能确定

(4) 函数 $f(z)=\frac{1}{z^2}$(其中 $|z+1|<1$) 在 $z_0=-1$ 处的泰勒展开式为(　　).

A. $\sum_{n=1}^{\infty} n(z+1)^{n-1}$　　B. $-\sum_{n=1}^{\infty} n(z+1)^{n-1}$

C. $\sum_{n=1}^{\infty} (-1)^n n(z+1)^{n-1}$　　D. $-\sum_{n=1}^{\infty} (-1)^n n(z+1)^{n-1}$

3. 设复数 $z_1, z_2, \cdots, z_n, \cdots$ 全部满足 $\mathrm{Re}(z_n)\geqslant 0(n=1,2,\cdots)$，且 $\sum_{n=1}^{\infty} z_n$ 和 $\sum_{n=1}^{\infty} z_n^2$ 都收敛，证明 $\sum_{n=1}^{\infty} |z_n|^2$ 也收敛.

4. 求下列幂级数的收敛半径：

(1) $\sum_{n=1}^{\infty} a^{n^2} z^n$($a$ 为复常数)；　　(2) $\sum_{n=1}^{\infty} \frac{(-2)^n}{n(n+1)} z^n$；

(3) $\sum_{n=1}^{\infty} (-\mathrm{i})^{n-1} \frac{2n-1}{2^n} z^{2n-1}$；　　(4) $\sum_{n=1}^{\infty} \frac{\sin \frac{n}{2}\pi}{n!} z^n$；

(5) $\sum_{n=0}^{\infty} (\cos \mathrm{i}n) z^n$；　　(6) $\sum_{n=0}^{\infty} \frac{z^n}{3^n+(-1)^n}\mathrm{i}$.

5. 将下列函数在 $z=0$ 处展开成幂级数：

(1) e^{-z^2}；　　(2) $\frac{1}{1+z^3}$；　　(3) $\sin^2 z$；

(4) $\mathrm{e}^z \cos \mathrm{i}z$；　　(5) $\frac{z}{(1-z)^2}$；　　(6) $\int_0^z \frac{\sin z}{z}\mathrm{d}z$.

6. 试确定下面罗朗级数的收敛域.

$$\sum_{n=1}^{\infty} (-1)^n \frac{1}{(z-2)^n} + \sum_{n=1}^{\infty} (-1)^n \left(1-\frac{z}{3}\right)^n.$$

7. 对任一复数 z，证明：$|\mathrm{e}^z-1|\leqslant \mathrm{e}^{|z|}-1\leqslant |z|\,\mathrm{e}^{|z|}$.

8. 将下列函数在指定的圆环域内展开成罗朗级数：

(1) $\frac{z+2}{z(z+1)}$，$0<|z|<1$，$0<|z+1|<1$；

(2) $\frac{1}{z^2(z-\mathrm{i})}$，在以 $z=\mathrm{i}$ 为中心的圆环域内；

(3) $\frac{1}{1+z^2}$，在以 $z=\mathrm{i}$ 为中心的圆环域内；

(4) $\frac{z^2-2z+5}{(z-2)(z^2+1)}$，$1<|z|<2$.

第5章 留数定理

前面介绍的柯西积分公式、解析函数的高阶导数公式及复合闭路积分定理，都可用来计算一些闭路内含有被积函数的奇点的积分．但是，这些被积函数往往具有特殊的形式 $\dfrac{\phi(z)}{(z-z_0)^{m+1}}(m \geqslant 0)$，其中 $\phi(z)$ 在 z_0 的一个邻域内解析．本章所介绍的留数是在研究复积分与复级数理论相结合的基础上产生的一个概念，它在复变函数及其实际应用中都是很重要的，与计算围线积分相关的问题有密切关系．本章先以罗朗级数为工具研究解析函数孤立奇点的分类，并在此基础上引入留数的概念，介绍留数的计算方法及留数定理，并利用留数定理解决一些比较复杂的实积分．

5.1 零点与孤立奇点

这一节将利用罗朗级数展开式对解析函数在零点和孤立奇点附近的性质进行分类．如果函数 $f(z)$ 在点 z_0 解析并且 $f(z_0)=0$，则称 z_0 为函数 $f(z)$ 的**零点**．如果 $f(z)$ 在某一去心圆盘 $0<|z-z_0|<R$ 内解析，但是在点 z_0 处不解析，则称点 z_0 为 f 的**孤立奇点**．例如，$\tan\left(\dfrac{\pi z}{2}\right)$ 在每个偶整数处具有一个零点，在每个奇整数处具有一个孤立奇点．$z=0$ 是函数 $\dfrac{1}{z}$ 的孤立奇点．

下面先讨论 $f(z)$ 的零点．

定义 5.1.1 如果 $f(z)$ 在点 z_0 处解析并且它在点 z_0 处的前 $m-1$ 阶导数均为零，但 $f^{(m)}(z_0) \neq 0$，则点 z_0 称为函数 $f(z)$ 的 m **阶零点**．

换句话说，如果点 z_0 为 $f(z)$ 的 m 阶零点，则

$$f(z_0)=f'(z_0)=f''(z_0)=\cdots=f^{(m-1)}(z_0)=0 \neq f^{(m)}(z_0).$$

这时，$f(z)$ 在点 z_0 处的泰勒级数为

$$f(z)=c_m(z-z_0)^m+c_{m+1}(z-z_0)^{m+1}+c_{m+2}(z-z_0)^{m+2}+\cdots$$

或

$$f(z)=(z-z_0)^m[c_m+c_{m+1}(z-z_0)+c_{m+2}(z-z_0)^2+\cdots] \tag{5.1.1}$$

的形式，其中 $c_m=\dfrac{f^{(m)}(z_0)}{m!} \neq 0$．当 $f(z)$ 的级数收敛时，式(5.1.1) 中方括号内的级数显然也收敛(在任意指定的点，一个级数正好是另一个级数的倍数)．所以式(5.1.1) 定义了

点 z_0 的一个邻域内的解析函数 $g(z)$，并且 $g(z_0)\neq 0$；反之，具有形如式(5.1.1)的展开式的任意一个函数必然具有一个 m 阶零点. 由此有下面的定理.

定理 5.1.1　设 $f(z)$ 在点 z_0 处解析，则 z_0 为 $f(z)$ 的 m 阶零点的充分必要条件是 $f(z)$ 可以表示为

$$f(z)=(z-z_0)^m g(z),$$

其中 $g(z)$ 在点 z_0 处解析，并且 $g(z_0)\neq 0$.

例如 $z=0$，$z=1$ 分别是函数 $f(z)=z^2(z-1)$ 的二阶与一阶零点.

一阶零点有时称为**单零点**. 例如，函数 $\sin z$ 在 z 取 π 的整数倍时得到的零点都是单零点(在这些点处函数的一阶导数 $\cos z$ 不为零).

例 1　判定 $z=0$ 是函数 $f(z)=\sin z-z$ 的零点的阶数.

解　由于 $z=0$ 是函数 $f(z)=\sin z-z$ 的零点，由 $f'(z)=\cos z-1$，$f''(z)=-\sin z$，$f'''(z)=-\cos z$ 知，$f'(0)=f''(0)=0$，$f'''(0)=-1\neq 0$，所以 $z=0$ 是函数 $f(z)=\sin z-z$ 的三阶零点.

现在来研究 $f(z)$ 的孤立奇点. $f(z)$ 在任意孤立奇点 z_0 处具有罗朗级数展开式

$$f(z)=\sum_{k=-\infty}^{\infty}c_k(z-z_0)^k,\quad 0<|z-z_0|<R. \tag{5.1.2}$$

通常按罗朗级数展开式的情况可将孤立奇点 z_0 分为下面三类.

定义 5.1.2　设点 z_0 为 $f(z)$ 的孤立奇点，式(5.1.2)为 $f(z)$ 在 $0<|z-z_0|<R$ 内的罗朗级数展开式，则

(1) 如果对所有的 $k<0$，$c_k=0$，则称点 z_0 为 $f(z)$ 的**可去奇点**；

(2) 如果对某一正整数 m，$c_{-m}\neq 0$，而对所有的 $k<-m$，$c_k=0$，则称点 z_0 为 $f(z)$ 的 m **阶极点**；

(3) 如果对无穷多个负数 k，$c_k\neq 0$，则称点 z_0 为 $f(z)$ 的**本性奇点**.

下面分别考察这三类孤立奇点. 我们将通过 $f(z)$ 在孤立奇点附近的性质对其进行分类(即不用写出罗朗级数展开式).

当点 z_0 为 $f(z)$ 的可去奇点时，它的罗朗级数为

$$f(z)=c_0+c_1(z-z_0)+c_2(z-z_0)^2+\cdots\quad(0<|z-z_0|<R). \tag{5.1.3}$$

由于

$$\lim_{z\to z_0}f(z)=c_0,$$

所以，$f(z)$ 不论在点 z_0 处是否有定义，在 $|z-z_0|<R$ 内都有

$$f(z)=c_0+c_1(z-z_0)+c_2(z-z_0)^2+\cdots,$$

从而，函数 $f(z)$ 在点 z_0 处解析. 正是由于这个原因，点 z_0 被称为可去奇点.

下面是一些具有可去奇点的函数的例子.

$$\frac{\sin z}{z}=\frac{1}{z}\left(z-\frac{z^3}{3!}+\frac{z^5}{5!}-\cdots\right)=1-\frac{z^2}{3!}+\frac{z^4}{5!}-\cdots \quad (z_0=0),$$

$$\frac{\cos z-1}{z}=\frac{1}{z}\left[\left(1-\frac{z^2}{2!}+\frac{z^4}{4!}-\cdots\right)-1\right]=-\frac{z}{2!}+\frac{z^3}{4!}-\cdots \quad (z_0=0),$$

$$\frac{z^2-1}{z-1}=z+1=2+(z-1)+0+0+\cdots \quad (z_0=1).$$

综上所述,若点 z_0 为 $f(z)$ 的可去奇点,则 $\lim\limits_{z\to z_0}f(z)$ 存在.事实上,我们可以得到如下定理.

定理 5.1.2　点 z_0 为 $f(z)$ 的可去奇点的充分必要条件是 $\lim\limits_{z\to z_0}f(z)$ 存在.

(证明从略.)

当点 z_0 为 $f(z)$ 的 m 阶极点时,函数 $f(z)$ 在点 z_0 的某一去心邻域内的罗朗级数为

$$f(z)=\frac{c_{-m}}{(z-z_0)^m}+\frac{c_{-(m-1)}}{(z-z_0)^{m-1}}+\cdots+\frac{c_{-1}}{z-z_0}$$
$$+c_0+c_1(z-z_0)+c_2(z-z_0)^2+\cdots \quad (c_{-m}\neq 0). \tag{5.1.4}$$

例如,

$$\frac{e^z}{z^2}=\frac{1}{z^2}\left(1+z+\frac{z^2}{2!}+\cdots\right)=\frac{1}{z^2}+\frac{1}{z}+\frac{1}{2!}+\frac{z}{3!}+\cdots$$

以 $z=0$ 为二阶极点;而

$$\frac{\sin z}{z^5}=\frac{1}{z^5}\left(z-\frac{z^3}{3!}+\frac{z^5}{5!}-\cdots\right)=\frac{1}{z^4}-\frac{1}{3!z^2}+\frac{1}{5!}-\frac{z^2}{7!}+\cdots$$

以 $z=0$ 为四阶极点.

定理 5.1.3　点 z_0 为函数 $f(z)$ 的 m 阶极点的充分必要条件:在点 z_0 的某一去心邻域内有

$$f(z)=\frac{g(z)}{(z-z_0)^m}, \tag{5.1.5}$$

其中 $g(z)$ 在点 z_0 处解析,且 $g(z_0)\neq 0$.

证　如果点 z_0 为函数 $f(z)$ 的 m 阶极点,则由式(5.1.4)知,在点 z_0 的某一去心邻域内有 $(z-z_0)^m f(z)=g(z)$,其中

$$g(z)=c_{-m}+c_{-m+1}(z-z_0)+\cdots.$$

令 $g(z_0)=c_{-m}\neq 0$,则 $g(z)$ 在点 z_0 处解析且不等于零,从而式(5.1.5)成立.

现在假定式(5.1.5)成立,记 $g(z)$ 的泰勒级数为

$$g(z)=b_0+b_1(z-z_0)+b_2(z-z_0)^2+\cdots,$$

则 $f(z)$ 在点 z_0 附近的罗朗级数必为

$$f(z)=\frac{g(z)}{(z-z_0)^m}=\frac{b_0}{(z-z_0)^m}+\frac{b_1}{(z-z_0)^{m-1}}+\cdots.$$

$b_0 = g(z_0) \neq 0$,上式表明点 z_0 是 $f(z)$ 的 m 阶极点.

例 2　确定函数$\dfrac{\sin z}{(z^2-1)^2}$的奇点 $z=1$ 的类别.

解　函数

$$\frac{\sin z}{(z^2-1)^2} = \frac{\dfrac{\sin z}{(z+1)^2}}{(z-1)^2},$$

并且它的分子在 $z=1$ 处解析且不等于 0,由定理 5.1.3 知,$z=1$ 是函数的二阶极点.

例 3　证明:有理函数的奇点只能是可去奇点或极点.

证　有理函数可表示为两个多项式的比值$\dfrac{P(z)}{Q(z)}$的形式,并且它在复平面上除去 $Q(z)$ 的零点外处处解析.如果 $Q(z)$ 有一个 m 阶零点 z_0,则 $Q(z)=(z-z_0)^m q(z)$,其中 $q(z)$ 为多项式并且 $q(z_0)\neq 0$.

如果 $P(z_0)\neq 0$,得

$$\frac{P(z)}{Q(z)} = \frac{1}{(z-z_0)^m}\frac{P(z)}{q(z)},$$

于是点 z_0 为$\dfrac{P(z)}{Q(z)}$的 m 阶极点.另一方面,如果 $P(z_0)=0$,记 $P(z)=(z-z_0)^n p(z)$,其中点 z_0 为 n 阶零点(这里不考虑 $P(z)\equiv 0$ 的一般情况),则

$$\frac{P(z)}{Q(z)} = \frac{(z-z_0)^n}{(z-z_0)^m}\frac{p(z)}{q(z)}.$$

显然,当 $n<m$ 时,点 z_0 为$\dfrac{P(z)}{Q(z)}$的一个 $m-n$ 阶极点;当 $n\geqslant m$ 时,点 z_0 为$\dfrac{P(z)}{Q(z)}$的一个可去奇点.

用前面的分析方法容易推出下面的关于零点与极点关系的定理,其证明留给读者.

定理 5.1.4　点 z_0 为 $f(z)$ 的 m 阶极点的充分必要条件是它为$\dfrac{1}{f(z)}$的 m 阶零点.

可能有人会认为,当点 z 趋于极点时,显然有 $|f(z)|\to\infty$,这样我们的分析就显得没有必要.然而,当点 z 趋近于本性奇点时,他们会惊讶地发现,这样的性质并不成立.于是,容易得到下面的定理.

定理 5.1.5　如果点 z_0 为 $f(z)$ 的本性奇点,那么$\lim\limits_{z\to z_0} f(z)$ 不存在,且不为 ∞.

(证明略.)

例 4　证明 $z=0$ 是函数 $e^{\frac{1}{z}}$ 的本性奇点.

证

$$e^{\frac{1}{z}} = \sum_{k=0}^{\infty}\frac{1}{k!}\frac{1}{z^k} = \sum_{k=0}^{\infty}\frac{1}{k!}z^{-k},$$

由于 $c_k = \dfrac{1}{k!}\neq 0$,负指数有无穷多项,所以为本性奇点.

从前面的结果易知，函数的三种不同的孤立奇点在奇点附近具有不同的性质. 所以，设点 z_0 为 $f(z)$ 的孤立奇点，如果 $|f(z)|$ 在点 z_0 处有界，表示点 z_0 是可去奇点；当 $z\to z_0$ 时，$|f(z)|$ 趋于 ∞，表示点 z_0 是极点；当 $z\to z_0$ 时，$|f(z)|$ 既无界也不趋近于 ∞，表示点 z_0 必为本性奇点. 在不方便求出函数的罗朗级数展开式的情况下，要确定奇点的类型，往往要用到这些特征.

例 5 确定函数 $\sin(1-z^{-1})$ 的奇点和零点的类型.

解 因为 $\sin\omega$ 的零点只有在 ω 取 π 的整数倍时得到，所以只有当

$$1-z^{-1}=n\pi$$

时，函数 $\sin(1-z^{-1})$ 有零点，即

$$z=\frac{1}{1-n\pi}.$$

此外，因为函数在这些点的导数为

$$\frac{\mathrm{d}}{\mathrm{d}z}\sin(1-z^{-1})\Big|_{z=(1-n\pi)^{-1}}=\frac{1}{z^2}\cos(1-z^{-1})\Big|_{z=(1-n\pi)^{-1}}=(1-n\pi)^2\cos n\pi\neq 0,$$

所以这些零点都是单零点.

$\sin(1-z^{-1})$ 的唯一奇点是 $z=0$. 如果让 z 沿正实轴趋近于零，则 $\sin(1-z^{-1})$ 在 -1 到 $+1$ 之间振荡. 这样的性质只能是本性奇点的特征性刻画.

例 6 确定函数 $f(z)=\dfrac{\tan z}{z}$ 的零点和极点的类别.

解 $\dfrac{\tan z}{z}=\dfrac{\sin z}{z\cos z}$，它的零点只能是 $\sin z$ 的零点，即 $z=n\pi(n=0,\pm1,\pm2,\cdots)$. 然而 $z=0$ 实际上是奇点. 此外，$\cos z$ 的零点 $z=\left(n+\dfrac{1}{2}\right)\pi$ 也是奇点. 下面依次验证这些事实.

如果 n 是一个非零整数，不难证明 $z=n\pi$ 是给定函数的单零点.

在点 $z=0$ 附近，有

$$\frac{\tan z}{z}=\frac{\sin z}{z\cos z}=\frac{1}{z\cos z}\left(z-\frac{z^3}{3!}+\frac{z^5}{5!}-\cdots\right)=\frac{1}{\cos z}\left(1-\frac{z^2}{3!}+\frac{z^4}{5!}-\cdots\right),$$

并且当 $z\to 0$ 时，$\dfrac{\tan z}{z}\to 1$，所以 $z=0$ 为可去奇点.

最后，因为 $z=\left(n+\dfrac{1}{2}\right)\pi(n=0,\pm1,\pm2,\cdots)$ 是 $\cos z$ 的单零点，容易看出 $f(z)$ 以这些点为单极点.

下面的定理归纳了上述三类孤立奇点的各种等价性质，为简便起见，我们用逻辑学的符号“$\Leftrightarrow$”表示逻辑等价，也可以理解为“当且仅当”.

定理 5.1.6 如果点 z_0 为 $f(z)$ 的孤立奇点，则下列等价命题成立.

(1) 点 z_0 为可去奇点 $\Leftrightarrow$ $|f|$ 在点 z_0 处的邻域内有界 $\Leftrightarrow$ 当 $z\to z_0$ 时，$f(z)$ 极限存

在 $\Leftrightarrow f(z)$ 在点 z_0 处的值可以重新定义，使得 $f(z)$ 在点 z_0 处解析.

(2) 点 z_0 为极点 $\Leftrightarrow$ 当 $z \to z_0$ 时，$|f| \to \infty \Leftrightarrow$ 存在某一整数 $m > 0$，以及一个在点 z_0 处解析的函数 $g(z)$，$g(z_0) \neq 0$，使得 $f(z)$ 可表示为 $f(z) = \dfrac{g(z)}{(z-z_0)^m}$ 的形式.

(3) 点 z_0 为本性奇点 $\Leftrightarrow |f(z)|$ 既不在点 z_0 有界，又不趋近于无穷（当 $z \to z_0$ 时）.

最后，给出一些一般结论. 正如前面看到的，一个函数 $f(z)$ 在点 z_0 处的解析性质对 $f(z)$ 有极大限制，特别是，它必须是无穷次可微的，并且可以由它在点 z_0 的邻域内的泰勒级数来表示. 如果函数 $f(z)$ 仅仅在点 z_0 的去心邻域（例如 $0 < |z - z_0| < r$）内有定义并且解析，那么它仍然会受到很严格的限制.

可以通过看看要乘以 $z - z_0$ 的多少次幂来"转化"$f(z)$，使得当 $z \to z_0$ 时，$(z - z_0)^m f(z)$ 具有有限非零极限值，以此来刻画 $f(z)$ 在点 z_0 附近的性质. 如果 m 是一个正整数，则点 z_0 为 $f(z)$ 的 m 阶极点，$f(z)$ 可写成 $\dfrac{g(z)}{(z-z_0)^m}$ 的形式，其中 $g(z)$ 在点 z_0 处解析且不等于零. 如果 m 是一个负整数，则 $f(z)$ 可表示为 $g(z)(z-z_0)^{|m|}$ 的形式，其中 $g(z)$ 仍在点 z_0 处解析且不等于零. 后一种形式说明点 z_0 为 $f(z)$ 的 $|m|$ 阶零点. 如果 m 为零，则点 z_0 为 $f(z)$ 的可去奇点.

仅有的另一种可能是不存在这样的 m，即没有 $z - z_0$ 的幂使得 $(z - z_0)^m f(z)$ 在点 z_0 处具有非零的极限值. 那么除了 $f(z)$ 恒为零的情况，它以点 z_0 为本性奇点，在点 z_0 的任意邻域内，它的值可以取到所有的复数（至多除去一个可能的例外）.

5.2　留数定理

首先，考虑计算积分

$$\int_\Gamma f(z)\mathrm{d}z,$$

其中 Γ 是正向简单闭曲线，除 Γ 内的一个孤立奇点 z_0 外，$f(z)$ 在 Γ 内和 Γ 上解析. 我们知道，函数 $f(z)$ 在点 z_0 处的某一去心圆域内具有收敛的罗朗级数展开式：

$$f(z) = \sum_{k=-\infty}^{\infty} c_k (z - z_0)^k. \tag{5.2.1}$$

式(5.2.1)对图 5-2-1 所示的小的正向圆周 C 上的所有的点 z 成立. 用前面的方法，沿 Γ 的积分可以转换成沿 C 的积分，且积分值不变，即

$$\int_\Gamma f(z)\mathrm{d}z = \int_C f(z)\mathrm{d}z,$$

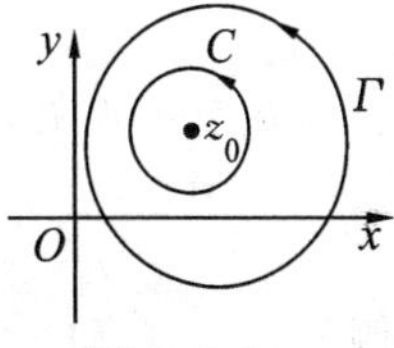

图 5-2-1

后一个积分可以通过对式(5.2.1)沿曲线 C 逐项积分来计算. 当 $k \neq -1$ 时，积分值为零，当 $k = -1$ 时，积分值为 $2\pi \mathrm{i} c_{-1}$，即

$$\int_{\Gamma} f(z)\mathrm{d}z = 2\pi \mathrm{i} c_{-1}. \tag{5.2.2}$$

于是,常数 c_{-1} 在周线积分中就有了重要作用.为此,我们给出如下定义.

定义 5.2.1 设点 z_0 是 $f(z)$ 的孤立奇点,则 $f(z)$ 在点 z_0 处的罗朗级数展开式中的 $\frac{1}{z-z_0}$ 项的系数 c_{-1} 称为 $f(z)$ 在点 z_0 处的**留数**,记为 $\mathrm{Res}(f;z_0)$ 或 $\mathrm{Res}(z_0)$.

例 1 求函数 $f(z)=z\mathrm{e}^{\frac{1}{z}}$ 在 $z=0$ 处的留数,并计算 $\oint_{|z|=4} z\mathrm{e}^{\frac{1}{z}}\mathrm{d}z$.

解 因为对所有的 z,e^z 的泰勒展开式为

$$\mathrm{e}^z = \sum_{k=0}^{\infty} \frac{z^k}{k!},$$

因此,$z\mathrm{e}^{\frac{1}{z}}$ 在 $z=0$ 处的罗朗级数展开式为

$$z\mathrm{e}^{\frac{1}{z}} = z\sum_{k=0}^{\infty} \frac{1}{k!}\left(\frac{1}{z}\right)^k = z\left(1+\frac{1}{z}+\frac{1}{2!z^2}+\frac{1}{3!z^3}+\cdots\right),$$

所以

$$\mathrm{Res}(0) = \frac{1}{2!} = \frac{1}{2}.$$

又因为 $z=0$ 是 $z\mathrm{e}^{\frac{1}{z}}$ 在 $|z|=4$ 内的唯一奇点,由式(5.2.2)得

$$\oint_{|z|=4} z\mathrm{e}^{\frac{1}{z}}\mathrm{d}z = 2\pi\mathrm{i}\cdot\frac{1}{2} = \pi\mathrm{i}.$$

如果点 z_0 为 $f(z)$ 的可去奇点,在其罗朗级数展开式中 $z-z_0$ 的所有负幂项的系数均为零,因此,$f(z)$ 在点 z_0 处的留数为零.如果点 z_0 是 $f(z)$ 的极点,我们可以用公式计算它在点 z_0 处的留数.首先假设点 z_0 是单极点,即一阶极点,则对于点 z_0 附近的 z,有

$$f(z) = \frac{c_{-1}}{z-z_0} + c_0 + c_1(z-z_0) + c_2(z-z_0)^2 + \cdots,$$

所以

$$(z-z_0)f(z) = c_{-1} + (z-z_0)[c_0 + c_1(z-z_0) + c_2(z-z_0)^2 + \cdots].$$

当 $z\to z_0$ 时取极限,得到

$$\lim_{z\to z_0}(z-z_0)f(z) = c_{-1} + 0.$$

所以在单极点处,

$$\mathrm{Res}(f;z_0) = \lim_{z\to z_0}(z-z_0)f(z). \tag{5.2.3}$$

例如,$z=0$ 和 $z=-1$ 是函数 $f(z)=\frac{\mathrm{e}^z}{z(z+1)}$ 的单极点,所以

$$\mathrm{Res}(f;0) = \lim_{z\to 0} zf(z) = \lim_{z\to 0}\frac{\mathrm{e}^z}{z+1} = 1,$$

$$\mathrm{Res}(f;-1)=\lim_{z\to-1}(z+1)f(z)=\lim_{z\to-1}\frac{\mathrm{e}^{z}}{z}=-\mathrm{e}^{-1}.$$

在下面的例子中可得到式(5.2.3)的另一个结论.

例 2　设 $f(z)=\dfrac{P(z)}{Q(z)}$,其中函数 $P(z)$ 和 $Q(z)$ 都在点 z_0 处解析,并且 $Q(z)$ 以点 z_0 为单零点,$P(z_0)\neq 0$. 证明

$$\mathrm{Res}(f;z_0)=\frac{P(z_0)}{Q'(z_0)}.$$

证　显然点 z_0 是 $f(z)$ 的单极点(参见5.1节),所以可应用式(5.2.3). 由 $Q(z_0)=0$ 可直接得到

$$\mathrm{Res}(f;z_0)=\lim_{z\to z_0}(z-z_0)\frac{P(z)}{Q(z)}=\lim_{z\to z_0}\frac{P(z)}{\dfrac{Q(z)-Q(z_0)}{z-z_0}}=\frac{P(z_0)}{Q'(z_0)}.$$

例 3　计算 $f(z)=\cot z$ 在每个奇点处的留数.

解　因为 $\cot z=\dfrac{\cos z}{\sin z}$,故它的奇点是 $z=n\pi(n=0,\pm1,\pm2,\cdots)$,且均为单极点. 令 $P(z)=\cos z,Q(z)=\sin z$,由例2知,在这些奇点处的留数为

$$\mathrm{Res}(f;n\pi)=\left.\frac{\cos z}{(\sin z)'}\right|_{z=n\pi}=\frac{\cos n\pi}{\cos n\pi}=1.$$

要得到一般的 m 阶极点处的留数的公式,我们需要用从罗朗级数展开式中求出系数 c_{-1} 的一些方法.

定理 5.2.1　如果点 z_0 是 $f(z)$ 的 m 阶极点,则

$$\mathrm{Res}(f;z_0)=\lim_{z\to z_0}\frac{1}{(m-1)!}\frac{\mathrm{d}^{m-1}}{\mathrm{d}z^{m-1}}[(z-z_0)^m f(z)].\tag{5.2.4}$$

证　$f(z)$ 在点 z_0 处的罗朗级数展开式为

$$f(z)=\frac{c_{-m}}{(z-z_0)^m}+\cdots+\frac{c_{-2}}{(z-z_0)^2}+\frac{c_{-1}}{z-z_0}+c_0+c_1(z-z_0)+\cdots,$$

两边同乘以 $(z-z_0)^m$,得

$$\begin{aligned}(z-z_0)^m f(z)=&c_{-m}+\cdots+c_{-2}(z-z_0)^{m-2}+c_{-1}(z-z_0)^{m-1}+c_0(z-z_0)^m\\&+c_1(z-z_0)^{m+1}+\cdots,\end{aligned}$$

两端微分 $m-1$ 次,得

$$\frac{\mathrm{d}^{m-1}}{\mathrm{d}z^{m-1}}[(z-z_0)^m f(z)]=(m-1)!c_{-1}+m!c_0(z-z_0)+\frac{(m+1)!}{2}c_1(z-z_0)^2+\cdots,$$

所以

$$\lim_{z\to z_0}\frac{\mathrm{d}^{m-1}}{\mathrm{d}z^{m-1}}[(z-z_0)^m f(z)]=(m-1)!c_{-1}+0,$$

于是得到式(5.2.4).

例 4 计算函数 $f(z)=\dfrac{5z-2}{z(z-1)^2}$ 在各奇点处的留数.

解 $z=0,1$ 分别是函数 $f(z)=\dfrac{5z-2}{z(z-1)^2}$ 的一、二阶极点.应用式(5.2.4)得

$$\mathrm{Res}(0)=\lim_{z\to 0}[zf(z)]=\lim_{z\to 0}\frac{5z-2}{(z-1)^2}=-2,$$

$$\mathrm{Res}(1)=\lim_{z\to 1}\frac{1}{1!}\frac{\mathrm{d}}{\mathrm{d}z}[(z-1)^2f(z)]=\lim_{z\to 1}\frac{\mathrm{d}}{\mathrm{d}z}\left[\frac{5z-2}{z}\right]$$
$$=\lim_{z\to 1}\frac{2}{z^2}=2.$$

例 5 计算函数 $f(z)=\dfrac{\cos z}{z^2(z-\pi)^3}$ 在各奇点处的留数.

解 函数以 $z=0$ 为二阶极点,以 $z=\pi$ 为三阶极点,应用式(5.2.4)得

$$\mathrm{Res}(0)=\lim_{z\to 0}\frac{1}{1!}\frac{\mathrm{d}}{\mathrm{d}z}[z^2f(z)]=\lim_{z\to 0}\frac{\mathrm{d}}{\mathrm{d}z}\left[\frac{\cos z}{(z-\pi)^3}\right]$$
$$=\lim_{z\to 0}\left[\frac{-(z-\pi)\sin z-3\cos z}{(z-\pi)^4}\right]=-\frac{3}{\pi^4},$$

$$\mathrm{Res}(\pi)=\lim_{z\to \pi}\frac{1}{2!}\frac{\mathrm{d}^2}{\mathrm{d}z^2}[(z-\pi)^3f(z)]=\lim_{z\to \pi}\frac{1}{2}\frac{\mathrm{d}^2}{\mathrm{d}z^2}\left[\frac{\cos z}{z^2}\right]$$
$$=\lim_{z\to \pi}\frac{1}{2}\left[\frac{(6-z^2)\cos z+4z\sin z}{z^4}\right]=-\frac{(6-\pi^2)}{2\pi^4}.$$

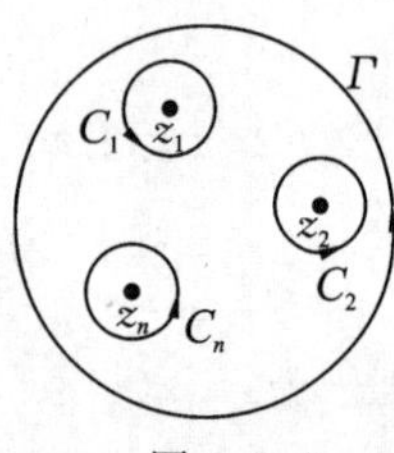

图 5-2-2

当 $f(z)$ 在 Γ 内只有一个奇点时,我们已经知道如何计算积分 $\int_\Gamma f(z)\mathrm{d}z$.现在考虑更一般的情况:$\Gamma$ 是正向简单闭周线,除 Γ 内有有限个孤立奇点 $z_1,z_2,\cdots,z_n$ 外,$f(z)$ 在 Γ 内和 Γ 上处处解析(见图5-2-2).可以将沿 Γ 的积分用沿图 5-2-2 中的圆周 C_j 的积分来表示,即

$$\int_\Gamma f(z)\mathrm{d}z=\sum_{j=1}^{n}\int_{C_j}f(z)\mathrm{d}z.$$

然而,因为 z_j 是 $f(z)$ 在 C_j 内的唯一奇点,所以

$$\int_{C_j}f(z)\mathrm{d}z=2\pi\mathrm{i}\,\mathrm{Res}(z_j).$$

由此得到如下重要定理.

定理 5.2.2 (柯西留数定理) 如果 Γ 为正向简单闭周线,除 Γ 内的点 $z_1,z_2,\cdots,z_n$ 外,$f(z)$ 在 Γ 内和 Γ 上处处解析,则

$$\int_{\Gamma} f(z)\mathrm{d}z = 2\pi\mathrm{i}\sum_{j=1}^{n}\mathrm{Res}(z_j). \tag{5.2.5}$$

例 6 计算 $\oint_{|z|=2}\dfrac{1-2z}{z(z-1)(z-3)}\mathrm{d}z$.

解 被积函数 $f(z)=\dfrac{1-2z}{z(z-1)(z-3)}$ 以 $z=0, z=1, z=3$ 为单极点. 然而,这些点中只有前两个位于 Γ: $|z|=2$ 的内部,由定理 5.2.2 知,

$$\oint_{|z|=2} f(z)\mathrm{d}z = 2\pi\mathrm{i}[\mathrm{Res}(0)+\mathrm{Res}(1)].$$

又因为

$$\mathrm{Res}(0)=\lim_{z\to 0} zf(z)=\lim_{z\to 0}\frac{1-2z}{(z-1)(z-3)}=\frac{1}{3},$$

$$\mathrm{Res}(1)=\lim_{z\to 1}(z-1)f(z)=\lim_{z\to 1}\frac{1-2z}{z(z-3)}=\frac{1}{2},$$

所以

$$\oint_{|z|=2} f(z)\mathrm{d}z = 2\pi\mathrm{i}\left(\frac{1}{3}+\frac{1}{2}\right)=\frac{5\pi}{3}\mathrm{i}.$$

例 7 计算 $\oint_{|z|=5}\dfrac{\sin z}{\cos z}\mathrm{d}z$.

解 在 $|z|\leqslant 5$ 内函数 $\dfrac{\sin z}{\cos z}$ 有四个孤立奇点,即 $\pm\dfrac{\pi}{2}$ 和 $\pm\dfrac{3\pi}{2}$,且它们都是分母的一阶零点但不是分子的零点,因此,它们是函数 $\dfrac{\sin z}{\cos z}$ 的一阶极点. 根据例 2 知,在这些极点处的留数均为 -1,于是由定理 5.2.2 知,

$$\oint_{|z|=5}\frac{\sin z}{\cos z}\mathrm{d}z = 2\pi\mathrm{i}\times(-4)=-8\pi\mathrm{i}.$$

由于利用定理 5.2.2 计算积分时需要计算闭路内各有限孤立奇点处留数之和,故当奇点很多时,计算量很大,为方便计算,我们在扩充的复平面内考虑 ∞ 处的留数.

定义 5.2.2 若存在 $R>0$,使得函数 $f(z)$ 在 $|z|>R$ 内解析,则称 ∞ 为函数 $f(z)$ 的孤立奇点,并称

$$\int_{C^-} f(z)\mathrm{d}z \quad (C: |z|=\rho>R)$$

为 $f(z)$ 在 ∞ 处的留数,记为 $\mathrm{Res}[f(z);\infty]$. 这里的 C^- 是指顺时针方向.

定理 5.2.3 如果函数 $f(z)$ 在扩充的复平面内只有有限个孤立奇点 $z_1, z_2, \cdots, z_n$, ∞,则各点留数之和为零.

证 考虑充分大的正数 R,使 $z_1, z_2, \cdots, z_n$ 全在 $|z|<R$ 内,于是由留数定理得

$$\frac{1}{2\pi i}\int_{|z|=R} f(z)\mathrm{d}z = \sum_{j=1}^{\infty}\mathrm{Res}(z_j),$$

但根据 $\mathrm{Res}[f(z);\infty]$ 的定义有

$$\frac{1}{2\pi i}\int_{|z|=R} f(z)\mathrm{d}z = -\mathrm{Res}[f(z);\infty],$$

于是

$$\sum_{j=1}^{\infty}\mathrm{Res}(z_j) + \mathrm{Res}[f(z);\infty] = 0.$$

根据定理5.2.3,若 C 内包含了 $f(z)$ 所有的有限个孤立奇点,则在计算 $\int_C f(z)\mathrm{d}z$ 时,可转化为求函数 $f(z)$ 在无穷远点处的留数 $\mathrm{Res}[f(z);\infty]$. 那么怎样来计算 $\mathrm{Res}[f(z);\infty]$ 呢?对此,我们可利用如下定理.

定理 5.2.4 若 ∞ 为函数 $f(z)$ 的孤立奇点,则

$$\mathrm{Res}[f(z);\infty] = -\mathrm{Res}\left[f\left(\frac{1}{z}\right)\cdot\frac{1}{z^2};0\right].$$

例 8 计算 $\mathrm{Res}\left[\sin\frac{1}{z};\infty\right]$.

解 函数 $f(z)=\sin\frac{1}{z}$ 仅有一个有限的孤立奇点 $z=0$,于是 ∞ 为 $f(z)=\sin\frac{1}{z}$ 的孤立奇点,并且

$$\begin{aligned}\mathrm{Res}[f(z);\infty] &= -\mathrm{Res}\left[f\left(\frac{1}{z}\right)\cdot\frac{1}{z^2};0\right] \\ &= -\mathrm{Res}\left[\frac{\sin z}{z^2};0\right] = -1.\end{aligned}$$

例 9 计算 $\oint_{|z|=2}\frac{z^{15}}{(z^2+1)^2(z^4+2)^3}\mathrm{d}z$.

解 令 $f(z)=\frac{z^{15}}{(z^2+1)^2(z^4+2)^3}$,观察到这个函数的有限孤立奇点(分母为零的点)只有有限个,且在 $|z|<2$ 内,于是 ∞ 是 $f(z)$ 的孤立奇点,从而

$$\begin{aligned}\oint_{|z|=2}\frac{z^{15}}{(z^2+1)^2(z^4+2)^3}\mathrm{d}z &= -2\pi i\mathrm{Res}[f(z);\infty] \\ &= 2\pi i\mathrm{Res}\left[f\left(\frac{1}{z}\right)\cdot\frac{1}{z^2};0\right] \\ &= 2\pi i\mathrm{Res}\left[\frac{1}{z(1+z^2)^2(1+2z^4)^3};0\right] \\ &= 2\pi i\lim_{z\to 0} z\cdot\frac{1}{z(1+z^2)^2(1+2z^4)^3} = 2\pi i.\end{aligned}$$

5.3 留数理论在实积分中的应用

本节讨论留数定理在实积分计算上的应用. 在实际问题中,常会碰到一些实积分,它们用寻常的方法计算起来比较复杂,有时甚至无法求出,但是如果能把这些积分转化为计算某个复变函数沿简单闭曲线的积分,然后用留数定理,就可以大大简化计算过程. 但是这种简化没有一种普遍适用的方式,也不可能用来求所有的积分,这里只以几种特殊类型的实积分的计算为例,阐明用留数计算实积分的基本方法及其应遵循的原则.

5.3.1 $[0,2\pi]$ 上三角函数的积分

首先讨论形如

$$\int_0^{2\pi} R(\cos\theta,\sin\theta)\,\mathrm{d}\theta \tag{5.3.1}$$

的实积分,其中 $R(\cos\theta,\sin\theta)$ 是 $\cos\theta$ 和 $\sin\theta$(具有实系数) 的有理函数,并且在 $[0,2\pi]$ 上取有限值. 例如

$$\int_0^{2\pi} \frac{\sin^2\theta}{5+4\cos\theta}\mathrm{d}\theta.$$

下面证明式(5.3.1) 可以转化为某一复值函数 F 沿正向单位圆周 C: $|z|=1$ 的周线积分 $\int_C f(z)\mathrm{d}z$ 的参数化形式. 为了建立这一恒等式,可把 C 写成参数形式,即

$$z=\mathrm{e}^{\mathrm{i}\theta}\quad(0\leqslant\theta\leqslant 2\pi).$$

对这样的 z,有

$$\frac{1}{z}=\frac{1}{\mathrm{e}^{\mathrm{i}\theta}}=\mathrm{e}^{-\mathrm{i}\theta},$$

又因为

$$\cos\theta=\frac{\mathrm{e}^{\mathrm{i}\theta}+\mathrm{e}^{-\mathrm{i}\theta}}{2},\quad \sin\theta=\frac{\mathrm{e}^{\mathrm{i}\theta}-\mathrm{e}^{-\mathrm{i}\theta}}{2\mathrm{i}},$$

可得恒等式

$$\cos\theta=\frac{1}{2}\left(z+\frac{1}{z}\right),\quad \sin\theta=\frac{1}{2\mathrm{i}}\left(z-\frac{1}{z}\right). \tag{5.3.2}$$

于是

$$R(\cos\theta,\sin\theta)=R\left[\frac{1}{2}\left(z+\frac{1}{z}\right),\frac{1}{2\mathrm{i}}\left(z-\frac{1}{z}\right)\right],$$

并且当沿 C 积分时,有

$$\mathrm{d}z=\mathrm{i}\mathrm{e}^{\mathrm{i}\theta}\mathrm{d}\theta=\mathrm{i}z\mathrm{d}\theta,$$

所以

$$\mathrm{d}\theta=\frac{\mathrm{d}z}{\mathrm{i}z}. \tag{5.3.3}$$

将式(5.3.2)和式(5.3.3)代入式(5.3.1)中,得

$$\int_0^{2\pi}R(\cos\theta,\sin\theta)\mathrm{d}\theta=\int_C F(z)\mathrm{d}z, \tag{5.3.4}$$

其中新的被积函数 $F(z)$ 为

$$F(z)=R\left[\frac{1}{2}\left(z+\frac{1}{z}\right),\frac{1}{2\mathrm{i}}\left(z-\frac{1}{z}\right)\right]\cdot\frac{1}{\mathrm{i}z},$$

因此在 $[0,2\pi]$ 上的积分可用沿 C 的积分来代替.

由 R 的形式知,函数 F 必为 z 的有理函数,所以它只有可去奇点(在计算积分时可以被忽略)或极点.因而,由留数定理知,它们的三角积分等于 F 在 C 内各极点处的留数的和乘以 $2\pi\mathrm{i}$.

下面举例说明计算过程.

例 1 计算

$$I=\int_0^{2\pi}\frac{\sin\theta}{5+4\cos\theta}\mathrm{d}\theta.$$

解 把式(5.3.2)和式(5.3.3)关于 $\cos\theta$,$\sin\theta$ 和 $\mathrm{d}\theta$ 的表示式代入被积函数,得到

$$I=\int_C\frac{\frac{1}{2\mathrm{i}}\left(z-\frac{1}{z}\right)}{5+4\left[\frac{1}{2}\left(z+\frac{1}{z}\right)\right]}\cdot\frac{\mathrm{d}z}{\mathrm{i}z},$$

整理得

$$I=-\frac{1}{2}\int_C\frac{z^2-1}{z(2z^2+5z+2)}\mathrm{d}z.$$

显然,被积函数

$$g(z)=\frac{z^2-1}{z(2z^2+5z+2)}=\frac{z^2-1}{2z\left(z+\frac{1}{2}\right)(z+2)}$$

以 $z=0$,$z=-\frac{1}{2}$ 和 $z=-2$ 为单极点,然而,只有 $-\frac{1}{2}$ 和 0 在单位圆周 C 内,所以

$$I=-\frac{1}{2}\cdot 2\pi\mathrm{i}\left[\mathrm{Res}\left(g;-\frac{1}{2}\right)+\mathrm{Res}(g;0)\right].$$

应用 5.2 节中的公式,可得

$$\mathrm{Res}\left(g;-\frac{1}{2}\right)=\lim_{z\to-\frac{1}{2}}\left(z+\frac{1}{2}\right)g(z)=\lim_{z\to-\frac{1}{2}}\frac{z^2-1}{2z(z+2)}=\frac{1}{2},$$

$$\mathrm{Res}(g;0)=\lim_{z\to 0}[zg(z)]=\lim_{z\to 0}\frac{z^2-1}{2z^2+5z+2}=-\frac{1}{2},$$

所以

$$I=\left(-\frac{1}{2}\right)\times 2\pi\mathrm{i}\left(\frac{1}{2}-\frac{1}{2}\right)=0.$$

例 2　计算

$$I=\int_0^{\pi}\frac{\mathrm{d}\theta}{a+\cos\theta}\quad (a>1).$$

解　这里被积函数的积分在 $[0,\pi]$ 上而不是在 $[0,2\pi]$ 上，由 $\cos\theta=\cos(2\pi-\theta)$ 可知，

$$\int_0^{\pi}\frac{\mathrm{d}\theta}{a+\cos\theta}=\frac{1}{2}\int_0^{2\pi}\frac{\mathrm{d}\theta}{a+\cos\theta},$$

所以

$$\int_0^{2\pi}\frac{\mathrm{d}\theta}{a+\cos\theta}=2I.$$

代换 $\cos\theta$ 和 $\mathrm{d}\theta$ 得

$$2I=\int_C\frac{1}{a+\frac{1}{2}\left(z+\frac{1}{z}\right)}\cdot\frac{\mathrm{d}z}{\mathrm{i}z}=\frac{2}{\mathrm{i}}\int_C\frac{\mathrm{d}z}{z^2+2az+1}. \tag{5.3.5}$$

由平方公式知，分母的零点为

$$z_1=-a+\sqrt{a^2-1},\quad z_2=-a-\sqrt{a^2-1},$$

所以，被积函数

$$g(z)=\frac{1}{z^2+2az+1}=\frac{1}{(z-z_1)(z-z_2)}$$

以点 z_1 和点 z_2 为单极点. 但是只有点 z_1 在 C 内，并且在这一点的留数为

$$\begin{aligned}\mathrm{Res}(g;z_1)&=\lim_{z\to z_1}(z-z_1)g(z)=\lim_{z\to z_1}\frac{1}{z-z_2}\\&=\frac{1}{z_1-z_2}=\frac{1}{2\sqrt{a^2-1}}.\end{aligned}$$

从而由式(5.3.5)得

$$2I=\frac{2}{\mathrm{i}}\cdot 2\pi\mathrm{i}\left(\frac{1}{2\sqrt{a^2-1}}\right)=\frac{2\pi}{\sqrt{a^2-1}},$$

于是

$$I=\frac{\pi}{\sqrt{a^2-1}}.$$

5.3.2　$(-\infty,+\infty)$ 上某些函数的广义积分

设 $f(x)$ 是非负实轴 $0\leqslant x<+\infty$ 上的连续函数，如果极限 $\lim\limits_{b\to\infty}\int_0^b f(x)\mathrm{d}x$ 存在，则

$f(x)$ 在$[0,+\infty)$上的广义积分定义为

$$\int_0^{+\infty} f(x)\mathrm{d}x = \lim_{b\to\infty}\int_0^b f(x)\mathrm{d}x. \tag{5.3.6}$$

例如,

$$\int_0^{+\infty} \mathrm{e}^{-2x}\mathrm{d}x = \lim_{b\to\infty}\int_0^b \mathrm{e}^{-2x}\mathrm{d}x = \lim_{b\to\infty}\left.\frac{-\mathrm{e}^{-2x}}{2}\right|_0^b$$

$$= \lim_{b\to\infty}\left(\frac{-\mathrm{e}^{-2b}}{2}+\frac{1}{2}\right) = \frac{1}{2}.$$

类似地,当 $f(x)$ 在$(-\infty,0]$上连续时,将 $f(x)$ 在$(-\infty,0]$上的广义积分定义为

$$\int_{-\infty}^0 f(x)\mathrm{d}x = \lim_{c\to-\infty}\int_c^0 f(x)\mathrm{d}x. \tag{5.3.7}$$

如果函数 $f(x)$ 在整个实轴上连续,极限式(5.3.6)和式(5.3.7)都存在,则称 $f(x)$ 在$(-\infty,+\infty)$上的广义积分存在,并记为

$$\int_{-\infty}^{+\infty} f(x)\mathrm{d}x = \lim_{c\to-\infty}\int_c^0 f(x)\mathrm{d}x + \lim_{b\to\infty}\int_0^b f(x)\mathrm{d}x$$

$$= \int_{-\infty}^0 f(x)\mathrm{d}x + \int_0^{+\infty} f(x)\mathrm{d}x.$$

这时$(-\infty,+\infty)$上的广义积分的值可以通过取单极限来计算,即

$$\int_{-\infty}^{+\infty} f(x)\mathrm{d}x = \lim_{\rho\to\infty}\int_{-\rho}^{\rho} f(x)\mathrm{d}x.$$

然而,读者要注意:对某些函数 $f(x)$,即使在$(-\infty,+\infty)$上的广义积分不存在,上式中的极限也可能存在.例如,考虑 $f(x)=x$,因为极限

$$\lim_{b\to\infty}\int_0^b x\mathrm{d}x = \lim_{b\to\infty}\left.\frac{x^2}{2}\right|_0^b = \lim_{b\to\infty}\frac{b^2}{2}$$

不存在(作为一个有限数),所以它在$(-\infty,+\infty)$上的广义积分不存在,然而

$$\lim_{\rho\to\infty}\int_{-\rho}^{\rho} x\mathrm{d}x = \lim_{\rho\to\infty}\left.\frac{x^2}{2}\right|_{-\rho}^{\rho} = \lim_{\rho\to\infty}0 = 0.$$

为此引入如下术语:对于任何在$(-\infty,+\infty)$上给定的连续函数 $f(x)$,极限(如果存在的话)

$$\lim_{\rho\to\infty}\int_{-\rho}^{\rho} f(x)\mathrm{d}x$$

称为 $f(x)$ 在$(-\infty,+\infty)$上的**积分的柯西主值**,并记为

$$\text{p. v.}\int_{-\infty}^{+\infty} f(x)\mathrm{d}x = \lim_{\rho\to\infty}\int_{-\rho}^{\rho} f(x)\mathrm{d}x.$$

例如,

$$\text{p. v.}\int_{-\infty}^{+\infty} x\mathrm{d}x = 0.$$

再次强调，只要广义积分$\int_{-\infty}^{+\infty} f(x)\mathrm{d}x$ 存在，它就必然等于其主值 p. v..

下面举例说明如何用留数定理计算函数的 p. v. 积分.

例 3 计算

$$I = \text{p. v.}\int_{-\infty}^{+\infty} \frac{\mathrm{d}x}{x^4+4} = \lim_{\rho\to\infty}\int_{-\rho}^{\rho} \frac{\mathrm{d}x}{x^4+4}.$$

解 首先，把由

$$I_\rho = \int_{-\rho}^{\rho} \frac{\mathrm{d}x}{x^4+4}$$

定义的积分 I_ρ 转化成解析函数的周线积分. 事实上，

$$I_\rho = \int_{\gamma_\rho} \frac{\mathrm{d}z}{z^4+4},$$

其中 γ_ρ 是实数轴上从 $-\rho$ 到 ρ 的直线段. 现在利用留数定理求 I 的关键在于(对每个充分大的 ρ 值)构造一条简单闭周线 Γ_ρ，使得 γ_ρ 是它的一部分，即 $\Gamma_\rho = \gamma_\rho \cup \gamma'_\rho$，并且$\dfrac{1}{z^4+4}$沿另一部分 γ'_ρ的积分是已知的，这样就有

$$\int_{\Gamma_\rho} \frac{\mathrm{d}z}{z^4+4} = I_\rho + \int_{\gamma'_\rho} \frac{\mathrm{d}z}{z^4+4}.$$

如果 Γ_ρ 是正向的，由留数定理知，

$$2\pi\mathrm{i}\cdot\sum = I_\rho + \int_{\gamma'_\rho} \frac{\mathrm{d}z}{z^4+4}.$$

其中$\sum$ 为在 Γ_ρ 内$\dfrac{1}{z^4+4}$的留数.

因此，如果右边的极限存在，积分 I 就可以按如下方法计算：

$$I = \lim_{\rho\to\infty} I_\rho = \lim_{\rho\to\infty} 2\pi\mathrm{i}\cdot\sum - \lim_{\rho\to\infty}\int_{\gamma'_\rho} \frac{\mathrm{d}z}{z^4+4}. \tag{5.3.8}$$

实际上，由式(5.3.8)可知，要应用留数定理只需知道沿 γ'_ρ的积分的极限值.

在众多可以"封闭周线 Γ_ρ"(即起点为 $z=\rho$，终点为 $z=-\rho$)的曲线中，如何选取合适的曲线 γ'_ρ呢?注意到当 $|z|$ 很大时，被积函数$\dfrac{1}{z^4+4}$的模很小. 这表明如果选取曲线γ'_ρ离原点足够远，在 γ'_ρ上的积分可以忽略不计，即当 $\rho\to\infty$ 时，在 γ'_ρ上的积分趋于零. 所以，应该选择 γ'_ρ为上半圆 C_ρ^+，其参数形式为

$$C_\rho^+: z = \rho\mathrm{e}^{\mathrm{i}t} \quad (0\leqslant t\leqslant \pi), \tag{5.3.9}$$

其曲线如图 5-3-1 所示.

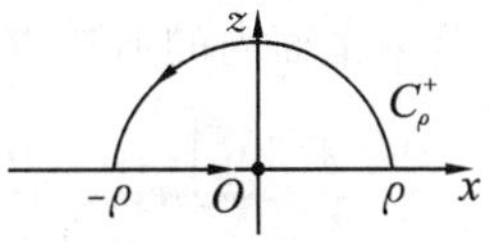

图 5-3-1

现在看看它是否合适. 注意到在 C_ρ^+ 上 $|z|=\rho$，所以由三角不等式

$$\left|\frac{1}{z^4+4}\right| \leqslant \frac{1}{|z|^4-4}=\frac{1}{\rho^4-4} \quad (\text{对 } \rho^4>4)$$

知，

$$\left|\int_{C_\rho^+}\frac{\mathrm{d}z}{z^4+4}\right| \leqslant \frac{1}{\rho^4-4}\cdot \pi\rho.$$

显然，当 $\rho \to \infty$ 时，它趋于零.

现在只需计算式(5.3.8)中的留数. 首先找出 $\dfrac{1}{z^4+4}$ 的奇点，它们就是 z^4+4 的零点，即

$$z_1=1+\mathrm{i}, \quad z_2=-1+\mathrm{i}, \quad z_3=-1-\mathrm{i}, \quad z_4=1-\mathrm{i},$$

并且这些点是函数

$$\frac{1}{z^4+4}=\frac{1}{(z-z_1)(z-z_2)(z-z_3)(z-z_4)}$$

的单极点. 因为 z_3 和 z_4 在下半平面内，它们总是在图 5-3-1 所示的半圆线 Γ_ρ 之外，而对每个 $\rho>\sqrt{2}$，z_1 和 z_2 都在 γ_ρ 之内. 所以，对这样的 ρ，

$$\begin{aligned}
\int_{\Gamma_\rho}\frac{\mathrm{d}z}{z^4+4} &= 2\pi\mathrm{i}[\mathrm{Res}(z_1)+\mathrm{Res}(z_2)] \\
&= 2\pi\mathrm{i}\left(\lim_{z\to z_1}\frac{z-z_1}{z^4+4}+\lim_{z\to z_2}\frac{z-z_2}{z^4+4}\right) \\
&= 2\pi\mathrm{i}\left[\frac{1}{(z_1-z_2)(z_1-z_3)(z_1-z_4)}+\frac{1}{(z_2-z_1)(z_2-z_3)(z_2-z_4)}\right] \\
&= 2\pi\mathrm{i}\left[\frac{1}{2(2+2\mathrm{i})2\mathrm{i}}+\frac{1}{(-2)(2\mathrm{i})(-2+2\mathrm{i})}\right] \\
&= 2\pi\mathrm{i}\left[\frac{-1-\mathrm{i}}{16}+\frac{1-\mathrm{i}}{16}\right]=\frac{\pi}{4}.
\end{aligned}$$

将所得结果都代入到式(5.3.8)(这里 $\gamma'_\rho=C_\rho^+$) 中，便得

$$I=\lim_{\rho\to\infty}\frac{\pi}{4}-\lim_{\rho\to\infty}\int_{C_\rho^+}\frac{\mathrm{d}z}{z^4+4}=\frac{\pi}{4}-0=\frac{\pi}{4}.$$

扩展的半圆周线 Γ_ρ 的方法可以很容易地应用到一般的被积函数 $f(z)$ 上. 实际上，例 3 的计算过程只依赖于如下两个条件：

(1) $f(z)$ 在上半平面 $\mathrm{Im}z>0$ 内除去有限个孤立奇点外解析(这保证了对充分大的 ρ，上半平面内的所有奇点都在图 5-3-1 所示的周线 Γ_ρ 内)；

(2) $\lim\limits_{\rho\to\infty}\int_{C_\rho^+}f(z)\mathrm{d}z=0$.

只要满足以上两个条件，积分

$$\text{p. v.}\int_{-\infty}^{+\infty}f(x)\mathrm{d}x$$

的值便为 $f(z)$ 在上半平面各孤立奇点处的留数的和乘 $2\pi i$.(当然,类似的条件在下半平面成立时,也可在下半平面考虑.)

下面的定理给出一类具有条件(2)的有理函数.

定理 5.3.1　如果 $f(z)=\dfrac{P(z)}{Q(z)}$ 是满足

$$\text{degree}Q(z)\geqslant 2+\text{degree}P(z) \tag{5.3.10}$$

的两个多项式的商,则

$$\lim_{\rho\to\infty}\int_{C_\rho^+} f(z)\mathrm{d}z=0, \tag{5.3.11}$$

其中 degree$P(z)$ 表示多项式 $P(z)$ 的阶数,C_ρ^+ 是式(5.3.9)中定义的半径为 ρ 的上半圆周.

证　先估计 $f(z)$ 的模,记

$$\begin{aligned}|f(z)|=\frac{|P(z)|}{|Q(z)|}&=\frac{|a_0+a_1z+a_2z^2+\cdots+a_mz^m|}{|b_0+b_1z+b_2z^2+\cdots+b_nz^n|}\\&=\frac{\left|\dfrac{a_0}{z^m}+\dfrac{a_1}{z^{m-1}}+\dfrac{a_2}{z^{m-2}}+\cdots+a_m\right|}{\left|\dfrac{b_0}{z^n}+\dfrac{b_1}{z^{n-1}}+\dfrac{b_2}{z^{n-2}}+\cdots+b_n\right|}\cdot\frac{|z^m|}{|z^n|}.\end{aligned}$$

当 $|z|\to\infty$ 时,上式第一项趋近于 $\dfrac{|a_m|}{|b_n|}$,所以对充分大的 $|z|$,它当然小于 $\dfrac{|a_m|}{|b_m|}+1$. 因此,当 $n\geqslant 2+m$ 且 $\rho\to\infty$ 时,

$$\left|\int_{C_\rho^+} f(z)\mathrm{d}z\right|\leqslant\left(\frac{|a_m|}{|b_m|}+1\right)\rho^{m-n}\cdot\pi\rho=\left(\frac{|a_m|}{|b_m|}+1\right)\pi\rho^{1+m-n}\to 0.$$

需要强调的是,如果用沿下半圆周 $C_\rho^-:z=\rho e^{-it}(0\leqslant t\leqslant\pi)$ 的积分代替沿 C_ρ^+ 的积分,同样可证明式(5.3.11)成立.

例 4　计算

$$\text{p. v.}\int_{-\infty}^{\infty}\frac{x}{(x^2+1)(x^2+2x+2)}\mathrm{d}x.$$

解　因为被积函数在实轴上没有奇点,分子的次数是 1,分母的次数是 4,由定理 5.3.1 知,可以采用扩展半圆周线的方法. 记

$$f(z)=\frac{z}{(z^2+1)(z^2+2z+2)}=\frac{z}{(z-i)(z+i)(z+1-i)(z+1+i)},$$

可知 $f(z)$ 在上半平面内有两个简单极点 $z_1=+i,z_2=-1+i$,所以,对任意的 $\rho>2$,沿图 5-3-1 中的闭周线 Γ_ρ 的积分为

$$\int_{\Gamma_\rho} f(z)\mathrm{d}z=2\pi i[\text{Res}(f;i)+\text{Res}(f;-1+i)].$$

由 5.2 节例 2 知

$$\mathrm{Res}(f;+\mathrm{i})=\left.\frac{\dfrac{z}{z^2+2z+2}}{(z^2+1)'}\right|_{z=\mathrm{i}}=\frac{1}{2(2\mathrm{i}+1)},$$

$$\mathrm{Res}(f;-1+\mathrm{i})=\left.\frac{\dfrac{z}{z^2+1}}{(z^2+2z+2)'}\right|_{z=-1+\mathrm{i}}=\frac{1+\mathrm{i}}{2(1-2\mathrm{i})}.$$

所以对于所有 $\rho>2$,有

$$\int_{\Gamma_\rho}f(z)\mathrm{d}z=2\pi\mathrm{i}\left[\frac{1}{2(2\mathrm{i}+1)}+\frac{1+\mathrm{i}}{2(1-2\mathrm{i})}\right]=-\frac{\pi}{5}. \tag{5.3.12}$$

另一方面,

$$\int_{\Gamma_\rho}f(z)\mathrm{d}z=\int_{-\rho}^{\rho}f(x)\mathrm{d}x+\int_{C_\rho^+}f(z)\mathrm{d}z,$$

对上式 $\rho\to\infty$ 时取极限,应用式(5.3.12)和定理5.3.1,得到

$$-\frac{\pi}{5}=\lim_{\rho\to\infty}\int_{-\rho}^{\rho}f(x)\mathrm{d}x+0.$$

因此

$$-\frac{\pi}{5}=\text{p. v.}\int_{-\infty}^{\infty}\frac{x}{(x^2+1)(x^2+2x+2)}\mathrm{d}x.$$

5.3.3 积分 $\int_{-\infty}^{+\infty}R(x)\mathrm{e}^{\mathrm{i}ax}\mathrm{d}x$,其中 $a>0$

在第6章将会发现,半圆周线在计算某类含有三角函数的积分时也很有用.我们有如下定理.

定理5.3.2 设 $R(x)$ 是有理真分式,且 $R(z)\mathrm{e}^{\mathrm{i}az}$ 在上半平面内有有限个孤立奇点 $z_1,z_2,\cdots,z_n$,在实数轴上,有有限个简单奇点 $x_1,x_2,\cdots,x_m$,且除这些点外,在 $\mathrm{Im}z\geqslant 0$ 上处处解析.若 $\lim\limits_{\substack{z\to\infty,\\ \mathrm{Im}z\geqslant 0}}f(z)=0$,则

$$\int_{-\infty}^{+\infty}R(x)\mathrm{e}^{\mathrm{i}ax}\mathrm{d}x=2\pi\mathrm{i}\left\{\sum_{k=1}^{+\infty}\mathrm{Res}[f(z);z_k]+\frac{1}{2}\sum_{k=1}^{+\infty}\mathrm{Res}[f(z);x_k]\right\},$$

其中 $f(z)=R(z)\mathrm{e}^{\mathrm{i}az}$.特别地,将上式分开实部与虚部就可得到积分 $\int_{-\infty}^{+\infty}R(x)\cos ax\,\mathrm{d}x$ 及 $\int_{-\infty}^{+\infty}R(x)\sin ax\,\mathrm{d}x$.

下面将介绍另外一个在许多应用中出现的非典型积分的例子,它的闭周线不是半圆周.

例5 对于 $a>0$,计算 p. v. $\int_{-\infty}^{+\infty}\dfrac{\cos x}{a^2+x^2}\mathrm{d}x$.

解　注意到函数$\dfrac{\cos x}{a^2+x^2}$是函数$\dfrac{e^{iz}}{a^2+z^2}$的实部，函数$f(z)=\dfrac{e^{iz}}{a^2+z^2}$在上半平面只有一个简单极点$z=ia$，则

$$\int_{-\infty}^{+\infty}\frac{e^{ix}}{a^2+x^2}dx=2\pi i\mathrm{Res}[f(z);ia]=2\pi i\left.\frac{e^{iz}}{(z^2+a^2)'}\right|_{z=ia}=\frac{\pi e^{-a}}{a},$$

于是

$$I=\mathrm{p.\,v.}\int_{-\infty}^{+\infty}\frac{\cos x}{a^2+x^2}dx=\frac{\pi e^{-a}}{a}.$$

例 6　对于$a>0$，计算$I=\displaystyle\int_0^{+\infty}\frac{\sin x}{x}dx$.

解　因为

$$I=\int_0^{+\infty}\frac{\sin x}{x}dx=\frac{1}{2}\int_{-\infty}^{+\infty}\frac{\sin x}{x}dx=\frac{1}{2}\mathrm{Im}\int_{-\infty}^{+\infty}\frac{e^{ix}}{x}dx,$$

函数$\dfrac{e^{iz}}{z}$在全平面内只有一个简单极点$z=0$(位于实轴上)，于是

$$\int_{-\infty}^{+\infty}\frac{e^{ix}}{x}dx=2\pi i\cdot\frac{1}{2}\mathrm{Res}\left[\frac{e^{iz}}{z};0\right]=\pi i\left.\frac{e^{iz}}{z'}\right|_{z=0}=\pi i,$$

比较虚部得

$$\int_0^{+\infty}\frac{\sin x}{x}dx=\frac{\pi}{2}.$$

习　题　5

1. 下列各函数有哪些有限的孤立奇点?

(1) $\dfrac{1}{z^3(z^2+1)^2}$;　　(2) $\dfrac{\sin^3 z}{z^2(z-1)^3}$;

(3) $\dfrac{\cos z}{\sin z}$;　　(4) $e^{\frac{1}{z}}$.

2. $z=\infty$是否为下列函数的孤立奇点?

(1) $\dfrac{z^4}{1-z^4}$;　　(2) $1-e^{\frac{1}{z}}$.

3. 指出下列函数的零点，并判断它们的阶数.

(1) $z^2(z-1)^4$;　　(2) $z\sin z$;

(3) $z-\sin z$;　　(4) $z^3(1-\cos z)$.

4. 判定第1题各函数的孤立奇点的类型，若是极点，并指出阶数.

5. 求下列各函数在复平面内的留数:

(1) $f(z)=\dfrac{1}{z^2+z^4}$；

(2) $f(z)=\dfrac{z-\sin z}{z^3}$；

(3) $f(z)=\dfrac{1-e^{2z}}{z^4}$；

(4) $f(z)=\dfrac{1}{\sin z}$；

(5) $f(z)=\dfrac{1}{z^2\sin z}$；

(6) $f(z)=\dfrac{z^{2n}}{1+z^n}$；

(7) $f(z)=\dfrac{z^2+z-1}{z^2(z-1)}$.

6. 利用留数计算下列积分：

(1) $\displaystyle\oint_{|z+1|=2}\frac{e^z}{z^2(2z+1)}dz$；

(2) $\displaystyle\oint_{|z-1|=1}\frac{\sin\pi z}{(z^2-1)^2}dz$；

(3) $\displaystyle\oint_{|z|=3\pi}\frac{z}{e^z-1}dz$；

(4) $\displaystyle\oint_{|z|=2}\frac{z}{\frac{1}{2}-\cos z}dz$；

(5) $\displaystyle\oint_{|z|=4}\frac{1}{(z+i)^8(z+i)(z-3)}dz$；

(6) $\displaystyle\oint_{|z|=2}\frac{z}{z^3-1}dz$.

7. 计算下列积分：

(1) $\displaystyle\int_0^{2\pi}\frac{d\theta}{5+3\cos\theta}$；

(2) $\displaystyle\int_0^{2\pi}\frac{d\theta}{4-\sin\theta}$.

第 6 章　保形映射

本章将介绍复分析中的一个重要研究对象 —— **保形映射**. 从几何的观点来看,一个复变函数 $\omega = f(z)$ 实际上给出了 z 平面上的一个点集到另一个 ω 平面上的点集的映射. 在许多数学物理问题中,问题的求解往往涉及开区域的形状,然而在复杂区域 D 内求解不如在简单区域 D_1 内求解,这时我们可设法作出函数 $\omega = f(z)$ 把 D 双方单值保形映射为 D_1,让问题在 D_1 内求解,然后利用反函数 $z = f^{-1}(\omega)$ 得到问题在原区域内的解答. 本章将讨论解析函数所构成的映射的保形性,重点研究分式线性变换和几个初等函数所构成的映射的特征.

6.1　保形映射的概念

6.1.1　导数的几何意义

为了后面讨论问题的需要,我们先证明下面的定理.

定理 6.1.1　设 z 平面上过点 z_0 的连续曲线 C 的参数方程为

$$z = z(t) \quad (\alpha \leqslant t \leqslant \beta),$$

又设 $z_0 = z(t_0)$,若 $z'(t_0) \neq 0$,则曲线 C 在点 z_0 处有确定的切线,并且切线正向(指参数 t 增加的方向)与实数轴正向的夹角为 $\arg z'(t_0)$,如图 6-1-1 所示.

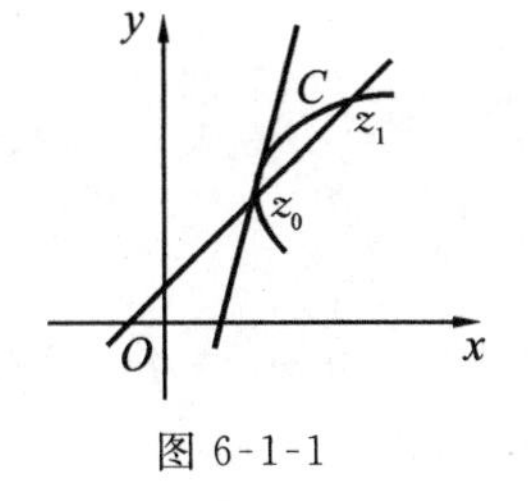

图 6-1-1

证　在曲线 C 上沿 t 增加的方向任取一异于 z_0 的点 $z_1 = z(t_1)$. 过点 z_0 和 z_1 作 C 的割线,其方向与向量 $\dfrac{z_1 - z_0}{t_1 - t_0}$ 的方向相同,因此 $\arg \dfrac{z_1 - z_0}{t_1 - t_0}$ 是此割线与实轴正向的夹角. 由于

$$\lim_{t_1 \to t_0} \frac{z_1 - z_0}{t_1 - t_0} = z'(t_0) \neq 0,$$

所以

$$\lim_{t_1 \to t_0} \arg \frac{z_1 - z_0}{t_1 - t_0} = \arg z'(t_0) \neq 0.$$

这说明当 $t_1 \to t_0$ 时,曲线上的点 z_1 沿曲线 C 趋于 z_0,从而割线的极限位置存在,它是过点 z_0 且与实轴正向的夹角为 $\arg z'(t_0)$ 的直线. 按切线的定义,此直线就是曲线 C 在点 z_0 处的切线.

这个定理告诉我们,复变量的复函数在其导数不为零的点处对应的曲线的切线存在,并且切线与实轴正向的夹角等于导数的辐角.

现在来讨论导数的几何意义.

首先看导数模的几何意义.设 z 是曲线 C 上位于点 z_0 附近的一点,曲线 C 的像是从 $f(z_0)$ 出发的曲线 $\Gamma=f(C)$,且 $f(z)$ 是曲线 Γ 上位于 $f(z_0)$ 附近的一点.这时 $|z-z_0|$ 可表示曲线 C 上连接 z_0 与 z 两点的弦长.由等式

$$|f'(z_0)|=\left|\lim_{\substack{z\to z_0\\ z\in C}}\frac{f(z)-f(z_0)}{z-z_0}\right|=\lim_{\substack{z\to z_0\\ z\in C}}\frac{|f(z)-f(z_0)|}{|z-z_0|}$$

可知,$|f'(z_0)|$ 等于上述两弦长之比的极限.由此可见当 $|z-z_0|$ 充分小时,$|f(z)-f(z_0)|\approx|f'(z_0)||z-z_0|$.这表明像点间的无穷小距离约等于原像点间的无穷小距离的 $|f'(z_0)|$ 倍,即函数 $\omega=f(z)$ 把 z_0 邻域内任意过点 z_0 的线段的长大约伸缩了 $|f'(z_0)|$ 倍.因此,$|f'(z_0)|$ 称为曲线 C 在点 z_0 处的伸缩率,由曲线 C 的任意性知,映射 $\omega=f(z)$ 在点 z_0 处有固定的伸缩率.

再来看 $\arg f'(z_0)$ 的几何意义.从点 z_0 出发的两条光滑曲线 $C_j:z=r_j(t),a\leqslant t\leqslant b$,$z_0=r_j(a)\neq 0,j=1,2$,这两条光滑曲线在交点处的切向量的夹角为 $\arg r'_2(a)-\arg r'_1(a)$,记为$(C_1,C_2)$.

设 $\Gamma_j=f(C_j)$ 为曲线 C_j 的像曲线,如图 6-1-2 所示,其参数方程为

$$\omega_j(t)=f(r_j(t)),\quad a\leqslant t\leqslant b,$$

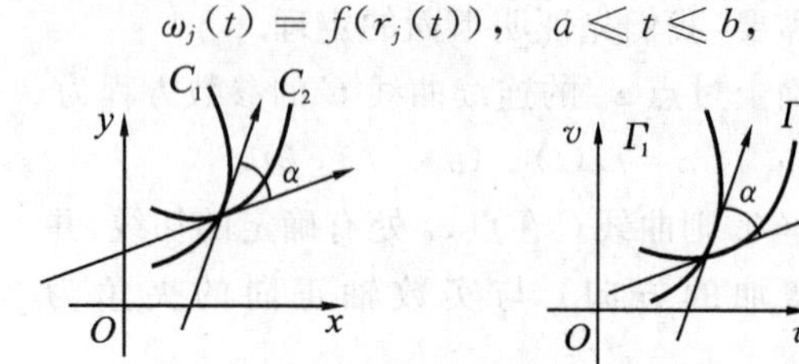

图 6-1-2

则 Γ_j 在 $\omega_0=f(z_0)$ 处切向量的辐角为

$$\begin{aligned}\theta_j&=\arg(\omega_j(t))'|_{t=a}=\arg(f'(r_j(a))r'_j(a))\\&=\arg(f'(z_0)r'_j(a))=\arg f'(z_0)+\arg r'_j(a),\end{aligned}$$

即像曲线的切向量可通过原曲线的切向量旋转 $\arg f'(z_0)$ 角来得到.因此,复变函数的导数辐角的几何意义:$\arg f'(z_0)$ 为像曲线与原曲线切向量的夹角.这个性质对任何从点 z_0 出发的光滑曲线都成立.我们称曲线在点 z_0 处有固定的旋转角.

此时,有

$$\begin{aligned}(\Gamma_1,\Gamma_2)&=\arg f'(z_0)+\arg r'_2(a)-[\arg f'(z_0)+\arg r'_1(a)]\\&=\arg r'_2(a)-\arg r'_1(a)\\&=(C_1,C_2),\end{aligned}$$

即像曲线 $\Gamma_j(j=1,2)$ 在 $\omega_0=f(z_0)$ 处的夹角与原曲线 $C_j(j=1,2)$ 在点 z_0 处的夹角大小相等、方向相同. 这时称 $f(z)$ 在点 z_0 处是保角的. 因此,上面已证明了 $f(z)$ 在导数不为零的解析点处是保角的.

综上所述,可归结为下面的定理.

定理 6.1.2　设函数 $\omega=f(z)$ 在点 z_0 处解析,且 $f'(z_0)\neq 0$,则由 $\omega=f(z)$ 形成的映射具有两个性质:

(1) 在点 z_0 处有固定的旋转角;

(2) 在点 z_0 处有固定的伸缩率.

例 1　求映射 $f(z)=z^2+4z$ 在点 $z_0=-1+\mathrm{i}$ 处的旋转角和伸缩率,并说明它将 z 平面的哪一部分放大、哪一部分缩小.

解　因 $f'(z)=2z+4$,故

$$f'(z_0)=f'(-1+\mathrm{i})=2(-1+\mathrm{i})+4=2(1+\mathrm{i}),$$

故在点 $z_0=-1+\mathrm{i}$ 处的旋转角为

$$\arg f'(-1+\mathrm{i})=\frac{\pi}{4},$$

伸缩率为

$$|f'(-1+\mathrm{i})|=2\sqrt{2}.$$

又因

$$|f'(z)|=|2z+4|=2\sqrt{(x+2)^2+y^2},$$

这里 $z=x+\mathrm{i}y$,而 $|f'(z)|<1$ 的充要条件是 $\sqrt{(x+2)^2+y^2}<\frac{1}{2}$. 故映射 $\omega=f(z)=z^2+4z$ 将以点 $z=-2$ 为中心、$\frac{1}{2}$ 为半径的圆周内部缩小,外部放大.

例 2　证明:在映射 $\omega=\mathrm{e}^{\mathrm{i}z}$ 下,相互正交的直线族 $\mathrm{Re}(z)=c_1$ 与 $\mathrm{Im}(z)=c_2$ 依次映射成互相正交的直线族 $v=u\tan c_1$ 与圆族 $u^2+v^2=\mathrm{e}^{-2c_2}$.

证　正交的直线族 $\mathrm{Re}(z)=c_1$ 与 $\mathrm{Im}(z)=c_2$ 在映射 $\omega=\mathrm{e}^{\mathrm{i}z}$ 下有

$$u+\mathrm{i}v=\omega=\mathrm{e}^{\mathrm{i}z}=\mathrm{e}^{\mathrm{i}(c_1+\mathrm{i}c_2)}=\mathrm{e}^{-c_2}\mathrm{e}^{\mathrm{i}c_1},$$

即得曲线族 $\frac{v}{u}=c_1, u^2+v^2=\mathrm{e}^{-2c_2}$.

由于在 z 平面上 $\mathrm{e}^{\mathrm{i}c}$ 处处解析且 $\frac{\mathrm{d}\omega}{\mathrm{d}z}=\mathrm{i}\mathrm{e}^{\mathrm{i}z}\neq 0$,$\omega=\mathrm{e}^{\mathrm{i}z}$ 在复平面内是保角映射,所以在 ω 平面上直线族 $v=u\tan c_1$ 与圆族 $u^2+v^2=\mathrm{e}^{-2c_2}$ 也是相互正交的.

6.1.2　保形映射的概念

定理 6.1.3　设函数 $\omega=f(z)$ 在 D 内有意义,若函数在点 $z_0\in D$ 处有固定的旋转

角及固定的伸缩率，则称函数 $\omega = f(z)$ 在点 $z_0 \in D$ 处有保形性；如果函数 $\omega = f(z)$ 在一区域 D 内为一一对应（或称为双方单值映射），且映射 $\omega = f(z)$ 在 D 内任意一点具有保形性，则称映射 $\omega = f(z)$ 为区域 D 内的**保形映射**.

例 3　考察函数 $\omega = e^z$.

解　函数 $\omega = e^z$ 在全平面上有定义，且 $\dfrac{d\omega}{dz} = e^z \neq 0$，于是由定理 6.1.2 知，函数 $\omega = e^z$ 在全平面上的每一点处都具有保角性与固定的伸缩率，但因 $\omega = e^z$ 不是一一对应的，所以不是全平面上的保形映射. 注意到 $\omega = e^z$ 在区域 $D = \{z: 0 < \mathrm{Im}z < 2\pi\}$ 内是一一对应的，故 $\omega = e^z$ 是 D 内的保形映射.

例 4　考察函数 $\omega = z^n\ (n > 1)$.

解　$\omega' = nz^{n-1}$ 除 $z = 0$ 外有固定的旋转角与伸缩率，但幂函数 $\omega = z^n\ (n > 1)$ 在 z 平面上不是一一对应的，事实上，当且仅当 $z_1 = e^{i\frac{2k\pi}{n}} z_2\ (k = 0, 1, 2, \cdots, n-1)$ 时，z_1, z_2 映射为同一点，因此 $\omega = z^n (n > 1)$ 在任意包含这样的关系的两点的区域上不是一一对应的，所以 $\omega = z^n (n > 1)$ 在平面上不是保形的，但是在角形区域 $D = \left\{z: \alpha < \arg z < \alpha + \dfrac{2\pi}{n}\right\}$ 内是一一对应的，从而 $\omega = z^n (n > 1)$ 是 $D = \left\{z: \alpha < \arg z < \alpha + \dfrac{2\pi}{n}\right\}$ 内的保形映射.

6.1.3　解析函数的保域性与边界对应原理

现在要解决两个基本问题.

(1) 已知解析函数 $\omega = f(z)$ 及区域 D，问解析函数 $\omega = f(z)$ 是否将区域 D 映射成区域？若是区域，这个区域是怎样的？

(2) 已给一对单连通区域 D 和 G，问是否存在一个解析函数 $\omega = f(z)$ 将 D 保形映射为 G？

下面两个定理有助于解决上述两个问题.

定理 6.1.4（保域性定理）　设函数 $f(z)$ 在区域 D 内解析，且不恒为常数，则像集合 $G = f(D)$ 是区域.

定理 6.1.5（边界对应原理）　设区域 D 的边界为简单闭曲线 C，函数 $\omega = f(z)$ 在 $\overline{D} = D \cup C$ 上解析，且将 C 双方单值地映射成简单闭曲线 Γ，当 z 沿 C 的正向绕行时（此时 D 在左侧），相应地 ω 的绕行方向定为 Γ 的正向，此时若令 G 是以 Γ 为边界的区域（沿 Γ 的正向绕行时，G 在左侧），则 $\omega = f(z)$ 将 D 保形映射成 G.

这两个定理证明起来相当复杂，这里从略. 定理 6.1.4 说明不恒为常数的解析函数把区域映射为像区域；而定理 6.1.5 则告诉我们如何确定像区域，即不需要对整个区域进行考虑，而只要确定 D 的边界 C 对应的曲线 Γ 及其方向，当 z 沿 C 的正向绕行时（此时 D 在左侧)，相应 ω 的绕行方向，则像区域就是沿 Γ 这个方向绕行时以 Γ 为边界左侧的区域. 具体来说，先将 D 的边界 C 的表达式代入已知的函数 $\omega=f(z)$ 中，求得像曲线 Γ 的表达式，然后在 C 上按 C 的正向绕行依次取三点 z_1,z_2,z_3，它们的像在曲线 Γ 上依次为 $\omega_1,\omega_2,\omega_3$，则由 Γ 所界定的区域应是沿路径 $\omega_1\rightarrow\omega_2\rightarrow\omega_3$ 绕行时左侧的区域.

例 5 试求区域 $D=\left\{z:0<\arg z<\dfrac{\pi}{4}\right\}$ 在映射 $\omega=z^2$ 下的像.

解 例 4 已说明 $\omega=z^2$ 是区域 $D=\left\{z:0<\arg z<\dfrac{\pi}{4}\right\}$ 内的保形映射，下面根据边界对应原理来确定 D 的边界 $C_1:\arg z=0$ 与 $C_2:\arg z=\dfrac{\pi}{4}$ 的像. 若设 $z=r\mathrm{e}^{\mathrm{i}\theta}$，则 $\omega=z^2=r^2\mathrm{e}^{\mathrm{i}2\theta}$，即 $\arg\omega=2\arg z$. 所以 C_1 与 C_2 的像曲线分别为 $\Gamma_1:\arg\omega=0$，$\Gamma_2:\arg\omega=\dfrac{\pi}{2}$.

如图 6-1-3 所示，在 ω 平面上，区域 G_1,G_2 都是以 $\Gamma=\Gamma_1+\Gamma_2$ 为边界的，为此在 D 的边界走向依次取 $z_1=\mathrm{e}^{\mathrm{i}\frac{\pi}{4}}$，$z_2=0$，$z_3=1$，则它们的像在曲面 Γ 上依次为 $\omega_1=\mathrm{i}$，$\omega_2=0$，$\omega_3=1$. 当按照路径 $\omega_1\rightarrow\omega_2\rightarrow\omega_3$ 进行时，左侧区域为 G_1，所以 D 的像区域为 $G_1:0<\arg\omega<\dfrac{\pi}{2}$.

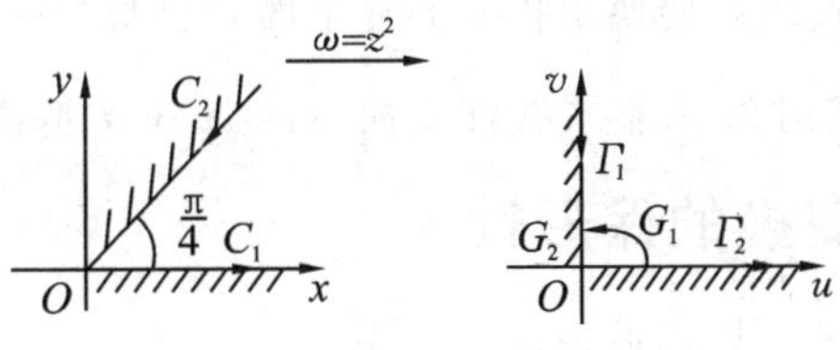

图 6-1-3

6.2 分式线性变换

本节将介绍最简单的保形映射 —— **线性变换**. 形如

$$\omega=M(z)=\frac{az+b}{cz+d}\qquad(ad-bc\neq 0)\tag{6.2.1}$$

的变换，称为**分式线性变换**；当 $c=0$ 时，称为**整式线性变换**.

6.2.1 分式线性变换的分解

下面首先来观察分式线性变换的结构.

当 $c=0$ 时，

$$M(z)=\frac{a}{d}z+\frac{b}{d};$$

当 $c \neq 0$ 时，

$$M(z)=\frac{bc-ad}{c}\frac{1}{cz+d}+\frac{a}{c}.$$

因此，分式线性变换可分解为如下基本形式的复合：

$$\omega=\frac{bc-ad}{c}\xi+\frac{a}{c},\quad \xi=\frac{1}{\zeta},\ \zeta=cz+d.$$

于是只需对如下四种简单形式的变换进行讨论：

(1)$\omega=z+b$ (b 为复数)；

(2)$\omega=ze^{i\theta_0}$ (θ_0 为实数)；

(3)$\omega=rz$ ($r>0$)；

(4)$\omega=\frac{1}{z}$.

因此，知道了这四种函数映射的性质，就可以知道一般分式线性变换的性质. 这四个函数所形成的变换有明显的几何意义. 我们称(1) 为**平移变换**，(2) 为**旋转变换**，(3) 为**相似变换**，(4) 为**倒数变换**. 由于前三种都是整式线性变换，因此分式线性变换又可理解为整式线性变换与倒数变换 $\omega=\frac{1}{z}$ 的复合.

此外，还可以看到分式线性变换是扩充的复平面到自身的一一映射，倒数变换 $\omega=\frac{1}{z}$ 将 0 映射为 ∞，又将 ∞ 映射为 0；整式线性变换 $\omega=cz+d$ 是将 ∞ 映射为 ∞.

6.2.2 分式线性变换的保形性

首先讨论倒数变换 $\omega=\frac{1}{z}$ 的保形性.

当 $z\neq 0$ 和 $z\neq\infty$ 时，$\omega=\frac{1}{z}$ 解析，且 $\frac{d\omega}{dz}=-\frac{1}{z^2}\neq 0$，故当 $z\neq 0$ 和 $z\neq\infty$ 时，函数 $\omega=\frac{1}{z}$ 具有保形性. 至于 $z=0$ 和 $z=\infty$ 处的保形性过去未加以讨论，现在作如下规定.

定理 6.2.1 设函数 $\omega=f(z)$ 在 $z=z_0(z_0\neq\infty)$ 时有 $\omega=\infty$，作映射 $\xi=\frac{1}{\omega}$，若函数 $\xi\frac{1}{f(z)}$ 把点 $z=z_0$ 处附近保形映射为 $\xi=0$ 附近，则称 $\omega=f(z)$ 把 $z=z_0$ 保形映射为 $\omega=\infty$.

定理 6.2.2 设函数 $\omega=f(z)$ 在 $z=\infty$ 时有 $\omega=\omega_0\neq\infty$，作映射 $\xi=\frac{1}{z}$，若函数 $\omega=\frac{1}{f(\xi)}$ 把点 $\xi=0$ 处附近保形映射为 $\omega=\omega_0$ 附近，则称 $\omega=f(z)$ 把 $z=\infty$ 保形映射为 $\omega=\omega_0$.

定理 6.2.3 设函数 $\omega=f(z)$ 在 $z=\omega$ 时有 $\omega=\infty$，作映射 $\xi=\frac{1}{\omega}$，$\xi=\frac{1}{z}$，若函数 $\omega=$

$\dfrac{1}{f(\xi)}$ 把点 $\xi=0$ 处附近保形映射为 $\xi=\xi_0$ 附近，则称 $\omega=f(z)$ 把 $z=\infty$ 保形映射为 $\omega=\infty$.

这样规定后，我们再来看倒数变换 $\omega=\dfrac{1}{z}$ 在点 $z=0$ 及 $z=\infty$ 处的保形性：当 $z=0$ 时，$\omega=\infty$，作映射 $\xi=\dfrac{1}{\omega}$，则 $\xi=z$ 为恒等映射. 在任意点 z 处，$\dfrac{\mathrm{d}\xi}{\mathrm{d}z}=1\neq 0$，于是 $\xi=z$ 把 $z=0$ 附近保形映射为 $\xi=0$ 附近. 这样由定理 6.2.1 知，倒数变换 $\omega=\dfrac{1}{z}$ 把 $z=0$ 保形映射为 $\omega=\infty$.

当 $z=\infty$ 时，$\omega=0$，作映射 $\xi=\dfrac{1}{z}$，有 $\omega=\dfrac{1}{1/\xi}=\xi$，很显然，它把 $\xi=0$ 附近保形映射为 $\omega=0$ 附近. 由定理 6.2.2 知，倒数变换 $\omega=\dfrac{1}{z}$ 把 $z=\infty$ 保形映射为 $\omega=0$.

现在来看整式线性变换 $\omega=az+b(a\neq 0)$ 的保形性.

当 $z\neq\infty$ 时，$\omega=az+b$ 解析，且 $\dfrac{\mathrm{d}\omega}{\mathrm{d}z}=a\neq 0$，因此映射 $\omega=az+b$ 在点 $z\neq\infty$ 处是保形的.

当 $z=\infty$ 时，$\omega=\infty$，作映射 $\xi=\dfrac{1}{\omega}$，$\zeta=\dfrac{1}{z}$，则有 $\xi=\dfrac{1}{az+b}=\dfrac{\zeta}{b\zeta+a}$，由于当 $\zeta=0$ 时，$\xi=0$，且 $\left.\dfrac{\mathrm{d}\xi}{\mathrm{d}\zeta}\right|_{\zeta=0}=\dfrac{1}{a}\neq 0$，于是把点 $\zeta=0$ 附近保形映射为 $\xi=0$ 附近，由定理6.2.3 知，映射 $\omega=az+b$ 把 $z=\infty$ 保形映射为 $\omega=\infty$.

这样可以得到如下定理.

定理 6.2.4 分式线性变换把扩充的复平面保形映射为扩充的复平面.

因为直线对应为球面上一个过北极点的圆，因此，可以把平面上的直线视为半径无穷大的圆，今后所说的圆包括有限圆与直线(称为广义圆).

定理 6.2.5 分式线性变换把圆变为圆，即分式线性变换具有保圆性.

证 由于一个分式线性变换可以分解为平移、旋转、相似与反演映射，前三种映射显然将圆映射成圆. 因此，只需证明反演映射 $\omega=\dfrac{1}{z}$ 也把圆映射成圆. 设直角坐标系下的圆方程为

$$A(x^2+y^2)+Bx+Cy+D=0, \tag{6.2.2}$$

其中 A,B,C,D 为实数，$B^2+C^2-4AD>0$，而当 $A=0$ 时式(6.2.2) 表示直线方程. 当 $A\neq 0$ 时，它表示圆心为 $\left(-\dfrac{B}{24},-\dfrac{C}{2A}\right)$、半径为 $\dfrac{\sqrt{B^2+C^2-4AD}}{2A}$ 的圆. 对式(6.2.2) 使用反演变换 $\omega=\dfrac{1}{z}$. 若记 $z=x+\mathrm{i}y$，$\omega=u+\mathrm{i}v$，则

$$x=\frac{u}{u^2+v^2},\quad y=-\frac{v}{u^2+v^2},$$

将其代入式(6.2.2)并整理,得像曲线方程为

$$D(u^2+v^2)+Bu-Cv+A=0. \tag{6.2.3}$$

于是式(6.2.3)是ω平面上的圆,而当$D=0$时,式(6.2.3)表示直线方程.

注 从证明过程可以看出,当$D=0$时,z平面上的圆过原点,经过反演映射后,原点被映射成无穷远点,圆映射成ω平面上的直线,这是一个重要特征.事实上,在分式线性变换下,如果给定的圆上没有点映射成无穷远点,则它被映射成半径有限的圆;如果有一点被映射成无穷远点,则它被映射成直线.特别是后者,它实际上给出了一种从圆(或弧)变到直线的方法,这对于构造简单区域间的保形映射是非常有用的.

再来看直角坐标系下的圆方程的复数表现形式.若作变换$x=\dfrac{z+\bar{z}}{2}$,$y=\dfrac{z-\bar{z}}{2\mathrm{i}}$,并将其代入式(6.2.2),整理可得圆方程的复数形式为

$$Az\bar{z}+B\frac{z+\bar{z}}{2}-C\frac{z-\bar{z}}{2}\mathrm{i}+D=0,$$

整理得

$$2Az\bar{z}+(B-\mathrm{i}C)z+(B+\mathrm{i}C)\bar{z}+2D=0.$$

若记$E=2A$,$F=B+\mathrm{i}C$,$G=2D$,则得到圆方程的复数形式为

$$Ez\bar{z}+\overline{F}z+F\bar{z}+G=0, \tag{6.2.4}$$

此时,E,G为实数,且$|F|^2>EG$.

当$E=0$时,方程(6.2.4)表示直线;

当$E\neq 0$时,方程(6.2.4)表示圆心为$-\dfrac{F}{E}$、半径为$\dfrac{\sqrt{|F|^2-EG}}{E}$的有限圆,即

$$\left|z+\frac{F}{E}\right|=\frac{\sqrt{|F|^2-EG}}{E}.$$

例1 求实数轴在映射$\omega=\dfrac{2\mathrm{i}}{z+\mathrm{i}}$下的像曲线.

解 实数轴用复数表示为$z-\bar{z}=0$,将$z=\dfrac{(-\omega+2)\mathrm{i}}{\omega}$代入得

$$\frac{(-\omega+2)\mathrm{i}}{\omega}-\frac{(\bar{\omega}-2)\mathrm{i}}{\bar{\omega}}=0,$$

整理得

$$\omega\bar{\omega}-(\bar{\omega}+\omega)=0,$$

此时$E=1$,$F=-1$,$G=0$,从而像曲线为$|\omega-1|=1$.

6.2.3 分式线性变换的保对称点性

定理 6.2.6 设C是以O为圆心、R为半径的有限圆,P,P_1是与O共线的两点,并在圆心的同旁,如图6-2-1所示,如果

$$|OP_1|\cdot|OP|=R^2,\tag{6.2.5}$$

则称 P_1,P 关于圆 C 对称；若圆是直线，对称点的意义就是通常所说的关于直线的对称点.

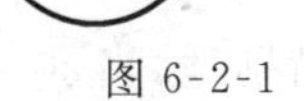

图 6-2-1

若设点 O,P_1,P 对应的复数为 k,z_1,z_2，则式(6.2.5) 为

$$|z_1-k||z_2-k|=R^2,\tag{6.2.6}$$

点 P,P_1 与点 O 共线，并在圆心的同旁，其等价于

$$\arg(z_1-k)=\arg(z_2-k).\tag{6.2.7}$$

然而，因

$$\arg(z_2-k)=-\arg(\bar{z}_2-\bar{k}),$$

于是式(6.2.6) 和式(6.2.7) 等价于

$$(z_1-k)(\bar{z}_2-\bar{k})=R^2.\tag{6.2.8}$$

定理 6.2.7 如果圆 C 的方程由式(6.2.4) 给出，则点 z_1 与点 z_2 关于圆对称的充分必要条件是

$$Ez_1\bar{z}_2+\bar{F}z_1+F\bar{z}_2+G=0.\tag{6.2.9}$$

证 当 $E\neq 0$ 时，式(6.2.8) 等价于

$$\left(z_1+\frac{F}{E}\right)\left(\bar{z}_2+\frac{\bar{F}}{E}\right)=\frac{|F|^2-EG}{E^2},$$

整理即得式(6.2.9).

当 $E=0$ 时，C 为直线，此时只要证明直线 $C:\bar{F}z+F\bar{z}+G=0$ 是线段 z_1z_2 的垂直平分线的充分必要条件是

$$\bar{F}z_1+F\bar{z}_2+G=0.$$

请读者自己证明这一点.

定理 6.2.8 如果圆 C 的方程由式(6.2.4) 给出，点 z_1 与点 z_2 关于圆 C 对称，则在分式线性变换下，它们的像点 ω_1,ω_2 关于圆 C 的像曲线对称.

证 由于圆 C 经过分式线性变换 $\omega=\dfrac{az+b}{cz+d}$ 后的像曲线 Γ 还是圆，也就是说，将 $z=\dfrac{-d\omega+b}{c\omega-a}$ 代入式(6.2.4)，整理后一定得如下形式的像曲线 Γ 方程：

$$E_1\omega\bar{\omega}+\bar{F}_1\omega+F_1\bar{\omega}+G_1=0.\tag{6.2.10}$$

此时 E_1,G_1 为实数且 $|F_1^2|>E_1G_1$，这里 E_1,F_1,G_1 由 E,F,G 及 a,b,c,d 确定.

因为点 z_1 与点 z_2 关于圆 C 对称，故有式(6.2.9) 成立. 由于 $\omega_j=\dfrac{az_j+b}{cz_j+d}(j=1,2)$ 为点 z_j 的像，故将 $z_j=\dfrac{-d\omega_j+b}{c\omega_j-a}(j=1,2)$ 代入式(6.2.9)，整理一定有

$$E_1\omega_1\bar{\omega}_2+\bar{F}_1\omega_1+F_1\bar{\omega}_2+G_1=0,$$

于是根据定理 6.2.7 知，像点 ω_1,ω_2 关于 Γ 对称.

定理 6.2.9 设 $\omega = f(z)$ 是一分式线性变换，且有 $\omega_1 = f(z_1)$，$\omega_2 = f(z_2)$，则 ω 可表示为

$$\frac{\omega-\omega_1}{\omega-\omega_2} = k\frac{z-z_1}{z-z_2} \quad (k\text{ 为复数}).$$

特别地，当 $\omega_1 = 0$，$\omega_2 = \infty$ 时，有

$$\omega = k\frac{z-z_1}{z-z_2} \quad (k\text{ 为复数}). \tag{6.2.11}$$

由式(6.2.11)可知，圆弧C被映射成过原点的直线. 若圆弧C过点 z_1，z_2，则 $\omega_1 = 0$，$\omega_2 = \infty$ 把 C 映射成过原点的直线. 在构造区域间的保形映射时，我们通常会借助这一技巧.

6.3 分式线性变换的应用举例

例 1 在分式线性变换 $\omega = \dfrac{2z-1}{z+1}$ 的情况下，求：

(1) 实轴；

(2) 上半平面 $\mathrm{Im}z > 0$(见图 6-3-1(a))；

(3) 单位圆周；

(4) 单位圆盘 $|z| < 1$ 下的像.

解 (1) 根据分式线性变换的保圆性知，$\omega = \dfrac{2z-1}{z+1}$ 把实轴映射为圆周，但因 $z = -1$ 被映射为无穷远点，根据式(6.2.3)后面的条件，故圆弧实轴被映射为一条直线. 但注意到$\omega = \dfrac{2z-1}{z+1}$ 把实数映射为实数，于是 z 平面上的实轴被映射为 ω 平面上的实轴.

(2) 上半平面 $\mathrm{Im}z > 0$ 的边界曲线为实轴，$\mathrm{Im}z > 0$ 的像的边界是 z 平面上的实轴的像曲线 ——ω 平面上的实轴，然而上半平面 $\mathrm{Im}z > 0$ 的边界曲线实轴的方向是从左到右的走向，按照从左到右的顺序依次取三点 $z = 0,1,2$，得 $\omega = -1,\dfrac{1}{2},1$. 于是 $\mathrm{Im}z > 0$ 的像的边界曲线也是从左到右，此时左侧为上半平面 $\mathrm{Im}\omega > 0$，于是上半平面 $\mathrm{Im}z > 0$ 的像为 $\mathrm{Im}\omega > 0$，如图 6-3-1(b) 所示.

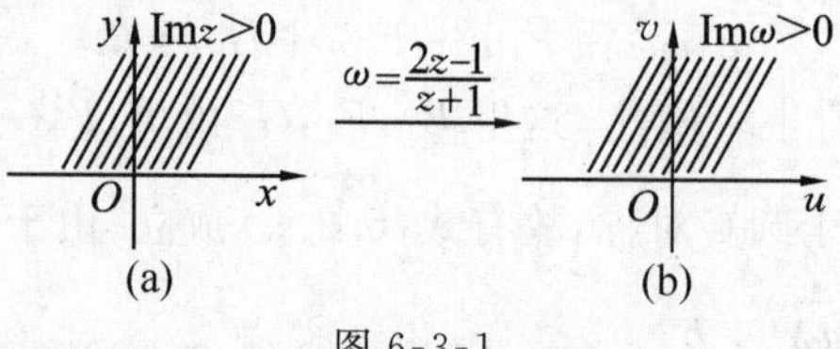

图 6-3-1

(3) 同样，根据分式线性变换的保圆性知，$\omega = \dfrac{2z-1}{z+1}$ 把单位圆周映射为圆周，如图 6-3-2(a) 所示，但因单位圆周上的点 $z = -1$ 被映射为无穷远点，故单位圆周被映射为一

条直线. 要确定该直线,可采用两种方法:① 在圆周 $|z|=1$ 上取两点 $z_1=1, z_2=\mathrm{i}$,它们分别对应为 $\omega_1=\frac{1}{2}, \omega_2=\frac{1}{2}+\frac{3}{2}\mathrm{i}$,故单位圆周被映射为一条经过 $\frac{1}{2}, \frac{1}{2}+\frac{3}{2}\mathrm{i}$ 的直线,即直线 $\omega=\frac{1}{2}$;② 单位圆周在 $z=1$ 处与实轴垂直,由保角性知,该直线是经过 $\omega=\frac{1}{2}$ 与 ω 平面上的实轴垂直的直线 $\omega=\frac{1}{2}$.

(4) 单位圆盘 $|z|<1$ 的边界曲线是圆周 $|z|=1$,我们已经知道圆周 $|z|=1$ 的像曲线是 $\omega=\frac{1}{2}$,为了确定单位圆盘 $|z|<1$ 的像,还要知道像曲线 $\omega=\frac{1}{2}$ 的方向. 由于单位圆盘 $|z|<1$ 的边界曲线是圆周 $|z|=1$,方向是逆时针方向,故按逆时针方向依次取三点 $z_1=-\mathrm{i}, z_2=1, z_3=\mathrm{i}$,它们分别对应为 $\omega_1=\frac{1}{2}-\frac{3}{2}\mathrm{i}, \omega_2=\frac{1}{2}, \omega_3=\frac{1}{2}+\frac{3}{2}\mathrm{i}$,于是 $\omega=\frac{1}{2}$ 的方向是由 $\omega_1 \to \omega_2 \to \omega_3$ 确定的. 此时左侧为区域 $\omega<\frac{1}{2}$,这样得到单位圆盘 $|z|<1$ 的像为 $\omega<\frac{1}{2}$,如图 6-3-2(b) 所示.

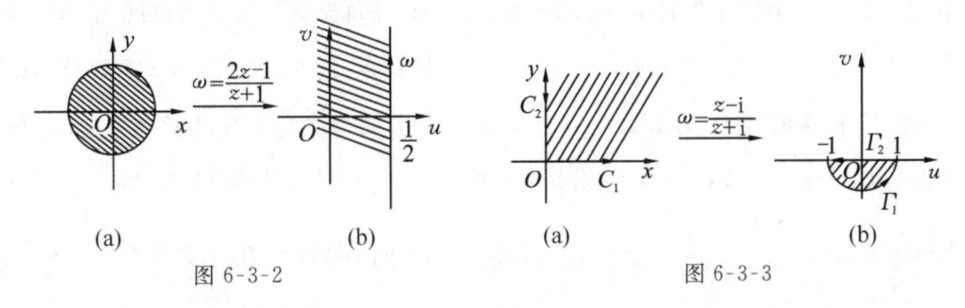

图 6-3-2　　　　图 6-3-3

例 2　求在 $\omega=\frac{z-\mathrm{i}}{z+\mathrm{i}}$ 变换下第一象限的像.

解　首先,第一象限的边界曲线 $C_1:\mathrm{Im}z=0$(方向从左至右),$C_2:\mathrm{Re}z=0$(方向从上至下) 的交点为原点与无穷远点(任何两条直线都可看成是在无穷远点处相交的),如图 6-3-3(a) 所示. 因此,这两条曲线的像曲线 Γ_1, Γ_2 的交点应为 z 平面上原点与无穷远点在分式线性变换 $\omega=\frac{z-\mathrm{i}}{z+\mathrm{i}}$ 下的像,即为 $-1, 1$.

当 $\mathrm{Re}z=0$ 时,$\omega=\frac{z-\mathrm{i}}{z+\mathrm{i}}$ 是实数,故 $C_2:\mathrm{Re}z=0$ 的像曲线 Γ_2 为实轴上的线段 $[-1,1]$,当沿 C_2 方向从无穷远点到原点时,相应地 Γ_2 上就从 1 到 -1,这就是 Γ_2 的方向.

曲线 $C_1:\mathrm{Im}z=0$ 是圆弧,根据分式线性变换的保圆性,其像曲线 Γ_1 应当为圆弧. 为确定曲线 Γ_1,我们再在曲线 $C_1:\mathrm{Im}z=0$ 上取一点 $z=1$ 的像点,即 $-\mathrm{i}$,则三点 $-1, -\mathrm{i}, 1$ 决定的圆弧 $|z|=1$ 就是曲线 Γ_1. 又当在曲线 $C_1:\mathrm{Im}z=0$ 上沿 $0 \to 1 \to \infty$ 变化时,相应地

在 Γ_1 上的方向是 $-1\to -\mathrm{i}\to 1$,即逆时针方向.

当沿 Γ_1,Γ_2 的方向绕行时,左侧区域就是下半单位圆 G: $|z|<1,\mathrm{Im}z<0$,如图6-3-3(b) 所示,此即为所求.

例 3 求在 $\omega=\dfrac{\mathrm{i}}{z}$ 变换下 $D=\{\mathrm{Re}z>0,0<\mathrm{Im}z<1\}$ 的像.

解 区域 $D=\{\mathrm{Re}z>0,0<\mathrm{Im}z<1\}$ 有三条边界曲线 $C_1:\mathrm{Im}z=1,\mathrm{Re}z\geqslant 0$;$C_2:\mathrm{Re}z=0,0\leqslant\mathrm{Im}z\leqslant 1$;$C_3:\mathrm{Im}z=0,\mathrm{Re}z\geqslant 0$,方向如图 6-3-4(a) 所示. 它们都是圆弧,于是其像曲线应当为圆弧.

(a) (b)

图 6-3-4

在曲线 $C_3:\mathrm{Im}z=0,\mathrm{Re}z\geqslant 0$ 上,$\omega=\dfrac{\mathrm{i}}{z}$ 是纯虚数,且 $\mathrm{Im}z\geqslant 0$,当 $z=0,\infty$ 时,ω 依次为 $\infty,0$,故 C_3 的像曲线 Γ_3 为 $\mathrm{Re}\omega=0,0\leqslant\mathrm{Im}\omega\leqslant\infty$,方向为从上至下,如图 6-3-4(b) 所示.

在曲线 $C_2:\mathrm{Re}z=0,0\leqslant\mathrm{Im}z\leqslant 1$ 上,$\omega=\dfrac{\mathrm{i}}{z}$ 是实数,且 $\mathrm{Re}\omega\geqslant 1$,当 $z=\mathrm{i},0$ 时,ω 依次为 $1,\infty$,故 C_2 的像曲线 Γ_2 为 $\mathrm{Im}\omega=0$ 且 $\mathrm{Re}\omega\geqslant 1$,方向为从左至右,如图 6-3-4(b) 所示.

在曲线 $C_1:\mathrm{Im}z=1,\mathrm{Re}z\geqslant 0$ 上,沿其方向取三点 $\infty,1+\mathrm{i},\mathrm{i}$,其像点依次为 $\omega=0,\dfrac{1+\mathrm{i}}{2},1$,这三点所决定的圆弧 Γ_1 为 $\left|\omega-\dfrac{1}{2}\right|=\dfrac{1}{2},\mathrm{Re}\omega\geqslant 0$,方向为顺时针方向,如图 6-3-4(b) 所示.

当沿曲线 $\Gamma_3,\Gamma_1,\Gamma_2$ 的方向绕行时,左侧区域就是在 $\omega=\dfrac{\mathrm{i}}{z}$ 变换下 $D=\{\mathrm{Re}z>0,0<\mathrm{Im}z<1\}$ 的像,即区域 $G=\left\{\omega:\mathrm{Re}\omega>0,\left|\omega-\dfrac{1}{2}\right|>\dfrac{1}{2},\mathrm{Im}\omega>0\right\}$,如图 6-3-4(b) 所示.

例 4 求在 $\omega=\dfrac{z-\mathrm{i}}{z+\mathrm{i}}$ 变换下 $D=\{z:|z-1|<\sqrt{2},|z+1|<\sqrt{2}\}$ 的像.

解 区域 $D=\{z:|z-1|<\sqrt{2},|z+1|<\sqrt{2}\}$ 的两条边界曲线为圆弧,方向如图6-3-5(a) 所示,故在 $\omega=\dfrac{z-\mathrm{i}}{z+\mathrm{i}}$ 变换下它们被映射成圆弧. 注意到 D 的两条边界曲线 C_1,C_2 的交点 $-\mathrm{i}$ 被映射为无穷远点,故两边界曲线被映射成了直线,又交点 i 被映射为原点,于是两边界曲线被映射成了过原点的射线.

又两边界曲线 C_1,C_2 在交点 i 处互相正交,由保角性知,这两条射线正交,从而区域 D 被映射成了以原点为顶点的角形区域,顶角为 $\dfrac{\pi}{2}$.

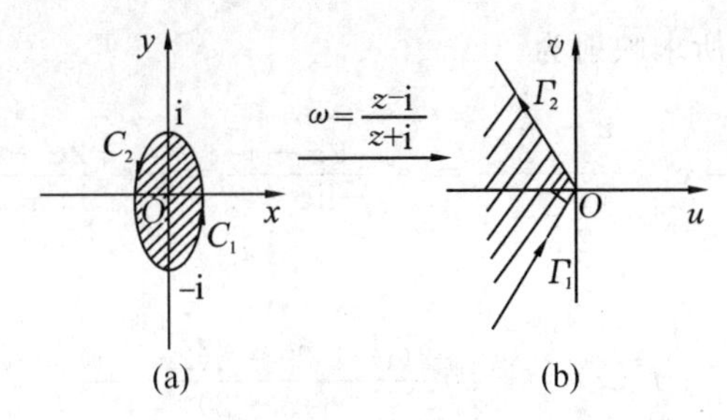

图 6-3-5

为了确定角形区域的位置，在 C_1 上取点$\sqrt{2}-1$，它的像为

$$\omega=\frac{\sqrt{2}-1-\mathrm{i}}{\sqrt{2}-1+\mathrm{i}}=\frac{1-\sqrt{2}+\mathrm{i}(1-\sqrt{2})}{2-\sqrt{2}},$$

其辐角为 $\arg\omega=-\frac{3\pi}{4}$，这一点在第三象限的分角线 Γ_1 上.

同理可知，C_2 被映射为第二象限的分角线 Γ_2，从而得映射后的角形区域，如图 6-3-5(b)所示.

例 5　求一个映射将区域 $D_z=\{z:|z|<1,\mathrm{Im}z>0\}$ 映射为区域 $D_\omega=\{\omega:|\omega|<1\}$.

解　由于区域 D_z 映射为区域 D_ω 的边界曲线均为圆弧，所以可选择分式线性变换

$$\omega=\frac{az+b}{cz+d}\quad(ad-bc\neq 0).$$

根据边界对应原理知，应使 $|z|=1$ 对应 $|\omega|=1$，且 D_z 内必有一点 $z=\alpha\ (|\alpha|<1)$ 映射为 $\omega=0$，显然这样的映射不唯一，不妨设 $a\neq 0$.

根据分式线性变换的保对称性原理知，$z=\alpha$ 是关于圆 $|z|=1$ 的对称点 $z=\frac{1}{\bar{\alpha}}$，应该映射为 $\omega=0$ 关于圆 $|\omega|=1$ 的对称点 ∞，于是所求映射具有形式：

$$\omega=\frac{a(z-a)}{c\left(z-\frac{1}{\bar{\alpha}}\right)}=\frac{\bar{\alpha}a}{c}\cdot\frac{z-a}{\bar{\alpha}z-1}=k\,\frac{z-a}{\bar{\alpha}z-1},$$

其中 $k=\frac{\bar{\alpha}a}{c}$ 为常数.

由于 $|z|=1$ 对应 $|\omega|=1$，因而点 $z=1$ 必对应 $|\omega|=1$ 上的某一点，于是

$$1=\left|k\,\frac{1-\alpha}{\bar{\alpha}-1}\right|=|k|,$$

因此可令 $k=\mathrm{e}^{\mathrm{i}\theta}$（$\theta$ 为常数），故得所求映射为

$$\omega=\mathrm{e}^{\mathrm{i}\theta}\,\frac{z-a}{\bar{\alpha}z-1}\quad(0<|\alpha|<1).$$

例 6　求一个将单位圆映射为单位圆的分式线性变换 $\omega=f(z)$ 使 $f\left(\frac{\mathrm{i}}{2}\right)=0$，$\arg f'\left(\frac{\mathrm{i}}{2}\right)=\frac{\pi}{2}$.

解 根据例 5 可设所求映射为

$$\omega = e^{i\theta} \frac{z - \frac{i}{2}}{-\frac{i}{2}z - 1} = e^{i\theta} \frac{2z - i}{-iz - 2} = -e^{i\theta} \frac{2z - i}{iz + 2}.$$

因为

$$f'(z) = -e^{i\theta} \frac{2(iz+2) - i(2z - i)}{(iz+2)^2}$$

$$= -e^{i\theta} \frac{3}{(iz+2)^2},$$

所以

$$f'\left(\frac{i}{2}\right) = -e^{i\theta} \frac{3}{\left(-\frac{1}{2}+2\right)^2} = \frac{4}{3}(-e^{i\theta}) = e^{i(\theta+\pi)}.$$

于是由

$$\arg f'\left(\frac{i}{2}\right) = \theta + \pi = \frac{\pi}{2},$$

得 $\theta = -\frac{\pi}{2}$，$e^{i\theta} = -i$. 因此所求映射为

$$\omega = i\frac{2z - i}{iz + 2} = \frac{2z - i}{z - 2i}.$$

例 7 求一个映射将区域 $D = \{z: |z| < 1, \mathrm{Im}z > 0\}$ 映射为第一象限.

解 z 平面上的区域 $D = \{z: |z| < 1, \mathrm{Im}z > 0\}$ 的边界曲线为圆弧，ω 平面上第一象限的边界曲线也为圆弧，如图 6-3-6(a) 所示. 根据边界对应原理及分式线性变换的保圆性，可设这个映射为分式线性变换. 注意到圆周 $C_2: |z| = 1$ 及直线 $C_1: \mathrm{Im}z = 0$ 映射成直线，根据式(6.2.11)，则这个分式线性变换为 $\omega = k\frac{z - z_1}{z - z_2}$. 其中 z_1, z_2 既在圆周 C_2 上，又在直线 C_1 上，因此 z_1, z_2 只能是两曲线的交点 $-1, 1$. 其中 z_1 映射成原点，z_2 映射为无穷远点.

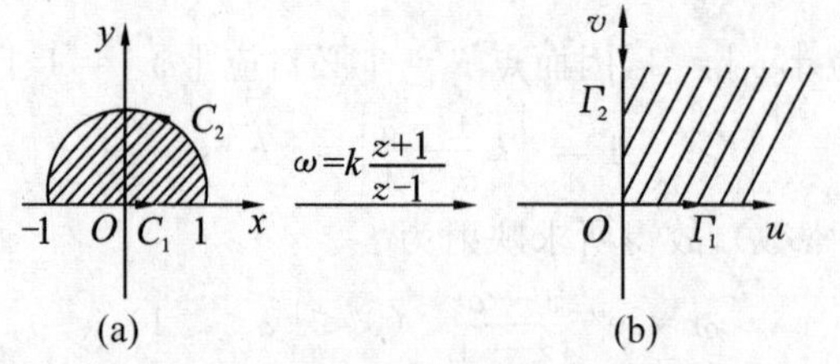

图 6-3-6

(1) 当 $z_1 = -1$ 时，$z_2 = 1$，$\omega = k\frac{z+1}{z-1}$. 注意到曲线 C_1 的方向是由 -1 到 1，则 C_1 的像曲线的方向为从原点 $\omega = 0$ 到 $\omega = \infty$ 的方向，在 Γ_1, Γ_2 的方向中只有 Γ_1 是这个方向的，

如图 6-3-6(b) 所示，于是 C_1 的像曲线应当为 Γ_1，此时 k 必须为实数. 再结合曲线的方向需要 $k<0$，即 $\omega = k\dfrac{z+1}{z-1}$，其中 $k<0$，可以验证此时将曲线 C_2 映射为 Γ_2，于是把区域 $D=\{z:|z|<1,\mathrm{Im}z>0\}$ 映射为第一象限.

(2) 当 $z_1=1$ 时，$z_2=-1$，此时 C_1 的像曲线的方向为从 ∞ 到原点，在 Γ_1，Γ_2 的方向中只有 Γ_2 是这个方向，如图 6-3-6(b) 所示，于是 C_1 的像曲线应当为 Γ_2，此时 k 必须为纯虚数，设为 $k=\mathrm{i}b$，然而因 $\omega=\mathrm{i}b\dfrac{z-1}{z+1}$，故不能将 C_2 映射成 Γ_1.

综上所述，所求映射为 $\omega = k\dfrac{z+1}{z-1}$，其中 $k<0$.

例 8　求一个把上半平面 $\mathrm{Im}z>0$ 映射为 $|\omega|<1$ 的映射.

解　由于两个区域的边界都是圆弧，于是可考虑分式线性变换，设为

$$\omega=\frac{az+b}{cz+d}\quad (ad-bc\neq 0).$$

为了把上半平面 $\mathrm{Im}z>0$ 映射为 $|\omega|<1$，必须是 $\mathrm{Im}z=0$ 映射为 $|\omega|=1$. 因此，上半平面内必有一点 $z=\alpha$ 映射成为 $|\omega|=1$ 的中心 $\omega=0$. 根据分式线性变换的保对称性知，$z=\alpha$ 关于圆周实轴的对称点 $z=\bar{\alpha}$ 的像就是 $\omega=0$ 关于 $|\omega|=1$ 的对称点 $\omega=\infty$，由此得到

$$a\alpha+b=0,\quad c\bar{\alpha}+d=0,$$

于是 $b=-a\alpha$，$d=-\bar{\alpha}c$，从而有

$$\omega=\frac{az-a\alpha}{cz-\bar{\alpha}c}=\frac{a}{c}\cdot\frac{z-\alpha}{z-\bar{\alpha}}.$$

因为边界 $\mathrm{Im}z=0$ 上的点 $z=0$ 要对应 $|\omega|=1$ 上的某点，所以

$$1=\left|\frac{a-\alpha}{c-\bar{\alpha}}\right|=\left|\frac{a}{c}\right|,$$

于是可令 $\dfrac{a}{c}=\mathrm{e}^{\mathrm{i}\theta}\ (-\pi\leqslant\theta\leqslant\pi)$，故所求的分式线性变换为

$$\omega=\mathrm{e}^{\mathrm{i}\theta}\frac{z-\alpha}{z-\bar{\alpha}},\quad \mathrm{Im}\alpha>0,\quad -\pi<\theta\leqslant\pi.$$

6.4　几个初等函数的映射

6.4.1　指数函数 $\omega=\mathrm{e}^z$

对于指数函数 $\omega=\mathrm{e}^z$，由于 $\dfrac{\mathrm{d}\omega}{\mathrm{d}z}=\mathrm{e}^z\neq 0$，因此由指数函数 $\omega=\mathrm{e}^z$ 所确定的映射，在复平面内是处处保角的，但 $\omega=\mathrm{e}^z$ 是以 $2\pi\mathrm{i}$ 为周期的函数，故在整个平面上不是双方单值映射. 由于周期性，故只需考虑它在带形区域 $D=\{z:0<\mathrm{Im}z<2\pi\}$ 内的映射性质就可以了. 为此，设 $z=x+\mathrm{i}y(0<y<2\pi)$，$\omega=\rho\mathrm{e}^{\mathrm{i}\varphi}$，则有 $\rho\mathrm{e}^{\mathrm{i}\varphi}=\mathrm{e}^x\cdot\mathrm{e}^{\mathrm{i}y}$，即 $\rho=\mathrm{e}^x$，$\varphi=y$.

因此，在映射 $\omega = e^z$ 下，z 平面上的直线 $y = y_0$ 被映射成 ω 平面上的射线 $\varphi = y_0$，如图 6-4-1(a) 所示.

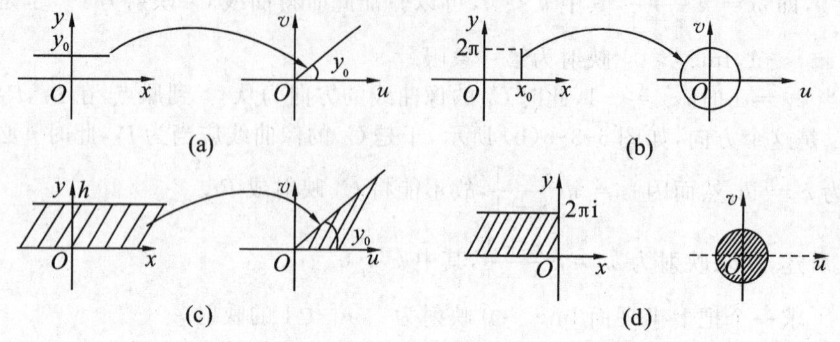

图 6-4-1

z 平面上的线段 $x = x_0(0 < y < 2\pi)$ 被映射成 ω 平面上的圆周 $|\omega| = e^{x_0}$，去掉 $\omega = e^{x_0}$ 这一点，这是因为 $0 < y < 2\pi$，如图 6-4-1(b) 所示.

当直线 $y = y_0$ 从 x 轴(即 $y = 0$) 连续平行移动到直线 $y = h(0 \leqslant h \leqslant 2\pi)$ 时，对应的射线 $\arg\omega = y_0$ 由正实轴开始连续扫过一角形区域 $0 < \arg\omega < h$，如图 6-4-1(c) 所示. 也就是说，$\omega = e^z$ 将带形区域 $0 < \mathrm{Im}z < h$ 映射成 ω 平面上的角形区域 $0 < \arg\omega < h$. 特别地，将带形区域 $0 < \mathrm{Im}z < 2\pi$ 映射成被剪掉正实轴的 ω 平面.

将半带形区域 $0 < \mathrm{Im}z < 2\pi, -\infty < \mathrm{Re}z < 0$ 映射成被剪掉正实轴的单位圆的内部(因为此时 $|\omega| = e^x < 1$)，如图 6-4-1(d) 所示；将半带形区域 $0 < \mathrm{Im}z < 2\pi, 0 < \mathrm{Re}z < +\infty$ 映射成被剪掉正实轴的单位圆的外部(因为此时 $|\omega| = e^x > 1$).

例 1　试求将带形区域 $0 < \mathrm{Im}z < \pi$ 保形映射为 $|\omega| < 1$ 的映射.

解　指数函数 $\xi = e^z$ 将带形区域 $0 < \mathrm{Im}z < \pi$ 映射为上半平面 $\mathrm{Im}\xi > 0$. 下面寻找一个将上半平面 $\mathrm{Im}\xi > 0$ 映射为 $|\omega| < 1$ 的保形映射. 由于这两个区域的边界都是圆弧，根据6.3 节中例 8 知，可考虑分式线性变换 $\omega = \dfrac{\xi - i}{\xi + i}$，复合这两个映射，即得 $\omega = \dfrac{e^z - i}{e^z + i}$，如图 6-4-2 所示.

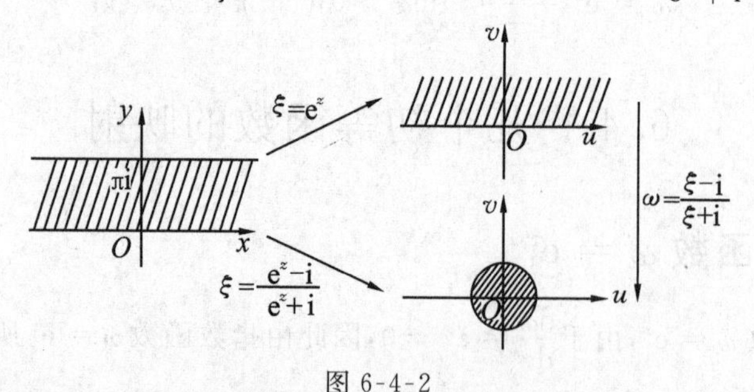

图 6-4-2

6.4.2　幂函数 $\omega = z^n(n > 1)$

幂函数 $\omega = z^n(n > 1)$ 在平面 z 上处处解析，且除去原点外导数不为零，然而它不是

双方单值映射.确切地说,z_1 和 z_2 在 $\omega = z^n$ 映射下映射为同一点,当且仅当

$$z_1 = e^{i\frac{2k\pi}{n}} z_2 \quad (k = 0,1,\cdots,n-1).$$

进而$\omega = z^n$ 在任何包含有这样的关系的两点的区域上不是双方单值映射.反之,从原点出发辐角不超过$\frac{2\pi}{n}$的角形区域内部就是$\omega = z^n$ 的保形区域,即形如

$$D = \left\{z:\alpha < \arg z < \alpha + \frac{2\pi}{n}\right\}$$

的区域.下面仅考虑角形区域

$$D = \left\{z:0 < \arg z < \frac{2\pi}{n}\right\},$$

为此,令 $\omega = \rho e^{i\varphi}, z = e^{i\varphi}\left(0 < \theta < \frac{2\pi}{n}\right)$,那么由 $\omega = z^n$ 得$\rho = r^n, \varphi = n\theta$.由此可见,在$\omega = z^n$ 映射下,z 平面上的圆弧 $|z| = r \left(0 < \arg z < \frac{2\pi}{n}\right)$被映射成为$\omega$ 平面上的圆弧 $|\omega| = r^n$ $(0 < \arg z < 2\pi)$, 即去掉 $\omega = r^n$ 的圆周 $|\omega| = r^n$, 而射线 $\theta = \theta_0$ $\left(0 < \theta_0 < \frac{2\pi}{n}\right)$被映射成为$\omega$平面上的射线$\varphi = n\theta$.于是当射线$\theta = \theta_0$绕过原点扫过角形区域 $0 < \arg z < \beta < \frac{2\pi}{n}$ 时,射线 $\varphi = n\theta$ 扫过 $0 < \arg\omega < n\beta < 2\pi$ 这个角形区域,即把角形区域 $0 < \arg z < \beta < \frac{2\pi}{n}$ 映射为角形区域 $0 < \arg\omega < n\beta < 2\pi$,如图 6-4-3(a) 所示.

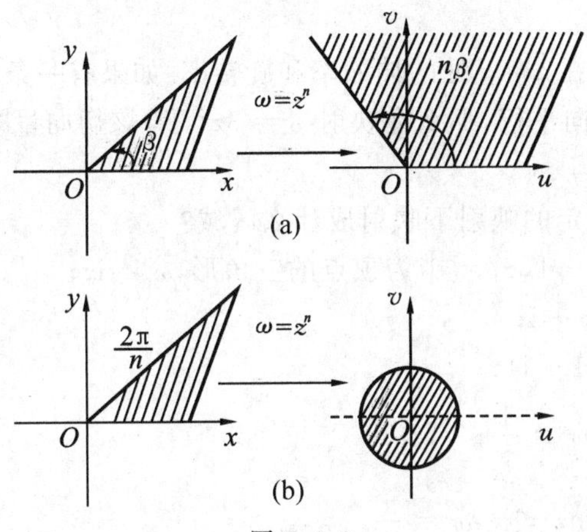

图 6-4-3

特别地,把角形区域 $0 < \arg z < \frac{2\pi}{n}$ 映射为角形区域 $0 < \arg\omega < 2\pi$,即剪掉了正实轴的ω平面,如图 6-4-3(b) 所示.

例 2　试求将角形区域 $0 < \arg z < \frac{\pi}{4}$ 保形映射为 $|\omega| < 1$ 的映射.

解 由于在 $\omega = z^4$ 映射下，角形区域 $0 < \arg z < \dfrac{\pi}{4}$ 被保形映射为上半平面 $\mathrm{Im}\xi > 0$，又由于分式线性变换 $\omega = \dfrac{\xi - \mathrm{i}}{\xi + \mathrm{i}}$ 把上半平面 $\mathrm{Im}\xi > 0$ 保形映射为 $|\omega| < 1$，于是

$$\omega = \frac{z^4 - \mathrm{i}}{z^4 + \mathrm{i}}$$

将角形区域 $0 < \arg z < \dfrac{\pi}{4}$ 保形映射为 $|\omega| < 1$，如图 6-4-4 所示.

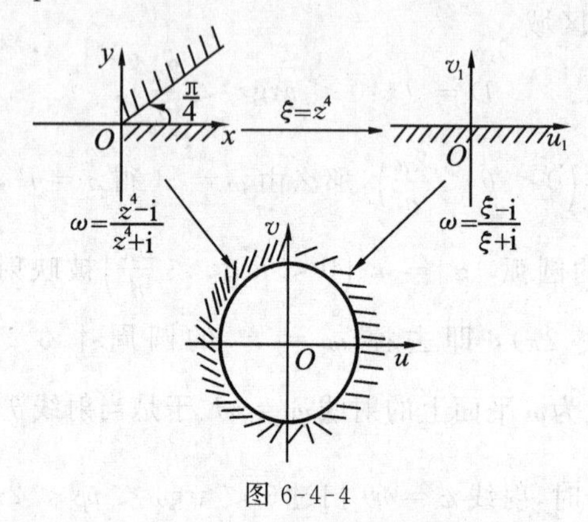

图 6-4-4

习 题 6

1. 求函数 $\omega = 3z^2$ 在 $z = \mathrm{i}$ 处的伸缩率和旋转率. 如果有一条曲线 C，其经过点 $z = \mathrm{i}$ 处的切线方向与实轴正向平行，那么在映射 $\omega = 3z^2$ 下，该切向量被映射成 ω 平面上的哪个方向？

2. 求下列区域在指定的映射下映射成什么区域？

(1) 以 $z_1 = \mathrm{i}, z_2 = -1, z_3 = 1$ 为顶点的三角形，$\omega = \mathrm{i}z$；

(2) $\mathrm{Re}z > 0, \omega = \mathrm{i}z + \mathrm{i}$；

(3) $\mathrm{Im}z > 0, \omega = (1 + \mathrm{i})z$；

(4) $0 < \mathrm{Im}z < \dfrac{1}{2}, \omega = \dfrac{1}{z}$；

(5) $\mathrm{Re}z > 0, 0 < \mathrm{Im}z < 1, \omega = \dfrac{\mathrm{i}}{z}$.

3. 求出把 $\mathrm{Re}z > 0$ 映射为 $|\omega| < 1$ 的分式线性变换.

4. 求出把上半平面 $\mathrm{Im}z > 0$ 映射成单位圆 $|\omega| = 1$ 的分式线性变换，使满足条件：

(1) 把实轴上的点 $-1, 0, 1$ 分别映射成圆周 $|\omega| = 1$ 上的点 $1, \mathrm{i}, -1$；

(2) $f(\mathrm{i}) = 0, f(-1) = 1$；

(3) $f(\mathrm{i})=0, \arg f'(\mathrm{i})=0$；

(4) $f(2\mathrm{i})=0, f'(2\mathrm{i})>0$.

5. 求出满足下面所给条件，且把单位圆 $|z|<1$ 映射为单位圆 $|\omega|<1$ 的分式线性变换 $\omega=f(z)$.

(1) $f\left(\frac{1}{2}\right)=0, f(1)=-1$；

(2) $f\left(\frac{1}{2}\right)=0, \arg f'\left(\frac{1}{2}\right)=\frac{\pi}{2}$；

(3) $f(0)=0, \arg f'(0)=-\frac{\pi}{2}$.

6. 求出将角形区域 $0<\arg z<\frac{\pi}{3}$ 映射为单位圆 $|\omega|<1$ 的一个保形映射.

第 7 章　傅里叶变换

在自然科学和工程实际应用中，人们在处理一些复杂问题时，常常采用变换的方法将问题进行转换，其目的是将复杂的运算转化为较简单的运算或使问题的性质变得更清楚，这种变换往往用于对原问题的刻画.例如所谓的信号，往往是时间和空间变量的函数，信号处理在数学上就是一种变换，通过变换把有噪声干扰的信号变为无噪声的且被人们所需要的信号.本章所介绍的傅里叶变换就是一种最基本的信号处理方法，它可用于频谱分析和滤波处理等，因此有人说傅里叶变换是数字时代的核心.

7.1　傅里叶变换的概念

7.1.1　傅里叶积分定理

定理 7.1.1　设函数 $f_T(t)$ 是以 T 为周期的函数，并且在区间 $\left[-\frac{T}{2},\frac{T}{2}\right]$ 上满足狄利克雷(Dirichlet) 条件：

(1) $f_T(t)$ 在 $\left[-\frac{T}{2},\frac{T}{2}\right]$ 上连续或只有有限个第一类间断点；

(2) $f_T(t)$ 在 $\left[-\frac{T}{2},\frac{T}{2}\right]$ 上只有有限个极值点，

则函数在 $f_T(t)$ 的连续点处有

$$f_T(t)=\frac{a_0}{2}+\sum_{n=1}^{+\infty}(a_n\cos n\omega t+b_n\sin n\omega t), \tag{7.1.1}$$

其中

$$\omega=\frac{2\pi}{T},$$

$$a_n=\frac{2}{T}\int_{-T/2}^{T/2}f_T(t)\cos n\omega t\,\mathrm{d}t\quad(n=0,1,2,\cdots),$$

$$b_n=\frac{2}{T}\int_{-T/2}^{T/2}f_T(t)\sin n\omega t\,\mathrm{d}t\quad(n=1,2,\cdots).$$

在间断点 t_0 处，式(7.1.1) 的左端为 $\frac{1}{2}[f_T(t_0+0)+f_T(t_0-0)]$.

为了今后的方便，下面把傅里叶级数的三角式转化为复指数形式.由欧拉(Euler) 公

式(本章用 j 表示虚数 i) 得

$$\cos\theta = \frac{e^{j\theta}+e^{-j\theta}}{2},\quad \sin\theta = \frac{e^{j\theta}-e^{-j\theta}}{2j} = -j\,\frac{e^{j\theta}-e^{-j\theta}}{2}.$$

此时式(7.1.1) 可写为

$$\begin{aligned} f_T(t) &= \frac{a_0}{2} + \sum_{n=1}^{+\infty}\left(a_n\frac{e^{jn\omega t}+e^{-jn\omega t}}{2} + b_n\frac{e^{jn\omega t}-e^{-jn\omega t}}{2j}\right) \\ &= \frac{a_0}{2} + \sum_{n=1}^{+\infty}\left(\frac{a_n-jb_n}{2}e^{jn\omega t} + \frac{a_n+jb_n}{2}e^{-jn\omega t}\right). \end{aligned}$$

如果令

$$\begin{aligned} c_0 &= \frac{a_0}{2} = \frac{1}{T}\int_{-T/2}^{T/2} f_T(t)\,dt, \\ c_n &= \frac{a_n-jb_n}{2} = \frac{1}{T}\left[\int_{-\frac{T}{2}}^{\frac{T}{2}} f_T(t)\cos n\omega t\,dt - j\int_{-\frac{T}{2}}^{\frac{T}{2}} f_T(t)\sin n\omega t\,dt\right] \\ &= \frac{1}{T}\int_{-\frac{T}{2}}^{\frac{T}{2}} f_T(t)(\cos n\omega t - j\sin n\omega t)\,dt \\ &= \frac{1}{T}\int_{-\frac{T}{2}}^{\frac{T}{2}} f_T(t)e^{-jn\omega t}\,dt \quad (n=1,2,\cdots), \\ c_{-n} &= \frac{a_n+jb_n}{2} = \frac{1}{T}\int_{-\frac{T}{2}}^{\frac{T}{2}} f_T(t)e^{-jn\omega t}\,dt \quad (n=1,2,\cdots), \end{aligned}$$

将它们合写成一个式子,可表示为

$$c_n = \frac{1}{T}\int_{-\frac{T}{2}}^{\frac{T}{2}} f_T(t)e^{-jn\omega t}\,dt \quad (n=0,\pm1,\pm2,\cdots).$$

若令 $\omega_n = n\omega \quad (n=0,\pm1,\pm2,\cdots)$,则式(7.1.1) 可表示为

$$f_T(t) = c_0 + \sum_{n=1}^{+\infty}(c_n e^{j\omega_n t} + c_{-n}e^{-j\omega_n t}) = \sum_{n=-\infty}^{+\infty} c_n e^{j\omega_n t},$$

或者表示为

$$f_T(t) = \frac{1}{T}\sum_{n=-\infty}^{+\infty}\left[\int_{-\frac{T}{2}}^{\frac{T}{2}} f_T(\tau)e^{-j\omega_n\tau}\,d\tau\right]e^{j\omega_n t}, \tag{7.1.2}$$

这就是傅里叶级数的复指数形式.

我们自然要问一个非周期函数有没有类似的表达式?一般来说,任何一个非周期函数 $f(t)$ 总可以看成是由某个周期函数 $f_T(t)$(当周期 $T\to+\infty$ 时) 转化而来的.

为了说明这一点,作周期为 T 的周期函数 $f_T(t)$,使其在 $\left[-\frac{T}{2},\frac{T}{2}\right]$ 之内等于 $f(t)$,而在 $\left[-\frac{T}{2},\frac{T}{2}\right]$ 之外按周期为 T 的函数 $f_T(t)$ 延拓出去:

$$f_T(t)=\begin{cases}f(t), & t\in\left[-\frac{T}{2},\frac{T}{2}\right],\\ f(t+T), & t\notin\left[-\frac{T}{2},\frac{T}{2}\right].\end{cases}$$

若 T 越大,则 $f_T(t)$ 与 $f(t)$ 相等的范围也越大,即有

$$f(t)=\lim_{T\to+\infty}f_T(t).$$

这样,在式(7.1.2)中令 $T\to+\infty$,其结果就可以看成 $f(t)$ 的展开式,即

$$f(t)=\lim_{T\to+\infty}\frac{1}{T}\sum_{n=-\infty}^{+\infty}\left[\int_{-\frac{T}{2}}^{\frac{T}{2}}f_T(\tau)\mathrm{e}^{-\mathrm{j}\omega_n\tau}\mathrm{d}\tau\right]\mathrm{e}^{\mathrm{j}\omega_n t}.$$

当 n 取一切整数时,ω_n 所对应的点便均匀地分布在整个实数轴上,若两个相邻的点的距离用 $\Delta\omega$ 表示,即

$$\Delta\omega_n=\omega_n-\omega_{n-1}=\frac{2\pi}{T},$$

则当 $T\to+\infty$ 时,有 $\Delta\omega_n\to0$,所以上式又可以写成

$$f(t)=\lim_{\Delta\omega_n\to0}\frac{1}{2\pi}\sum_{n=-\infty}^{+\infty}\left[\int_{-\frac{T}{2}}^{\frac{T}{2}}f_T(\tau)\mathrm{e}^{-\mathrm{j}\omega_n\tau}\mathrm{d}\tau\right]\mathrm{e}^{\mathrm{j}\omega_n t}\Delta\omega_n. \tag{7.1.3}$$

若记

$$\Phi_T(\omega_n)=\left[\int_{-\frac{T}{2}}^{\frac{T}{2}}f_T(\tau)\mathrm{e}^{-\mathrm{j}\omega_n\tau}\mathrm{d}\tau\right]\mathrm{e}^{\mathrm{j}\omega_n t},$$

则式(7.1.3)可写成

$$f(t)=\lim_{\Delta\omega_n\to0}\frac{1}{2\pi}\sum_{n=-\infty}^{+\infty}\Phi_T(\omega_n)\Delta\omega_n.$$

可以看出,当 $\Delta\omega_n\to0$,即 $T\to+\infty$ 时,形式上有 $\Phi_T(\omega_n)\to\Phi(\omega_n)$,这里

$$\Phi(\omega_n)=\left[\int_{-\infty}^{+\infty}f(\tau)\mathrm{e}^{-\mathrm{j}\omega_n\tau}\mathrm{d}\tau\right]\mathrm{e}^{\mathrm{j}\omega_n t},$$

从而 $f(t)$ 可以看作是 $\Phi(\omega_n)$ 在$(-\infty,+\infty)$上的积分

$$f(t)=\int_{-\infty}^{+\infty}\Phi(\omega_n)\mathrm{d}\omega_n,$$

即

$$f(t)=\frac{1}{2\pi}\int_{-\infty}^{+\infty}\left[\int_{-\infty}^{+\infty}f(\tau)\mathrm{e}^{-\mathrm{j}\omega\tau}\mathrm{d}\tau\right]\mathrm{e}^{\mathrm{j}\omega t}\mathrm{d}\omega. \tag{7.1.4}$$

这个公式称为函数 $f(t)$ 的**傅里叶积分公式**(简称**傅氏积分公式**).

应该指出的是,上面的推导是形式上的,并不严格,至于一个非周期函数 $f(t)$ 在什么条件下,可以用傅氏积分公式来表示,可以运用下面的定理.

定理 7.1.2(傅里叶积分定理) 若函数 $f(t)$ 在$(-\infty,+\infty)$上满足下列条件:

(1) 在任意有限区间上满足狄利克雷条件;

(2) 在无限区间$(-\infty,+\infty)$上绝对可积$\left(\int_{-\infty}^{+\infty}|f(t)|\mathrm{d}t<+\infty\right)$，
则有

$$f(t)=\frac{1}{2\pi}\int_{-\infty}^{+\infty}\left[\int_{-\infty}^{+\infty}f(\tau)\mathrm{e}^{-\mathrm{j}\omega\tau}\mathrm{d}\tau\right]\mathrm{e}^{\mathrm{j}\omega t}\mathrm{d}\omega \tag{7.1.5}$$

成立，而式(7.1.5)的$f(t)$在它的间断点t处，应该用$\frac{1}{2}[f(t+0)+f(t-0)]$代替.

此定理的证明从略，感兴趣的读者可参考相关资料. 同时，式(7.1.5)也称为傅里叶积分的复指数形式. 利用欧拉公式，可将它转化为三角函数形式.

$$\begin{aligned}f(t)&=\frac{1}{2\pi}\int_{-\infty}^{+\infty}\left[\int_{-\infty}^{+\infty}f(\tau)\mathrm{e}^{-\mathrm{j}\omega\tau}\mathrm{d}\tau\right]\mathrm{e}^{\mathrm{j}\omega t}\mathrm{d}\omega\\&=\frac{1}{2\pi}\int_{-\infty}^{+\infty}\left[\int_{-\infty}^{+\infty}f(\tau)\mathrm{e}^{-\mathrm{j}\omega(\tau-t)}\mathrm{d}\tau\right]\mathrm{d}\omega\\&=\frac{1}{2\pi}\int_{-\infty}^{+\infty}\left[\int_{-\infty}^{+\infty}f(\tau)\left[\cos\omega(t-\tau)+\mathrm{j}\sin\omega(t-\tau)\right]\mathrm{d}\tau\right]\mathrm{d}\omega,\end{aligned}$$

考虑到$\int_{-\infty}^{+\infty}f(\tau)\sin\omega(t-\tau)\mathrm{d}\tau$与$\int_{-\infty}^{+\infty}f(\tau)\cos\omega(t-\tau)\mathrm{d}\tau$分别是$\omega$的奇、偶函数，得

$$f(t)=\frac{1}{\pi}\int_{0}^{+\infty}\left[\int_{-\infty}^{+\infty}f(\tau)\cos\omega(t-\tau)\mathrm{d}\tau\right]\mathrm{d}\omega. \tag{7.1.6}$$

式(7.1.6)称为$f(t)$的**傅里叶积分公式的三角表达式**.

7.1.2 傅里叶变换的概念

定义 7.1.1 若函数$f(t)$满足傅氏积分定理的条件，从式(7.1.5)出发，令

$$F(\omega)=\int_{-\infty}^{+\infty}f(t)\mathrm{e}^{-\mathrm{j}\omega t}\mathrm{d}t, \tag{7.1.7}$$

则有

$$f(t)=\frac{1}{2\pi}\int_{-\infty}^{+\infty}F(\omega)\mathrm{e}^{\mathrm{j}\omega t}\mathrm{d}\omega. \tag{7.1.8}$$

我们称$F(\omega)$为函数$f(t)$的**傅里叶变换**，并称式(7.1.7)为$f(t)$的**傅里叶变换式**，记为$F(\omega)=\mathscr{F}[f(t)]$；称式(7.1.8)为$F(\omega)$的**傅里叶逆变换式**，记为$f(t)=\mathscr{F}^{-1}[F(\omega)]$；称$F(\omega)$为$f(t)$的**像函数**；$f(t)$为$F(\omega)$的**像原函数**.

利用积分的性质，不难得到如下结论.

(1) 当$f(t)$是偶函数时，

$$F(\omega)=2\int_{0}^{+\infty}f(t)\cos\omega t\,\mathrm{d}t;$$

(2) 当$f(t)$是奇函数时，

$$F(\omega)=-2\mathrm{j}\int_{0}^{+\infty}f(t)\sin\omega t\,\mathrm{d}t.$$

在利用式(7.1.7)与式(7.1.8)进行计算时,除了考虑被积函数的奇偶性外,当被积函数含有三角函数时,常用欧拉公式把三角函数表示成指数函数,这样计算起来会容易些.同时,还要注意如下结论:

$$\lim_{t\to-\infty} \mathrm{e}^{zt} = 0\ (\mathrm{Re}z > 0),\qquad \lim_{t\to+\infty} \mathrm{e}^{zt} = 0\ (\mathrm{Re}z < 0).$$

例 1 求函数 $f(t)=\begin{cases}1, & |t|\leqslant 1,\\ 0, & |t|>1\end{cases}$ 的傅里叶变换,并求 $f(t)$ 的傅里叶积分表达式.

解 显然函数 $f(t)$ 满足傅里叶积分定理的条件,且 $f(t)$ 为偶函数,则

$$F(\omega) = 2\int_0^{+\infty} f(t)\cos\omega t\,\mathrm{d}t = 2\int_0^1 \cos\omega t\,\mathrm{d}t = \frac{2\sin\omega}{\omega},$$

上式中 $\omega\neq 0$. 当 $\omega = 0$ 时,$F(\omega)=2$.
它是 ω 的偶函数,于是

$$\begin{aligned} f(t) &= \mathscr{F}^{-1}[F(\omega)] \\ &= \frac{1}{2\pi}\int_{-\infty}^{+\infty} \frac{2\sin\omega}{\omega}\mathrm{e}^{\mathrm{j}\omega t}\,\mathrm{d}\omega \\ &= \frac{2}{\pi}\int_0^{+\infty} \frac{\sin\omega\cos\omega t}{\omega}\mathrm{d}\omega. \end{aligned}$$

考虑到 $t=\pm 1$ 是 $f(t)$ 的第一类间断点,在这两点处有 $\dfrac{f(t+0)+f(t-0)}{2}=\dfrac{1}{2}$,于是,有积分公式

$$\int_0^{+\infty} \frac{\sin\omega\cos\omega t}{\omega}\mathrm{d}\omega = \begin{cases} \dfrac{\pi}{2}, & |t|<1, \\ \dfrac{\pi}{4}, & |t|=1, \\ 0, & |t|>1. \end{cases}$$

特别地,令 $t=0$,则有

$$\int_0^{+\infty} \frac{\sin\omega}{\omega}\mathrm{d}\omega = \frac{\pi}{2}.$$

例 2 求指数衰减函数 $f(t)=\begin{cases}0, & t<0,\\ \mathrm{e}^{-\beta t}, & t\geqslant 0\end{cases}$ 的傅里叶变换,并求 $f(t)$ 的傅里叶积分表达式.

解 由傅里叶变换的定义

$$\begin{aligned} F(\omega) &= \int_{-\infty}^{+\infty} f(t)\mathrm{e}^{-\mathrm{j}\omega t}\,\mathrm{d}t = \int_0^{+\infty} \mathrm{e}^{-\beta t}\mathrm{e}^{-\mathrm{j}\omega t}\,\mathrm{d}t \\ &= \int_0^{+\infty} \mathrm{e}^{-(\beta+\mathrm{j}\omega)t}\,\mathrm{d}t \\ &= \frac{1}{\beta+\mathrm{j}\omega} = \frac{\beta-\mathrm{j}\omega}{\beta^2+\omega^2}, \end{aligned}$$

其傅里叶积分表达式

$$\begin{aligned}
f(t) &= \mathscr{F}^{-1}[F(\omega)] = \frac{1}{2\pi}\int_{-\infty}^{+\infty} \frac{\beta - \mathrm{j}\omega}{\beta^2+\omega^2}\mathrm{e}^{\mathrm{j}\omega t}\mathrm{d}\omega \\
&= \frac{1}{2\pi}\int_{-\infty}^{+\infty} \frac{\beta - \mathrm{j}\omega}{\beta^2+\omega^2}(\cos\omega t + \mathrm{j}\sin\omega t)\mathrm{d}\omega \\
&= \frac{1}{2\pi}\int_{-\infty}^{+\infty} \frac{(\beta\cos\omega t + \omega\sin\omega t) + \mathrm{j}(\beta\sin\omega t - \omega\cos\omega t)}{\beta^2+\omega^2}\mathrm{d}\omega \\
&= \frac{1}{\pi}\int_{0}^{+\infty} \frac{\beta\cos\omega t + \omega\sin\omega t}{\beta^2+\omega^2}\mathrm{d}\omega.
\end{aligned}$$

考虑到 $t=0$ 是 $f(t)$ 的第一类间断点，在该点处有 $\dfrac{f(t+0)+f(t-0)}{2}=\dfrac{1}{2}$，于是，有积分公式

$$\int_0^{+\infty} \frac{\beta\cos\omega t + \omega\sin\omega t}{\beta^2+\omega^2}\mathrm{d}\omega = \begin{cases} 0, & t<0, \\ \dfrac{\pi}{2}, & t=0, \\ \pi\mathrm{e}^{-\beta t}, & t>0. \end{cases}$$

7.1.3　单位脉冲函数

我们知道，当一些量（如质量、电量等）连续地分布在一个区域上时，可以用分布密度（如线密度、面密度、电流强度）来刻画它们的分布状况，总的量可以用密度在区域上的积分来表示. 然而，在物理学和工程技术中，常常会碰到集中分布于一点的现象，比如数轴原点处有一个单位质量的质点，给一个原电流为零的电路瞬间充一个单位的电量，一质点瞬间受到一个冲击力等现象. 怎样表达这些现象的分布密度呢？物理学家狄拉克引入了一个函数，后人称为狄拉克函数，也称为单位脉冲函数，即 $\delta(t-t_0)$. 具体地说，它的物理意义是在 $t=t_0$ 处分布有一个单位的量，其他点处分布的量为零的分布现象. 然而，虽然它有明确的物理意义（物理学家用它解决了很多实际问题），但这样的函数在经典意义下是不存在的. 这就促使数学家从数学理论上进行研究，后来出现了广义函数理论（这正如最初人们对虚数 i 的质疑，而后产生复变函数理论一样）. 在广义函数理论中，单位脉冲函数 $\delta(t-t_0)$ 是借助于充分光滑的函数（无穷次可微的函数）来定义的，并不追求其在任意一点处的值等于多少.

定义 7.1.2　$\delta(t-t_0)$ 是满足下列条件的函数：对任意一个无穷次可微的函数 $f(t)$，有

$$\int_{-\infty}^{+\infty}\delta(t-t_0)f(t)\mathrm{d}t = f(t_0). \tag{7.1.9}$$

特别地，有

$$\int_{-\infty}^{+\infty}\delta(t)f(t)\mathrm{d}t = f(0),\quad \int_{-\infty}^{+\infty}\delta(t)\mathrm{d}t = 1. \tag{7.1.10}$$

在工程实际中，单位脉冲函数 $\delta(t-t_0)$ 通常用一个长度为 1 的有向线段来表示，如图 7-1-1 所示，这个线段长度表示 δ- 函数的积分值.

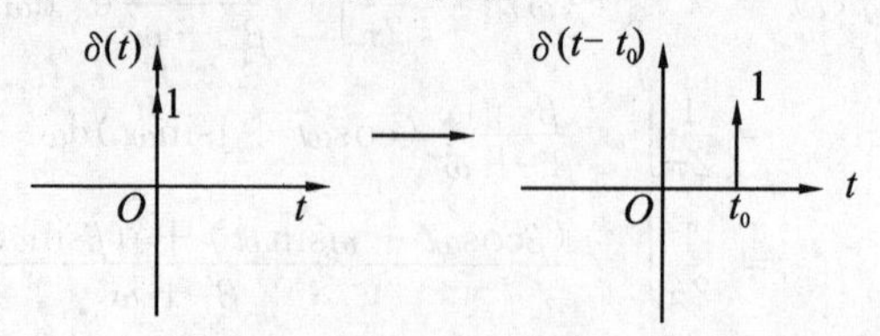

图 7-1-1

由式(7.1.10) 可以求出 δ- 函数的傅里叶变换为

$$\mathscr{F}[\delta(t)]=\int_{-\infty}^{+\infty}\delta(t)\mathrm{e}^{-\mathrm{j}\omega t}\,\mathrm{d}t=\mathrm{e}^{-\mathrm{j}\omega t}\Big|_{t=0}=1.$$

根据式(7.1.8) 知，

$$\int_{-\infty}^{+\infty}\mathrm{e}^{\mathrm{j}\omega t}\,\mathrm{d}\omega=2\pi\delta(t).$$

同理可得

$$\mathscr{F}[\delta(t-t_0)]=\mathrm{e}^{-\mathrm{j}\omega t_0}.$$

由 $\mathscr{F}^{-1}[\mathrm{e}^{-\mathrm{j}\omega t_0}]=\delta(t-t_0)$，即

$$\frac{1}{2\pi}\int_{-\infty}^{+\infty}\mathrm{e}^{-\mathrm{j}\omega t_0}\mathrm{e}^{\mathrm{j}\omega t}\,\mathrm{d}\omega=\delta(t-t_0),$$

得

$$\int_{-\infty}^{+\infty}\mathrm{e}^{\mathrm{j}\omega(t-t_0)}\,\mathrm{d}\omega=2\pi\delta(t-t_0).$$

例 3 求正弦函数 $f(t)=\sin\omega_0 t$ 的傅里叶变换.

解
$$\begin{aligned}\mathscr{F}(\sin\omega_0 t)&=\mathscr{F}\left(\frac{\mathrm{e}^{\mathrm{j}\omega_0 t}-\mathrm{e}^{-\mathrm{j}\omega_0 t}}{2\mathrm{j}}\right)=\frac{1}{2\mathrm{j}}\left[\mathscr{F}(\mathrm{e}^{\mathrm{j}\omega_0 t})-\mathscr{F}(\mathrm{e}^{-\mathrm{j}\omega_0 t})\right]\\&=\frac{1}{2\mathrm{j}}\left[2\pi\delta(\omega-\omega_0)-2\pi\delta(\omega+\omega_0)\right]\\&=\mathrm{j}\pi\left[\delta(\omega+\omega_0)-\delta(\omega-\omega_0)\right].\end{aligned}$$

为了求几个特殊函数的傅里叶变换，我们需要运用如下公式：

$$\int_0^{+\infty}\frac{\sin\omega t}{\omega}\,\mathrm{d}\omega=\begin{cases}-\dfrac{\pi}{2}, & t<0,\\ 0, & t=0,\\ \dfrac{\pi}{2}, & t>0.\end{cases}\tag{7.1.11}$$

事实上，当 $t=1$ 时，式(7.1.11) 即为我们所熟知的公式 $\int_0^{+\infty}\frac{\sin\omega}{\omega}\,\mathrm{d}\omega=\frac{\pi}{2}$. 若 $t>0$，令

$u=\omega t$,则

$$\int_0^{+\infty}\frac{\sin\omega t}{\omega}\mathrm{d}\omega=\int_0^{+\infty}\frac{\sin u}{u}\mathrm{d}u=\frac{\pi}{2};$$

若 $t<0$,令 $u=-\omega t$,则

$$\int_0^{+\infty}\frac{\sin\omega t}{\omega}\mathrm{d}\omega=-\int_0^{+\infty}\frac{\sin(-u)}{u}\mathrm{d}u=-\frac{\pi}{2}.$$

综上所述,式(7.1.11)成立.

例 4 证明符号函数

$$\mathrm{sgn}(x)=\begin{cases}-1, & x<0,\\ 1, & x>0\end{cases}$$

的傅氏变换为$\frac{2}{\mathrm{j}\omega}$.

证 考虑$\frac{2}{\mathrm{j}\omega}$的傅里叶逆变换为

$$\begin{aligned}\mathscr{F}^{-1}\left(\frac{2}{\mathrm{j}\omega}\right)&=\frac{1}{2\pi}\int_{-\infty}^{+\infty}\frac{2}{\mathrm{j}\omega}\mathrm{e}^{\mathrm{j}\omega t}\mathrm{d}\omega=\frac{1}{\pi}\int_{-\infty}^{+\infty}\frac{\cos\omega t+\mathrm{j}\sin\omega t}{\mathrm{j}\omega}\mathrm{d}\omega\\&=\frac{1}{\pi}\int_{-\infty}^{+\infty}\left(\frac{\sin\omega t}{\omega}-\mathrm{j}\,\frac{\cos\omega t}{\omega}\right)\mathrm{d}\omega=\frac{2}{\pi}\int_0^{+\infty}\frac{\sin\omega t}{\omega}\mathrm{d}\omega\\&=\begin{cases}-1, & t<0,\\ 1, & t>0.\end{cases}\end{aligned}$$

例 5 求单位阶跃函数

$$u(t)=\begin{cases}0, & t<0,\\ 1, & t>0\end{cases}$$

的傅里叶逆变换.

解 由于 $u(t)=\frac{1}{2}[1+\mathrm{sgn}(t)]$,于是

$$\begin{aligned}\mathscr{F}[u(t)]&=\int_{-\infty}^{+\infty}\left\{\frac{1}{2}[1+\mathrm{sgn}(t)]\right\}\mathrm{e}^{-\mathrm{j}\omega t}\,\mathrm{d}t\\&=\frac{1}{2}\left\{f[1]+f[\mathrm{sgn}(t)]\right\}\\&=\frac{1}{2}\left[2\pi\delta(\omega)+\frac{2}{\mathrm{j}\omega}\right]\\&=\pi\delta(\omega)+\frac{1}{\mathrm{j}\omega}.\end{aligned}$$

通过以上几个问题的分析,可以看出引入 δ- 函数的重要性:它使得在普通意义下一些不存在的积分有了确定的数值,而且利用 δ- 函数及其傅里叶变换可以很方便地得到工程技术上许多重要函数的傅里叶变换,并且使得许多变换的推导大大简化.因此,本书引入

δ-函数的目的主要是提供一个有用的数学工具，而不去探讨它在数学上的严谨叙述或证明.

另外，在工程实际中我们可以通过本书附录A查出一些常见函数的傅里叶变换.

7.2 傅里叶变换的性质

傅里叶变换有许多重要的性质，掌握这些性质对于理解傅里叶变换的理论，以及在工程技术中熟练运用这一工具是十分重要的.本节将介绍傅里叶变换的几个基本性质，为叙述的方便，假定在这些性质中所涉及的傅里叶变换均存在，且函数满足傅里叶积分定理的条件.

7.2.1 线性性质

若α,β是常数，则有

$$\mathscr{F}[\alpha f(t)+\beta g(t)]=\alpha\mathscr{F}[f(t)]+\beta\mathscr{F}[g(t)], \tag{7.2.1}$$

$$\mathscr{F}^{-1}[\alpha F(\omega)+\beta G(\omega)]=\alpha\mathscr{F}^{-1}[F(\omega)]+\beta\mathscr{F}^{-1}[G(\omega)]. \tag{7.2.2}$$

7.2.2 位移性质

若$\mathscr{F}[f(t)]=F(\omega)$，则有

$$\mathscr{F}[f(t\pm t_0)]=\mathrm{e}^{\pm\mathrm{j}\omega t_0}F(\omega), \tag{7.2.3}$$

$$\mathscr{F}^{-1}[F(\omega\mp\omega_0)]=\mathrm{e}^{\pm\mathrm{j}\omega_0 t}f(t). \tag{7.2.4}$$

证 利用傅里叶变换的定义可得

$$\begin{aligned}\mathscr{F}[f(t\pm t_0)]&=\int_{-\infty}^{+\infty}f(t\pm t_0)\mathrm{e}^{-\mathrm{j}\omega t}\,\mathrm{d}t\\&=\int_{-\infty}^{+\infty}f(t)\mathrm{e}^{-\mathrm{j}\omega(t\mp t_0)}\,\mathrm{d}t\\&=\mathrm{e}^{\pm\mathrm{j}\omega t_0}\int_{-\infty}^{+\infty}f(t)\mathrm{e}^{-\mathrm{j}\omega t}\,\mathrm{d}t\\&=\mathrm{e}^{\pm\mathrm{j}\omega t_0}F(\omega).\end{aligned}$$

类似地可证明式(7.2.4).

推论 若$\mathscr{F}[f(t)]=F(\omega)$，则有

$$\mathscr{F}[f(t)\cos\omega_0 t]=\frac{1}{2}[F(\omega+\omega_0)+F(\omega-\omega_0)], \tag{7.2.5}$$

$$\mathscr{F}[f(t)\sin\omega_0 t]=\frac{\mathrm{j}}{2}[F(\omega+\omega_0)-F(\omega-\omega_0)]. \tag{7.2.6}$$

证 根据式(7.2.4)得

$$\mathscr{F}[e^{\mp j\omega_0 t}f(t)] = F(\omega \pm \omega_0), \tag{7.2.7}$$

再由欧拉公式得

$$\begin{aligned}\mathscr{F}[f(t)\cos\omega_0 t] &= \frac{1}{2}F[f(t)e^{j\omega_0 t} + f(t)e^{-j\omega_0 t}] \\ &= \frac{1}{2}[F(\omega+\omega_0) + F(\omega-\omega_0)], \\ \mathscr{F}[f(t)\sin\omega_0 t] &= \frac{1}{2}jF[f(t)e^{j\omega_0 t} - f(t)e^{-j\omega_0 t}] \\ &= \frac{j}{2}[F(\omega+\omega_0) - F(\omega-\omega_0)].\end{aligned}$$

例 1 求函数 $f(t) = \frac{1}{2}\left[\delta(t+a) + \delta(t-a) + \delta\left(t+\frac{a}{2}\right) + \delta\left(t-\frac{a}{2}\right)\right]$的傅里叶变换.

解 由傅里叶变换的线性性质,

$$\begin{aligned}\mathscr{F}[f(t)] &= \frac{1}{2}\left\{\mathscr{F}[\delta(t+a)] + \mathscr{F}[\delta(t-a)] + \mathscr{F}\left[\delta\left(t+\frac{a}{2}\right)\right] + \mathscr{F}\left[\delta\left(t-\frac{a}{2}\right)\right]\right\} \\ &= \frac{1}{2}(e^{j\omega a} + e^{-j\omega a} + e^{j\omega\frac{a}{2}} + e^{-j\omega\frac{a}{2}}) = \cos\omega a + \cos\frac{\omega a}{2}.\end{aligned}$$

例 2 求指数衰减振荡函数

$$f(t) = \begin{cases} 0, & t < 0, \\ e^{-at}\sin\omega_0 t, & t \geqslant 0 \end{cases}$$

的傅里叶变换.

解 设

$$g(t) = \begin{cases} 0, & t < 0, \\ e^{-at}, & t \geqslant 0, \end{cases}$$

则

$$f(t) = g(t)\sin\omega_0 t.$$

又因

$$\mathscr{F}[g(t)] = \int_0^{+\infty} e^{-at}e^{-j\omega t}\,dt = \frac{1}{a+j\omega},$$

于是

$$\mathscr{F}[f(t)] = \frac{j}{2}\left[\frac{1}{a+j(\omega+\omega_0)} - \frac{1}{a+j(\omega-\omega_0)}\right] = \frac{\omega_0}{\omega_0^2 + (a+j\omega)^2}.$$

7.2.3 微分性质

若当 $|t| \to +\infty$ 时,$f(t) \to 0$,则

$$\mathscr{F}[f'(t)] = \mathrm{j}\omega\mathscr{F}[f(t)], \tag{7.2.8}$$

$$\frac{\mathrm{d}}{\mathrm{d}\omega}\mathscr{F}[f(t)] = \mathscr{F}[-\mathrm{j}tf(t)]. \tag{7.2.9}$$

一般的,若有 $\lim\limits_{|t|\to+\infty} f^{(k)}(t) = 0(k=0,1,2,\cdots,n-1)$,则有

$$\mathscr{F}[f^{(n)}(t)] = (\mathrm{j}\omega)^n\mathscr{F}[f(t)], \tag{7.2.10}$$

$$\frac{\mathrm{d}^n}{\mathrm{d}\omega^n}\mathscr{F}[f(t)] = \mathscr{F}[(-\mathrm{j}t)^n f(t)]. \tag{7.2.11}$$

证 当 $|t|\to+\infty$ 时,$|f(t)\mathrm{e}^{-\mathrm{j}\omega t}| = |f(t)|\to 0$,则

$$\begin{aligned}\mathscr{F}[f'(t)] &= \int_{-\infty}^{+\infty} f'(t)\mathrm{e}^{-\mathrm{j}\omega t}\mathrm{d}t = f(t)\mathrm{e}^{-\mathrm{j}\omega t}\Big|_{-\infty}^{+\infty} + \mathrm{j}\omega\int_{-\infty}^{+\infty} f(t)\mathrm{e}^{-\mathrm{j}\omega t}\mathrm{d}t \\ &= \mathrm{j}\omega\mathscr{F}[f(t)].\end{aligned}$$

类似地可证式(7.2.9),用归纳法可证式(7.2.10)和式(7.2.11).

7.2.4 积分性质

若 t 为常数,则

$$\mathscr{F}\left[\int_{-\infty}^{t} f(t)\mathrm{d}t\right] = \frac{1}{\mathrm{j}\omega}\mathscr{F}[f(t)]. \tag{7.2.12}$$

证 利用式(7.2.8),可得

$$\mathscr{F}[f(t)] = \mathscr{F}\left\{\frac{\mathrm{d}}{\mathrm{d}t}\left[\int_{-\infty}^{t} f(t)\mathrm{d}t\right]\right\} = \mathrm{j}\omega\mathscr{F}\left[\int_{-\infty}^{t} f(t)\mathrm{d}t\right],$$

即可得式(7.2.12).

7.2.5 乘积定理

若 $F_1(\omega) = \mathscr{F}[f_1(t)]$,$F_2(\omega) = \mathscr{F}[f_2(t)]$,则

$$\int_{-\infty}^{+\infty} f_1(t)f_2(t)\mathrm{d}t = \frac{1}{2\pi}\int_{-\infty}^{+\infty}\overline{F_1(\omega)}F_2(\omega)\mathrm{d}\omega \tag{7.2.13}$$

$$= \frac{1}{2\pi}\int_{-\infty}^{+\infty} F_1(\omega)\overline{F_2(\omega)}\mathrm{d}\omega. \tag{7.2.14}$$

证

$$\begin{aligned}\int_{-\infty}^{+\infty} f_1(t)f_2(t)\mathrm{d}t &= \int_{-\infty}^{+\infty} f_1(t)\left[\frac{1}{2\pi}\int_{-\infty}^{+\infty} F_2(\omega)\mathrm{e}^{\mathrm{j}\omega t}\mathrm{d}\omega\right]\mathrm{d}t \\ &= \frac{1}{2\pi}\int_{-\infty}^{+\infty} F_2(\omega)\left[\int_{-\infty}^{+\infty} f_1(t)\mathrm{e}^{\mathrm{j}\omega t}\mathrm{d}t\right]\mathrm{d}\omega \\ &= \frac{1}{2\pi}\int_{-\infty}^{+\infty} F_2(\omega)\left[\int_{-\infty}^{+\infty}\overline{f_1(t)\mathrm{e}^{-\mathrm{j}\omega t}}\mathrm{d}t\right]\mathrm{d}\omega \\ &= \frac{1}{2\pi}\int_{-\infty}^{+\infty}\overline{F_1(\omega)}F_2(\omega)\mathrm{d}\omega.\end{aligned}$$

类似地可证第二个等式成立.

7.2.6 能量积分

若 $F(\omega)=\mathscr{F}[f(t)]$,则有

$$\int_{-\infty}^{+\infty}[f(t)]^2\mathrm{d}t=\frac{1}{2\pi}\int_{-\infty}^{+\infty}|F(\omega)|^2\mathrm{d}\omega. \tag{7.2.15}$$

这一等式称为**帕塞瓦尔等式**,其中

$$S(\omega)=|F(\omega)|^2 \tag{7.2.16}$$

称为**能量谱密度**,它可以决定函数 $f(t)$ 的能量分布规律,将它对所有频率积分就得到 $f(t)$ 的总能量 $\int_{-\infty}^{+\infty}[f(t)]^2\mathrm{d}t$.

帕塞瓦尔等式可用来计算一类形如 $\int_{-\infty}^{+\infty}[f(t)]^2\mathrm{d}t$ 的式子,不过这不是工科类学生学习傅里叶变换的主要目的,这里就不再论述.

7.2.7 卷积定理

1. 卷积的定义

定义 7.2.1 设函数 $f_1(t)$ 与 $f_2(t)$ 在 $(-\infty,+\infty)$ 上有定义. 若广义积分 $\int_{-\infty}^{+\infty}f_1(\tau)f_2(t-\tau)\mathrm{d}\tau$ 对任何实数 t 都收敛,则称它为函数 $f_1(t)$ 与 $f_2(t)$ 的**卷积**,记为 $f_1(t)*f_2(t)$,即

$$f_1(t)*f_2(t)=\int_{-\infty}^{+\infty}f_1(\tau)f_2(t-\tau)\mathrm{d}\tau. \tag{7.2.17}$$

容易验证卷积具有交换律、结合律及分配律这三种乘积运算性质.

注意 $f_1(t)*f_2(t)$ 是关于 t 的函数,当 $f_1(t)$ 与 $f_2(t)$ 是分段函数时,被积函数 $f_1(\tau)f_2(t-\tau)$ 可能在积分变量 τ 轴的部分区间上为零(随着 t 的变化,这个区间会有不同的形式). 因此,积分只需在使 $f_1(\tau)f_2(t-\tau)\neq 0$ 所对应的 τ 区间上积分.

(1) 在 $tO\tau$ 平面上画出使 $f_1(\tau)f_2(t-\tau)\neq 0$ 的区域 D.

(2) 对给定 t,作直线 $t=\tau$,看这条直线是否穿过 D:若不穿过 D,则此时 $f_1(t)*f_2(t)=0$(因为此时被积函数 $f_1(\tau)f_2(t-\tau)=0$);若穿过 D,则确定出直线 $t=\tau$ 与 D 的两个交点,交点的 τ 坐标用 t 表示出来,并设 $\tau_1(t)<\tau_2(t)$,则

$$f_1(t)*f_2(t)=\int_{\tau_1(t)}^{\tau_2(t)}f_1(\tau)f_2(t-\tau)\mathrm{d}\tau.$$

例 3 设函数

$$f_1(t)=\begin{cases}0, & t<0,\\ 1, & t\geqslant 0;\end{cases}\qquad f_2(t)=\begin{cases}0, & t<0,\\ \mathrm{e}^{-t}, & t\geqslant 0.\end{cases}$$

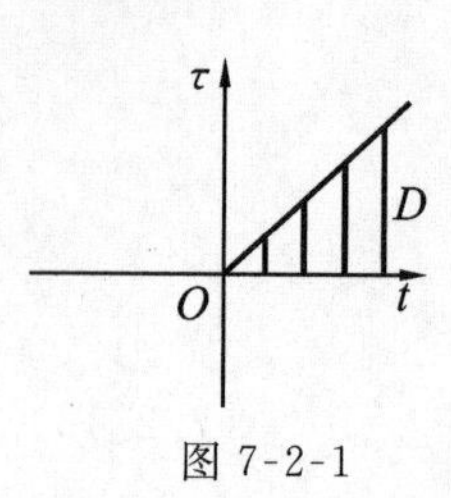

图 7-2-1

求 $f_1(t)*f_2(t)$.

解 $$f_1(\tau)f_2(t-\tau)=\begin{cases}0, & \tau<0,\\ e^{-(t-\tau)}, & t-\tau\geqslant 0.\end{cases}$$

于是在 $tO\tau$ 平面上使 $f_1(\tau)f_2(t-\tau)\neq 0$ 的区域为 $D:\tau>0,t-\tau\geqslant 0$，如图 7-2-1 所示.

(1) 当 $t<0$ 时，$f_1(t)*f_2(t)=0$；

(2) 当 $t\geqslant 0$ 时，$f_1(t)*f_2(t)=\int_0^t e^{-(t-\tau)}\mathrm{d}\tau=1-e^{-t}$.

例 4 设函数

$$f_1(t)=\begin{cases}0, & t<0,\\ 1, & 0\leqslant t\leqslant 1,\\ 0, & t>1;\end{cases}\qquad f_2(t)=\begin{cases}0, & t<0,\\ 1, & 0\leqslant t\leqslant 2,\\ 0, & t>2.\end{cases}$$

求 $f_1(t)*f_2(t)$.

解 $$f_1(\tau)f_2(t-\tau)=\begin{cases}0, & \tau<0 \text{ 或 } \tau>1,\\ 1, & 0\leqslant\tau\leqslant 1,0\leqslant t-\tau\leqslant 2,\\ 0, & 0\leqslant\tau\leqslant 1,t-\tau>2.\end{cases}$$

使 $f_1(\tau)f_2(t-\tau)\neq 0$ 的区域为 $D:0\leqslant\tau\leqslant 1,0\leqslant t-\tau\leqslant 2$，如图 7-2-2 所示. 易求得

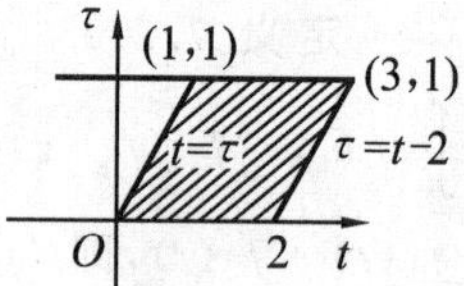

(1) 当 $t<0$ 或 $t>3$ 时，$f_1(t)*f_2(t)=0$；

(2) 当 $0\leqslant t\leqslant 1$ 时，$f_1(t)*f_2(t)=\int_0^t\mathrm{d}\tau=t$；

(3) 当 $1\leqslant t\leqslant 2$ 时，$f_1(t)*f_2(t)=\int_0^1\mathrm{d}\tau=1$；

(4) 当 $2\leqslant t\leqslant 3$ 时，$f_1(t)*f_2(t)=\int_{t-2}^1\mathrm{d}\tau=3-t$.

τ (1,1) (3,1) t=τ τ=t-2 O 2 t

图 7-2-2

2. 卷积定理

定理 7.2.1(卷积定理) 设 $F_1(\omega)=\mathscr{F}[f_1(t)]$，$F_2(\omega)=\mathscr{F}[f_2(t)]$，则有

$$\mathscr{F}[f_1(t)*f_2(t)]=\mathscr{F}[f_1(t)]\mathscr{F}[f_2(t)],\tag{7.2.18}$$

$$\mathscr{F}[f_1(t)f_2(t)]=\frac{1}{2\pi}\mathscr{F}[f_1(t)]*\mathscr{F}[f_2(t)].\tag{7.2.19}$$

证 由卷积及傅氏变换的定义可得

$$\begin{aligned}\mathscr{F}[f_1(t)*f_2(t)]&=\int_{-\infty}^{+\infty}f_1(t)*f_2(t)e^{-j\omega t}\mathrm{d}t\\ &=\int_{-\infty}^{+\infty}\left[\int_{-\infty}^{+\infty}f_1(\tau)f_2(t-\tau)\mathrm{d}\tau\right]e^{-j\omega t}\mathrm{d}t\ (\text{交换积分次序})\end{aligned}$$

$$= \int_{-\infty}^{+\infty} f_1(\tau)\left[\int_{-\infty}^{+\infty} f_2(t-\tau)\mathrm{e}^{-\mathrm{j}\omega t}\mathrm{d}t\right]\mathrm{d}\tau$$

$$= \int_{-\infty}^{+\infty} f_1(\tau)\left[\int_{-\infty}^{+\infty} f_2(t-\tau)\mathrm{e}^{-\mathrm{j}\omega(t-\tau)}\cdot\mathrm{e}^{-\mathrm{j}\omega\tau}\mathrm{d}t\right]\mathrm{d}\tau\ (令\ t-\tau=s)$$

$$= \int_{-\infty}^{+\infty} f_1(\tau)\mathrm{e}^{-\mathrm{j}\omega\tau}\mathrm{d}\tau\int_{-\infty}^{+\infty} f_2(s)\mathrm{e}^{-\mathrm{j}\omega s}\mathrm{d}s$$

$$= \mathscr{F}[f_1(t)]\mathscr{F}[f_2(t)].$$

类似地可证式(7.2.19)成立.

7.3　傅里叶变换的应用

傅里叶变换在物理与工程技术领域都有着广泛的应用.傅里叶变换和频谱概念有着非常密切的关系,下面简单介绍一下系统分析的频谱理论(以**非周期函数的频谱**为例进行讲解),以期读者领略一下傅里叶变换的重要价值.

根据式(7.1.1)知,一个以 T 为周期的信号 $f(t)$ 可以分解为一些简谐波的和,它的第 n 次谐波函数为

$$a_n\cos\omega_n t + b_n\sin\omega_n t = A_n\sin(\omega_n t+\varphi_n),$$

其振幅为

$$A_n = \sqrt{a_n^2+b_n^2} = 2\mid c_n\mid\ (n=0,1,2,\cdots),$$

角频率为

$$\omega_n = n\omega = \frac{2n\pi}{t}.$$

以上各式描述了各次谐波的振幅随频率变化的分布情况,这种分布情况在直角坐标系下的图像就是**频谱图**.由于 A_n 的下标 n 取离散值,这就决定了它的图像是不连续的.这种类型的频谱称为**离散谱**,它清楚地刻画出了一个以 T 为周期的信号 $f(t)$ 是由哪些频率的谐波分量叠加而成的,以及各分量所占的比重,这些信息是信号处理中必不可少的.

例 1　求如图 7-3-1 所示的周期性矩形脉冲函数 $f_T(t)$ 的离散谱.

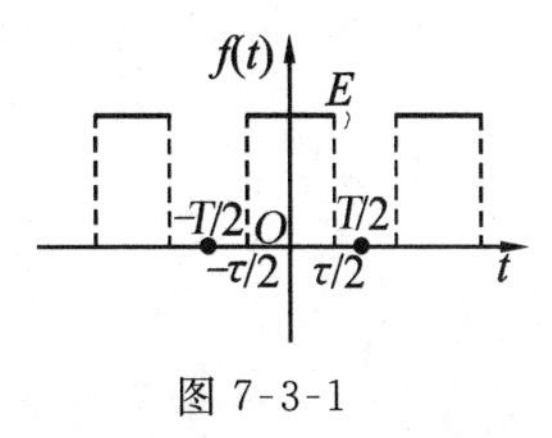

图 7-3-1

解　$f_T(t)$ 在一个周期 T 内的表达式为

$$f_T(t)=\begin{cases}0, & -\dfrac{T}{2}\leqslant t<-\dfrac{\tau}{2},\\ E, & -\dfrac{\tau}{2}\leqslant t<\dfrac{\tau}{2},\\ 0, & \dfrac{\tau}{2}\leqslant t<\dfrac{T}{2}.\end{cases}$$

于是

$$c_0=\frac{1}{T}\int_{-T/2}^{T/2}f_T(t)\mathrm{d}t=\frac{E\tau}{T},$$

$$c_n=\frac{1}{T}\int_{-T/2}^{T/2}f_T(t)\mathrm{e}^{\mathrm{j}n\omega t}\mathrm{d}t=\frac{E}{n\pi}\sin\frac{n\pi\tau}{T}\quad(n=\pm1,\pm2,\cdots),$$

从而 $f_T(t)$ 的频谱为

$$A_0=2\mid c_0\mid=\frac{2E\tau}{T},$$

$$A_n=2\mid c_n\mid=\frac{2E}{n\pi}\left|\sin\frac{n\pi\tau}{T}\right|\quad(n=\pm1,\pm2,\cdots).$$

特别地，当取 $T=4\tau$ 时，有

$$A_0=\frac{E}{2},\quad A_n=\frac{2E}{n\pi}\left|\sin\frac{n\pi}{4}\right|,\quad\omega_n=n\omega=\frac{n\pi}{2\tau}\ (n=\pm1,\pm2,\cdots),$$

其频谱图如图 7-3-2 所示.

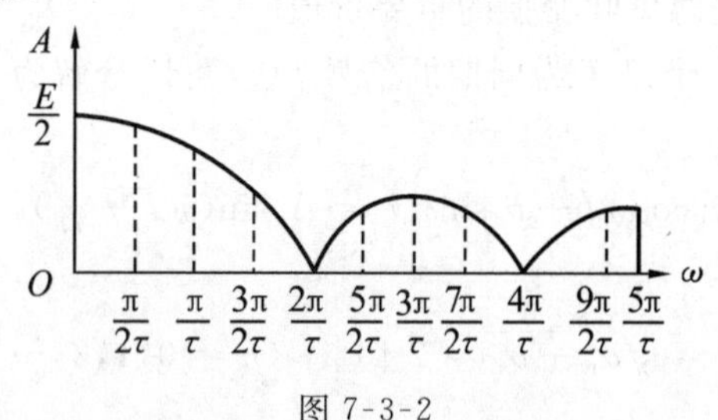

图 7-3-2

对于非周期函数 $f(t)$，与傅里叶级数一样，傅里叶变换也有明确的物理含义. 由式(7.1.8)可以说明非周期函数与周期函数一样，也是由许多不同频率的正弦、余弦分量合成的，所不同的是，非周期函数包含了所有从 $0\rightarrow+\infty$ 的所有频率分量，而 $F(\omega)$ 是 $f(t)$ 中各频率分量的分布密度，因此称 $F(\omega)$ 为**频谱密度函数**(简称**频谱**或者**连续频谱**)，称 $|F(\omega)|$ 为**振幅谱**，称 $\arg F(\omega)$ 为**相位谱**.

例 2 求下面三角形脉冲函数的连续谱.

$$f(t)=\begin{cases}\dfrac{2E}{\tau}\left(t+\dfrac{\tau}{2}\right), & -\dfrac{\tau}{2}<t<0,\\ -\dfrac{2E}{\tau}\left(t-\dfrac{\tau}{2}\right), & 0\leqslant t<\dfrac{\tau}{2},\\ 0, & |t|\geqslant\dfrac{\tau}{2}.\end{cases}$$

解 因 $f(t)$ 为偶函数，故

$$F(\omega)=2\int_0^{+\infty}f(t)\cos\omega t\,\mathrm{d}t$$

$$= 2\int_0^{\tau/2} -\frac{2E}{\tau}\left(t-\frac{\tau}{2}\right)\cos\omega t\,\mathrm{d}t = -\frac{4E}{\tau}\int_0^{\tau/2}\left(t-\frac{\tau}{2}\right)\cos\omega t\,\mathrm{d}t$$

$$= -\frac{4E}{\tau\omega}\left[\left(t-\frac{\tau}{2}\right)\sin\omega t\Big|_0^{\tau/2} - \int_0^{\tau/2}\sin\omega t\,\mathrm{d}t\right] = \frac{4E}{\tau\omega}\int_0^{\tau/2}\sin\omega t\,\mathrm{d}t$$

$$= \frac{4E}{\tau\omega^2}\left(1-\cos\frac{\omega\tau}{2}\right) = \frac{8E}{\tau\omega^2}\sin^2\frac{\omega\tau}{4},$$

从而

$$|F(\omega)| = \frac{8E}{\tau\omega^2}\sin^2\frac{\omega\tau}{4},$$

其函数图像如图 7-3-3 所示.

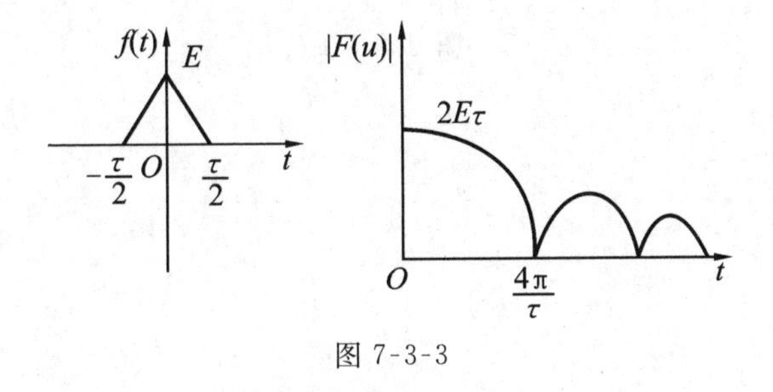

图 7-3-3

习　题　7

1. 求下面矩形脉冲函数的傅里叶变换.

$$f(t) = \begin{cases} A, & 0 \leqslant t \leqslant \tau, \\ 0, & \text{其他}. \end{cases}$$

2. 求下面函数的傅里叶变换.

$$f(t) = \begin{cases} 0, & |t| > 1, \\ -1, & -1 < t < 0, \\ 1, & 0 < t < 1. \end{cases}$$

3. 求函数(1) 的傅里叶变换,并证明式(2).

(1) $f(t) = \begin{cases} \sin t, & |t| \leqslant \pi, \\ 0, & |t| > \pi. \end{cases}$

(2) $\displaystyle\int_0^{+\infty} \frac{\sin\omega\pi\sin\omega t}{1-\omega^2}\mathrm{d}\omega = \begin{cases} \frac{\pi}{2}\sin t, & |t| \leqslant \pi, \\ 0, & |t| > \pi. \end{cases}$

4. 求函数 $f(t)=\cos t\sin t$ 的傅里叶变换.
5. 求函数 $f(t)=u(t)\sin\omega_0 t$ 的傅里叶变换.
6. 求函数 $f(t)=u(t)\cos\omega_0 t$ 的傅里叶变换.
7. 求图习题 7-1 所示的锯齿形波的频谱图.

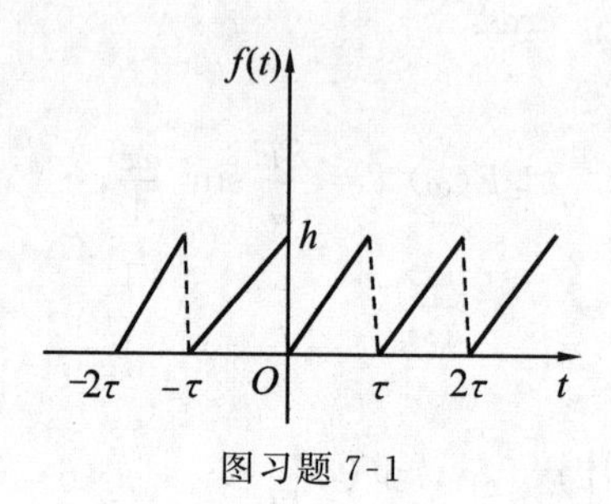

图习题 7-1

第 8 章　拉普拉斯变换

8.1　拉普拉斯变换的概念

8.1.1　傅里叶变换的局限性

第 7 章我们以傅里叶积分定理为基础提出了古典意义上的傅里叶变换，这时要求函数满足狄利克雷条件以及函数在$(-\infty, +\infty)$上绝对可积，这是一个非常苛刻的条件，即使一些简单的函数（如线性函数、正弦函数等）都不满足这些条件. 后来引入 δ- 函数后，傅里叶变换的适用范围有所拓宽，使得变量“缓增”函数也能进行傅里叶变换，但对那些变量变化速度过快的函数（如指数级变化的函数）仍无能为力. 另外，进行傅里叶变换必须要求函数在整个实数轴上有定义，但在物理、线性控制等实际问题中，许多以时间 $t(t>0)$ 作为自变量的函数是无意义的，或者是不需要考虑的. 因此，傅里叶变换的应用范围有一定的局限性.

那么对于任意一个函数 $\phi(t)$，能否经过适当的改造使其在进行傅里叶变换时克服上述缺点呢?这时我们的思路就是乘上单位阶跃函数 $u(t)$ 将积分区间截断成$[0,\infty)$，再乘以一个指数级衰减的函数 $e^{-\beta t}$“磨缓”$\phi(t)$，使其变得有可能绝对可积，即考虑 $\phi(t)u(t)e^{-\beta t}$ $(\beta>0)$ 的傅里叶变换. 下面就来看看它的一般形式：

$$\mathscr{F}[\phi(t)u(t)e^{-\beta t}]=\int_{-\infty}^{+\infty}\phi(t)u(t)e^{-\beta t}e^{-j\omega t}dt=\int_{0}^{+\infty}\phi(t)e^{-(\beta+j\omega)t}dt=\int_{0}^{+\infty}\phi(t)e^{-st}dt,$$

其中 $s=\beta+j\omega$. 结果我们发现，只要 β 选择恰当，一般来说，上面的积分是存在的.

8.1.2　拉普拉斯变换的定义与存在性定理

定义 8.1.1　设函数 $f(t)$ 在 $t\geqslant 0$ 时有定义，且其积分为

$$F(s)=\int_{0}^{+\infty}f(t)e^{-st}dt\quad (s\ \text{是一个复数}). \tag{8.1.1}$$

若 $F(s)$ 在 s 的某个域内收敛，则称其为 $f(t)$ 的**拉普拉斯变换**（简称**拉氏变换**），记为 $F(s)=\mathscr{L}[f(t)]$；相应地，$f(t)$ 称为 $F(s)$ 的**拉普拉斯逆变换**（简称**拉氏逆变换**），记为 $f(t)=\mathscr{L}^{-1}[F(s)]$. 有时，我们也称 $f(t)$ 与 $F(s)$ 分别为像原函数和像函数.

例 1　求单位阶跃函数 $u(t)=\begin{cases}0, & t<0,\\ 1, & t\geqslant 0\end{cases}$ 的拉普拉斯变换.

解 根据定义有

$$\mathscr{L}[u(t)] = \int_0^{+\infty} \mathrm{e}^{-st}\,\mathrm{d}t = -\frac{1}{s}\mathrm{e}^{-st}\Big|_0^{+\infty} = \frac{1}{s} \quad (\mathrm{Re}(s) > 0).$$

例 2 求指数函数 $f(t) = \mathrm{e}^{kt}$(k 为实数)的拉普拉斯变换.

解

$$\mathscr{L}[\mathrm{e}^{kt}] = \int_0^{+\infty} \mathrm{e}^{-(s-k)t}\,\mathrm{d}t = -\frac{1}{s-k}\mathrm{e}^{-(s-k)t}\Big|_0^{+\infty} = \frac{1}{s-k} \quad (\mathrm{Re}(s) > k).$$

定理 8.1.1(拉普拉斯变换存在定理) 若函数 $f(t)$ 满足下列条件:

(1) 在 $t \geqslant 0$ 的任意有限区间上分段连续;

(2) 当 $t \to +\infty$ 时,$f(t)$ 的增长速度不超过某一指数函数,即存在常数 $c \geqslant 0$ 及 $M \geqslant 0$ 使得

$$|f(t)| \leqslant M\mathrm{e}^{ct} \tag{8.1.2}$$

成立(对于满足此条件的函数,称它的增长速度是指数级的,c 为它的增长指数),则 $f(t)$ 的拉普拉斯变换 $F(s)$ 在半平面 $\mathrm{Re}(s) > c$ 一定存在.(证明从略.)

这个定理的条件对于物理学和工程技术中常见的函数是满足的,它比傅里叶积分定理要求的条件宽松得多,如 $u(t)$,$\cos kt$,t^m 等函数都不满足傅里叶积分定理中函数绝对可积的条件,但它们满足条件式(8.1.2):

$$|u(t)| \leqslant 1 \cdot \mathrm{e}^{0t}, \quad |\cos kt| \leqslant 1 \cdot \mathrm{e}^{0t}, \quad |t^m| \leqslant m!\mathrm{e}^{t}.$$

由此可见,对于某些问题(如在线性系统分析中),拉普拉斯变换的应用更为广泛.

例 3 求 $\mathscr{L}[\sin kt]$,$\mathscr{L}[\cos kt]$.

解

$$\mathscr{L}[\sin kt] = \int_0^{+\infty} \sin kt\,\mathrm{e}^{-st}\,\mathrm{d}t = \frac{\mathrm{e}^{-st}}{k^2+s^2}(-s\sin kt - k\cos kt)\Big|_0^{+\infty} = \frac{k}{s^2+k^2}.$$

类似地有 $\mathscr{L}[\cos kt] = \dfrac{s}{s^2+k^2}$.

例 4 证明:若函数 $f(t)$ 是以 T 为周期的周期函数,且 $f(t)$ 在一个周期内是分段连续的,则

$$\mathscr{L}[f(t)] = \frac{1}{1-\mathrm{e}^{-sT}}\int_0^T f(t)\mathrm{e}^{-st}\,\mathrm{d}t. \tag{8.1.3}$$

证

$$\mathscr{L}[f(t)] = \int_0^{+\infty} f(t)\mathrm{e}^{-st}\,\mathrm{d}t = \sum_{k=0}^{+\infty}\int_{kT}^{(k+1)T} f(t)\mathrm{e}^{-st}\,\mathrm{d}t.$$

令 $t = \tau + kT$,则

$$\int_{kT}^{(k+1)T} f(t)\mathrm{e}^{-st}\,\mathrm{d}t = \int_0^T f(\tau+kT)\mathrm{e}^{-s(\tau+kT)}\,\mathrm{d}\tau = \mathrm{e}^{-ksT}\int_0^T f(\tau)\mathrm{e}^{-s\tau}\,\mathrm{d}\tau,$$

所以

$$\mathscr{L}[f(t)]=\sum_{k=0}^{+\infty}\mathrm{e}^{-ksT}\int_0^T f(t)\mathrm{e}^{-st}\mathrm{d}t=\Big(\sum_{k=0}^{+\infty}\mathrm{e}^{-ksT}\Big)\int_0^T f(t)\mathrm{e}^{-st}\mathrm{d}t.$$

由于当 $\mathrm{Re}(s)>0$ 时，$|\mathrm{e}^{-sT}|<1$，所以

$$\sum_{k=0}^{+\infty}\mathrm{e}^{-ksT}=\frac{1}{1-\mathrm{e}^{-sT}},$$

于是

$$\mathscr{L}[f(t)]=\frac{1}{1-\mathrm{e}^{-sT}}\int_0^T f(t)\mathrm{e}^{-st}\mathrm{d}t.$$

例 5　求图 8-1-1 所示的函数 $f(t)$ 的拉普拉斯变换.

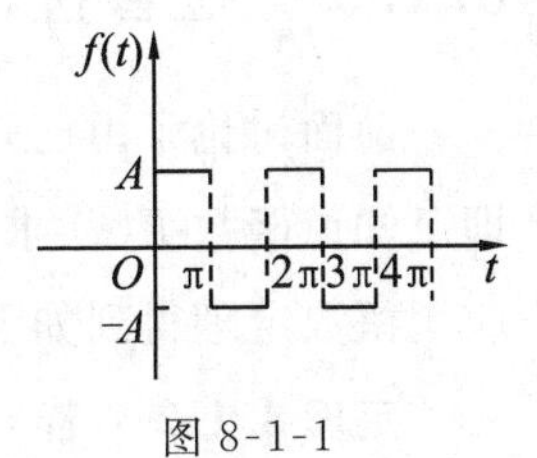

图 8-1-1

解　函数 $f(t)$ 以 $T=2\pi$ 为周期，且

$$f(t)=\begin{cases}A, & 0\leqslant t<\pi,\\ -A, & \pi\leqslant t<2\pi,\end{cases}$$

于是

$$\begin{aligned}\mathscr{L}[f(t)]&=\frac{1}{1-\mathrm{e}^{-sT}}\int_0^T f(t)\mathrm{e}^{-st}\mathrm{d}t\\&=\frac{1}{1-\mathrm{e}^{-2s\pi}}\left(\int_0^{\pi}A\mathrm{e}^{-st}\mathrm{d}t-\int_{\pi}^{2\pi}A\mathrm{e}^{-st}\mathrm{d}t\right)\\&=\frac{A}{1-\mathrm{e}^{-2s\pi}}\cdot\frac{1-2\mathrm{e}^{-s\pi}+\mathrm{e}^{-2\pi s}}{s}\\&=\frac{A}{s}\cdot\frac{1-\mathrm{e}^{-s\pi}}{1+\mathrm{e}^{-s\pi}}.\end{aligned}$$

例 6　求 $\mathscr{L}[|\sin\omega t|]$.

解　$|\sin\omega t|$ 是以 $T=\frac{\pi}{\omega}$ 为周期的函数，于是

$$\begin{aligned}\mathscr{L}[|\sin\omega t|]&=\frac{1}{1-\mathrm{e}^{-sT}}\int_0^T|\sin\omega t|\mathrm{e}^{-sT}\mathrm{d}t=\frac{1}{1-\mathrm{e}^{-sT}}\int_0^T\sin\omega t\,\mathrm{e}^{-sT}\mathrm{d}t\\&=\frac{1}{1-\mathrm{e}^{-sT}}\left.\frac{\mathrm{e}^{-sT}(-s\sin\omega t-\omega\cos\omega t)}{s^2+\omega^2}\right|_0^T\\&=\frac{2\omega}{s^2+\omega^2}\frac{\mathrm{e}^{-sT}}{1-\mathrm{e}^{-sT}}.\end{aligned}$$

在实际应用中会碰到一些含单位脉冲函数 $\delta(t)$ 的函数的拉普拉斯变换，此时可以这样来处理，规定

$$\mathscr{L}[f(t)+g(t)\delta(t)]=\mathscr{L}[f(t)]+g(0),$$

其中 $f(t),g(t)$ 不含有 $\delta(t)$.

例 7 求 $\mathscr{L}[-\beta e^{-\beta t}u(t)+e^{-\beta t}\delta(t)]$.

解 $\mathscr{L}[-\beta e^{-\beta t}u(t)+e^{-\beta t}\delta(t)]=\mathscr{L}[-\beta e^{-\beta t}u(t)]+e^{-\beta t}\Big|_{t=0}=-\dfrac{\beta}{s+\beta}+1=\dfrac{s}{s+\beta}$.

在今后的实际工作中,一些常见函数的拉普拉斯变换可以查附录 B 拉普拉斯变换简表,例如我们可以查到 $\mathscr{L}[t^m]=\dfrac{m!}{s^{m+1}}\ (\mathrm{Re}(s)>0)$.

8.1.3 拉普拉斯逆变换公式

前面讨论了由已知函数 $f(t)$ 求它的像函数 $F(s)$,但在实际中常会碰到相反的问题,即已知像函数 $F(s)$ 求它的像原函数. 对此,可以根据拉普拉斯变换与傅里叶变换的关系应用留数定理得到如下定理.

定理 8.1.2 若 $s_1,s_2,\cdots,s_n$ 是函数 $F(s)$ 的所有孤立奇点,且当 $s\to\infty$ 时,$F(s)\to 0$,则有

$$f(t)=\sum_{k=1}^{n}\mathrm{Res}[F(s)e^{st};s_k]\quad(t>0). \tag{8.1.4}$$

证明从略.

例 8 求 $F(s)=\dfrac{s}{s^2+1}$ 的拉普拉斯逆变换.

解 当 $s\to\infty$ 时,$F(s)\to 0$,且 $F(s)$ 的孤立奇点 $s_1=-\mathrm{j},s_2=\mathrm{j}$ 都是一阶极点(简单极点),则有

$$f(t)=\frac{se^{st}}{2s}\Big|_{s=-\mathrm{j}}+\frac{se^{st}}{2s}\Big|_{s=\mathrm{j}}=\frac{e^{\mathrm{j}t}+e^{-\mathrm{j}t}}{2}=\cos t\ (t>0).$$

例 9 求 $F(s)=\dfrac{1}{s(s-1)^2}$ 的拉普拉斯逆变换.

解 当 $s\to\infty$ 时,$F(s)\to 0$,$F(s)$ 的孤立奇点 $s_1=0,s_2=1$ 分别是一阶、二阶极点,于是

$$\begin{aligned}f(t)&=\mathrm{Res}[F(s)e^{st};0]+\mathrm{Res}[F(s)e^{st};1]\\&=\frac{e^{st}}{(s-1)^2}\Big|_{s=0}+\lim_{s\to1}\frac{\mathrm{d}}{\mathrm{d}s}\left[(s-1)^2\frac{e^{st}}{s(s-1)^2}\right]\\&=1+\lim_{s\to1}\frac{(ts-1)e^{st}}{s^2}\\&=1+(t-1)e^t\quad(t>0).\end{aligned}$$

8.2　拉普拉斯变换的性质

本节将介绍拉普拉斯变换的几个基本性质.为了叙述方便,假定这些性质中涉及的拉普拉斯变换均存在,且函数满足拉普拉斯变换存在定理的条件,这些函数的增长指数统一取为 c.

8.2.1　线性性质

若 α,β 是常数,则有

$$\mathscr{L}[\alpha f(t)+\beta g(t)]=\alpha\mathscr{L}[f(t)]+\beta\mathscr{L}[g(t)],$$

$$\mathscr{L}^{-1}[\alpha F(s)+\beta G(s)]=\alpha\mathscr{L}^{-1}[F(s)]+\beta\mathscr{L}^{-1}[G(s)].$$

上述性质可由积分的线性性质得出.

8.2.2　微分性质

若 $\mathscr{L}[f(t)]=F(s)$,则有

$$\mathscr{L}[f'(t)]=sF(s)-f(0), \tag{8.2.1}$$

$$F'(s)=\mathscr{L}[-tf(t)]. \tag{8.2.2}$$

一般地,有

$$\mathscr{L}[f^{(n)}(t)]=s^nF(s)-s^{n-1}f(0)-s^{n-2}f'(0)-\cdots-f^{n-1}(0)\quad(n=2,3,\cdots), \tag{8.2.3}$$

$$F^{(n)}(s)=\mathscr{L}[(-t)^nf(t)]. \tag{8.2.4}$$

特别地,当初值 $f(0)=f'(0)=\cdots=f^{(n-1)}(0)=0$ 时,有

$$\mathscr{L}[f^{(k)}(t)]=s^kF(s)\quad(k=1,2,\cdots,n). \tag{8.2.5}$$

证

$$\mathscr{L}[f'(t)]=\int_0^{+\infty}f'(t)\mathrm{e}^{-st}\mathrm{d}t=f(t)\mathrm{e}^{-st}\Big|_0^{+\infty}+s\int_0^{+\infty}f(t)\mathrm{e}^{-st}\mathrm{d}t$$

$$=sF(s)-f(0)\quad(\mathrm{Re}(s)>0).$$

再利用归纳法可得式(8.2.3).又由

$$F(s)=\int_0^{+\infty}f(t)\mathrm{e}^{-st}\mathrm{d}t,$$

于是

$$F^{(n)}(s)=\int_0^{+\infty}(-t)^nf(t)\mathrm{e}^{-st}\mathrm{d}t=\mathscr{L}[(-t)^nf(t)].$$

此性质可用来求微分方程(组)的初值问题:将 $f(t)$ 的微分方程转换为 $F(s)$ 的代数方程,再利用逆变换求出 $f(t)$,具体参见本章最后一节.

例 1　求函数 $f(t)=\cos kt$ 的拉普拉斯变换.

解 由于 $f''(t)=-k^2\cos kt, f(0)=1, f'(0)=0$,于是由式(8.2.2)得

$$\mathscr{L}[f''(t)]=\mathscr{L}[-k^2\cos kt]=s^2\mathscr{L}[f(t)]-sf(0)-f'(0),$$

即

$$-k^2\mathscr{L}[\cos kt]=s^2\mathscr{L}[\cos kt]-s,$$

于是

$$\mathscr{L}[\cos kt]=\frac{s}{s^2+k^2}.$$

例 2 求 $f(t)=t^m$ 的拉普拉斯变换(m 为正整数).

解 由于 $f^{(k)}(0)=0, k=0,1,2,\cdots,m-1, f^{(m)}(t)=m!$,所以根据式(8.2.5)得

$$\mathscr{L}[f^{(m)}(t)]=\mathscr{L}[m!]=s^m\mathscr{L}[f(t)],$$

从而

$$\mathscr{L}[f(t)]=\frac{\mathscr{L}[m!]}{s^m}=m!\frac{\mathscr{L}[1]}{s^m}=\frac{m!}{s^{m+1}}\quad(\mathrm{Re}(s)>0).$$

例 3 求 $f(t)=t\sin kt$ 的拉普拉斯变换.

解 利用式(8.2.2)得

$$\mathscr{L}[t\sin kt]=-\frac{\mathrm{d}}{\mathrm{d}s}[\mathscr{L}(\sin kt)]=-\frac{\mathrm{d}}{\mathrm{d}s}\left(\frac{k}{s^2+k^2}\right)=\frac{2ks}{(s^2+k^2)^2}.$$

8.2.3 积分性质

若 $\mathscr{L}[f(t)]=F(s)$,则有

$$\mathscr{L}\left[\int_0^t f(t)\mathrm{d}t\right]=\frac{F(s)}{s},\tag{8.2.6}$$

$$\mathscr{L}\left[\int_0^t\mathrm{d}t\int_0^t\mathrm{d}t\cdots\int_0^t f(t)\mathrm{d}t\right]=\frac{F(s)}{s^n}.\tag{8.2.7}$$

若积分 $\int_s^{+\infty}F(s)\mathrm{d}s$ 收敛,则

$$\mathscr{L}\left[\frac{f(t)}{t}\right]=\int_s^{+\infty}F(s)\mathrm{d}s,\tag{8.2.8}$$

$$\mathscr{L}\left[\frac{f(t)}{t^n}\right]=\int_s^{+\infty}\mathrm{d}s\int_s^{+\infty}\mathrm{d}s\cdots\int_s^{+\infty}F(s)\mathrm{d}s.\tag{8.2.9}$$

特别地,若积分 $\int_0^{+\infty}F(s)\mathrm{d}s$ 收敛,则

$$\int_0^{+\infty}\frac{f(t)}{t}\mathrm{d}t=\int_0^{+\infty}F(s)\mathrm{d}s.\tag{8.2.10}$$

证 记 $h(t)=\int_0^t f(t)\mathrm{d}t$,则 $h(0)=0, h'(t)=f(t)$,利用微分性质得

$$\mathscr{L}[h'(t)]=s\mathscr{L}[h(t)]-h(0)=s\mathscr{L}[h(t)].$$

从而得到式(8.2.6),由归纳法可证式(8.2.7),其中式(8.2.8)、式(8.2.9)证明从略.

由$\int_0^{+\infty}\frac{f(t)}{t}\mathrm{d}t=\mathscr{L}\left[\frac{f(t)}{t}\right]\Big|_{s=0}$得式(8.2.10).

例 4　求$f(t)=t\int_0^t \sin kt\,\mathrm{d}t$的拉普拉斯变换.

解　由微分性质与积分性质得

$$\mathscr{L}\left[t\int_0^t \sin kt\,\mathrm{d}t\right]=-\frac{\mathrm{d}}{\mathrm{d}s}\mathscr{L}\left[\int_0^t \sin kt\,\mathrm{d}t\right]=-\frac{\mathrm{d}}{\mathrm{d}s}\left[\frac{\mathscr{L}(\cos kt)}{s}\right]$$

$$=-\frac{\mathrm{d}}{\mathrm{d}s}\left(\frac{1}{s^2+k^2}\right)=\frac{2s}{s^2+k^2}.$$

例 5　求$\int_0^{+\infty}\frac{\mathrm{e}^{-t}-\mathrm{e}^{-3t}}{t}\mathrm{d}t$.

解　$\int_0^{+\infty}\frac{\mathrm{e}^{-t}-\mathrm{e}^{-3t}}{t}\mathrm{d}t=\int_0^{+\infty}\mathscr{L}(\mathrm{e}^{-t}-\mathrm{e}^{-3t})\mathrm{d}s=\int_0^{+\infty}\left(\frac{1}{s+1}-\frac{1}{s+3}\right)\mathrm{d}s=\ln 3.$

8.2.4　位移性质

若$\mathscr{L}[f(t)]=F(s)$,则有

$$\mathscr{L}[\mathrm{e}^{at}f(t)]=F(s-a)\quad(\mathrm{Re}(s)>a).\tag{8.2.11}$$

证　利用拉普拉斯变换的定义可得

$$\mathscr{L}[\mathrm{e}^{at}f(t)]=\int_0^{+\infty}\mathrm{e}^{at}f(t)\mathrm{e}^{-st}\mathrm{d}t=\int_0^{+\infty}f(t)\mathrm{e}^{-(s-a)t}\mathrm{d}t$$

$$=F(s-a)\quad(\mathrm{Re}(s)>a).$$

这个性质表明了一个像原函数乘以指数函数e^{at}的拉普拉斯变换等于其像函数作位移a.

例 6　求$f(t)=t\mathrm{e}^{-3t}\sin 2t$的拉氏变换.

解　由微分性质与位移性质得

$$\mathscr{L}[t\mathrm{e}^{-3t}\sin 2t]=-\frac{\mathrm{d}}{\mathrm{d}s}\mathscr{L}[\mathrm{e}^{-3t}\sin 2t]=-\frac{\mathrm{d}}{\mathrm{d}s}\left[\frac{2}{(s+3)^2+2^2}\right]$$

$$=\frac{4(s+3)}{[(s+3)^2+4]^2}.$$

8.2.5　延迟性质

若$\mathscr{L}[f(t)]=F(s)$,当$t<0$时,$f(t)=0$,则对任意的非负实数τ,有

$$\mathscr{L}[f(t-\tau)]=\mathrm{e}^{-s\tau}F(s)\tag{8.2.12}$$

或

$$\mathscr{L}^{-1}[\mathrm{e}^{-s\tau}F(s)]=f(t-\tau).\tag{8.2.13}$$

证明从略.

例 7 求 $f(t)=u(t-\tau)(\tau>0)$ 的拉普拉斯变换.

解 $$\mathscr{L}[u(t-\tau)]=\mathrm{e}^{-s\tau}\mathscr{L}[u(t)]=\frac{\mathrm{e}^{-s\tau}}{s}\quad(\mathrm{Re}(s)>0).$$

8.3 卷积及其性质

本节介绍的拉普拉斯变换的卷积及其性质,不仅可用于求拉普拉斯逆变换及一些积分值,而且在线性系统的分析中起着重要作用.

8.3.1 卷积的概念

在第 7 章中我们定义了两个函数的卷积:

$$f_1(t)*f_2(t)=\int_0^{+\infty}f_1(\tau)\cdot f_2(t-\tau)\mathrm{d}\tau.$$

特别地,若当 $t<0$ 时,$f_1(t)=f_2(t)=0$,则有

$$f_1(t)*f_2(t)=\int_0^{+\infty}f_1(\tau)\cdot f_2(t-\tau)\mathrm{d}\tau=\int_0^t f_1(\tau)\cdot f_2(t-\tau)\mathrm{d}\tau,$$

于是有

$$f_1(t)*f_2(t)=\int_0^t f_1(\tau)\cdot f_2(t-\tau)\mathrm{d}\tau. \tag{8.3.1}$$

可见,由式(8.3.1)定义的卷积和傅里叶变换中定义的卷积是完全一致的.今后无特别声明时,都假定这些函数在 $t<0$ 时恒为零,它们的卷积都按式(8.3.1)计算.显然卷积的计算仍然满足交换律、结合律及分配律等性质.

例 1 求 $t*t$.

解 $$t*t=\int_0^t\tau(t-\tau)\mathrm{d}\tau=\left(\frac{t\tau^2}{2}-\frac{\tau^3}{3}\right)\Big|_0^t=\frac{t^3}{6}.$$

例 2 求 $t*\sin t$.

解 $$\begin{aligned}t*\sin t&=\int_0^t\tau\sin(t-\tau)\mathrm{d}\tau=\tau\cos(t-\tau)\Big|_0^t-\int_0^t\cos(t-\tau)\mathrm{d}\tau\\&=t-\sin t.\end{aligned}$$

8.3.2 卷积定理

定理 8.3.1 若 $f_1(t)$,$f_2(t)$ 都满足拉普拉斯变换存在定理的条件,则 $f_1(t)*f_2(t)$ 的拉普拉斯变换一定存在,且有

$$\mathscr{L}[f_1(t)*f_2(t)]=\mathscr{L}[f_1(t)]\mathscr{L}[f_2(t)]. \tag{8.3.2}$$

证　根据定义有

$$\mathscr{L}[f_1(t)*f_2(t)]=\int_0^{+\infty}f_1(t)*f_2(t)\mathrm{e}^{-st}\mathrm{d}t=\int_0^{+\infty}\left[\int_0^t f_1(\tau)f_2(t-\tau)\mathrm{d}\tau\right]\mathrm{e}^{-st}\mathrm{d}t.$$

从上面的积分式子可以看出，积分区域如图 8-3-1 所示(阴影部分).

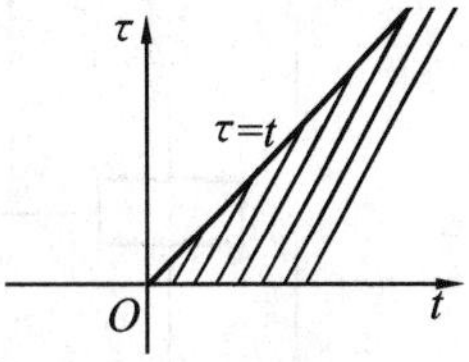

图 8-3-1

交换积分次序，得

$$\mathscr{L}[f_1(t)*f_2(t)]=\int_0^{+\infty}f_1(\tau)\left[\int_\tau^{+\infty}f_2(t-\tau)\mathrm{e}^{-st}\mathrm{d}t\right]\mathrm{d}\tau.$$

再令 $u=t-\tau$，则

$$\int_\tau^{+\infty}f_2(t-\tau)\mathrm{e}^{-st}\mathrm{d}t=\int_0^{+\infty}f_2(u)\mathrm{e}^{-s(u+\tau)}\mathrm{d}u=\mathrm{e}^{-s\tau}\mathscr{L}[f_2(t)],$$

所以

$$\begin{aligned}\mathscr{L}[f_1(t)*f_2(t)]&=\int_0^{+\infty}f_1(\tau)\mathrm{e}^{-s\tau}\mathscr{L}[f_2(t)]\mathrm{d}\tau\\&=\mathscr{L}[f_1(t)]\mathscr{L}[f_2(t)].\end{aligned}$$

卷积定理可以推广到多个函数的情形，在拉普拉斯变换的应用中，卷积定理起着十分重要的作用，例如可以用它来求一些函数的拉普拉斯逆变换.

例 3　若 $F(s)=\dfrac{1}{(s^2+1)^2}$，求 $f(t)$.

解

$$\begin{aligned}f(t)&=\mathscr{L}^{-1}\left[\frac{1}{s^2+1}\cdot\frac{1}{s^2+1}\right]=\sin t*\sin t=\int_0^t\sin\tau\sin(t-\tau)\mathrm{d}\tau\\&=\frac{1}{2}\int_0^t[\cos(2\tau-t)-\cos t]\mathrm{d}\tau=\frac{1}{2}\left[\frac{1}{2}\sin(2\tau-t)\Big|_0^t-t\cos t\right]\\&=\frac{1}{2}(\sin t-t\cos t).\end{aligned}$$

8.4　拉普拉斯变换的应用

拉普拉斯变换在线性系统的分析和研究中起着重要的作用. 一个线性系统的数学模型通常可以用一个线性微分方程来描述，而这样的方程可利用拉普拉斯变换的微分性质转换为代数方程来求解，这一点经常被用于电路理论以及自动控制理论的研究中.

例 1　质量为 m 的物体挂在弹性系数为 k 的弹簧的一端，如图 8-4-1 所示，作用在物体上的外力为 $f(t)$，从平衡位置 $x=0$ 处开始运动，求该物体的运动方程.

解　根据牛顿定律，有

$$\begin{cases}mx''(t)+kx(t)=f(t),\\x(0)=x'(0)=0.\end{cases}$$

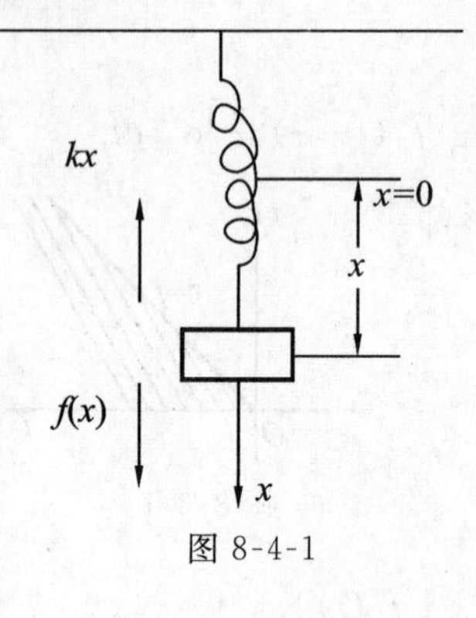

图 8-4-1

令 $\mathscr{L}[x(t)]=X(s)$，$\mathscr{L}[f(t)]=F(s)$，在方程两边同时取拉普拉斯变换，并注意到初值条件，则由拉普拉斯变换的微分性质，有

$$ms^2X(s)+kX(s)=F(s).$$

若记 $\omega_0^2=\frac{k}{m}-\frac{\beta}{4m^2}$，则有

$$X(s)=\frac{1}{m}\cdot\frac{F(s)}{s^2+\omega_0^2}.$$

由于 $\mathscr{L}\left[\frac{\sin\omega t}{\omega}\right]=\frac{1}{s^2+\omega^2}$，应用卷积定理可得

$$x(t)=\frac{1}{m}\left[\frac{\sin\omega t}{\omega}*f(t)\right]=\frac{1}{m\omega}\int_0^t f(\tau)\sin\omega(t-\tau)\mathrm{d}\tau.$$

当 $f(t)$ 具体给出时，就可解出 $x(t)$. 例如物体在 $t=0$ 时受到冲击力 $f(t)=A\delta(t)$，其中 A 是常数，此时

$$\mathscr{L}[f(t)]=\mathscr{L}[A\delta(t)]=A,$$

所以

$$X(s)=\frac{A}{m}\cdot\frac{1}{s^2+\omega_0^2},$$

从而

$$x(t)=\frac{A}{m\omega_0}\sin\omega_0 t.$$

可见，在冲击力的作用下，运动为简谐振动，振幅为 $\frac{A}{m\omega_0}$，角频率为 ω_0，并称 ω_0 为该系统的自然频率(或固有频率).

当 $t=0$ 时，物体受到的作用力为 $f(t)=A\sin\omega t$(A 为常数)，即

$$\mathscr{L}[f(t)]=A\frac{\omega}{s^2+\omega^2},$$

所以

$$X(s)=\frac{A\omega}{m}\cdot\frac{1}{(s^2+\omega_0^2)(s^2+\omega^2)}=\frac{A\omega}{m}\cdot\frac{1}{\omega^2-\omega_0^2}\left(\frac{1}{s^2+\omega_0^2}-\frac{1}{s^2+\omega^2}\right).$$

于是

$$x(t)=\frac{A\omega}{m(\omega^2-\omega_0^2)}\left(\frac{\sin\omega_0 t}{\omega_0}-\frac{\sin\omega t}{\omega}\right)=\frac{A}{m\omega_0(\omega^2-\omega_0^2)}(\omega\sin\omega_0 t-\omega_0\sin\omega t).$$

这里 ω 为作用力的频率(或称扰动频率). 若 $\omega\neq\omega_0$，则运动是由两种不同的频率的振动复合而成的；若 $\omega=\omega_0$，即扰动频率等于自然频率，便产生共振，此时振幅将随时间无限增大. 这是理论上的情形，实际上，在振幅相当大时，或者系统已被破坏，或者系统已不再

满足原来的微分方程.

例 2　设有如图 8-4-2 所示的电路,在 $t=0$ 时,电流为零,试求各支路上的电流 $i_1(t)$,$i_2(t)$.

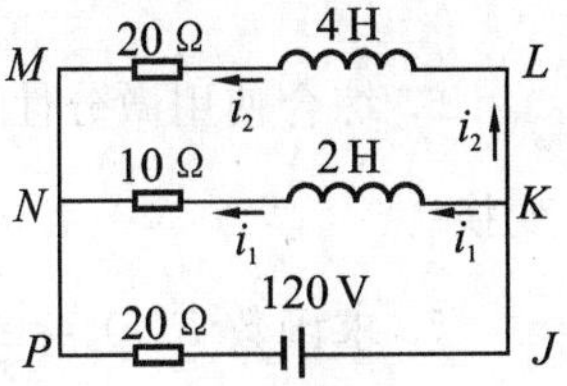

图 8-4-2

解　设回路 $NPJK$ 中电流为 $i(t)$,$i(t)$ 在节点 K 处分为 $i_1(t)$ 与 $i_2(t)$,所以 $i(t)=i_1(t)+i_2(t)$. 在 $JKNPJ$ 与 $KLMNK$ 回路中,分别应用基尔霍夫(Kirchhoff) 定律,有

$$20i(t)+2i_1'(t)+10i_1(t)=120,$$

$$4i_2'(t)+20i_2(t)-10i_1(t)-2i_1'(t)=0,$$

其中 $i(t)=i_1(t)+i_2(t)$,初始条件为 $i_1(0)=i_2(0)=0$.

设 $\mathscr{L}[i_1(t)]=I_1(s)$,$\mathscr{L}[i_2(t)]=I_2(s)$,在方程两端取拉普拉斯变换,并注意到初值条件,由拉普拉斯变换的微分性质得

$$(30+2s)I_1(s)+20I_2(s)=\frac{120}{s},$$

$$-(10+2s)I_1(s)+(4s+20)I_2(s)=0,$$

解得

$$I_1(s)=\frac{60}{s(s+20)}=3\left(\frac{1}{s}-\frac{1}{s+20}\right),$$

$$I_2(s)=\frac{30}{s(s+20)}=\frac{3}{2}\left(\frac{1}{s}-\frac{1}{s+20}\right).$$

对每一像函数取拉普拉斯逆变换可得

$$i_1(t)=3(1-\mathrm{e}^{-20t}),\quad i_2(t)=\frac{3}{2}(1-\mathrm{e}^{-20t}).$$

习　题　8

1. 求下面函数的拉普拉斯变换.

$$f(t)=\begin{cases}3, & 0\leqslant t<2,\\ -1, & 2\leqslant t<4,\\ 0, & t\geqslant 4.\end{cases}$$

2. 求下面函数的拉普拉斯变换.

$$f(t)=\begin{cases}t+1, & 0<t<3,\\ 0, & t\geqslant 3.\end{cases}$$

3. 求函数 $f(t)=\mathrm{e}^{2t}+5\delta(t)$ 的拉普拉斯变换.

4. 利用积分性质求函数 $f(t)=\dfrac{\sin at}{t}$ 的拉普拉斯变换.

5. 利用微分性质求函数 $f(t)=\dfrac{t\sin at}{2a}$ 的拉普拉斯变换.

6. 综合使用微分性质、积分性质、位移性质求函数 $f(t)=t\int_0^t e^{-3t}\sin 2t\,dt$ 的拉普拉斯变换.

7. 求函数 $F(s)=\dfrac{1}{s^2+4}$ 的拉普拉斯逆变换.

8. 求函数 $F(s)=\dfrac{2s+1}{s(s+1)(s+2)}$ 的拉普拉斯逆变换.

9. 求函数 $F(s)=\dfrac{s}{s^2+a^2}$ 的拉普拉斯逆变换,然后利用卷积定理求函数 $F(s)=\dfrac{s^2}{(s^2+a^2)^2}$ 的拉普拉斯逆变换.

10. 利用微分性质及拉普拉斯逆变换求下面方程的解.

$$\begin{cases} y''+y=1, \\ y(0)=1, \\ y'(0)=-2. \end{cases}$$

11. 利用微分性质及拉普拉斯逆变换求下面方程的解.

$$\begin{cases} x''(t)-2x'(t)+2x(t)=2e^t\cos t, \\ x(0)=x'(0)=0. \end{cases}$$

附录 A　傅里叶变换简表

	$f(t)$		$F(\omega)$	
	函　数	图　像	频　谱	图　像
1	矩形单脉冲 $f(t)=\begin{cases}E, \lvert t\rvert\leqslant\frac{\tau}{2},\\0，其他\end{cases}$	$f(t)$, E, $-\frac{\tau}{2}$, O, $\frac{\tau}{2}$, t	$2E\dfrac{\sin\frac{\omega\tau}{2}}{\omega}$	$\lvert F(\omega)\rvert$, $E\tau$, O, $\frac{2\pi}{\tau}$, ω
2	指数衰减函数 $f(t)=\begin{cases}0,\quad t<0,\\e^{-\beta t}, t\geqslant 0, \beta>0\end{cases}$	$f(t)$, 1, O, t	$\dfrac{1}{\beta+\mathrm{i}\omega}$	$\lvert F(\omega)\rvert$, $\frac{1}{\beta}$, O, ω
3	三角形脉冲 $f(t)=\begin{cases}\frac{2A}{\tau}\left(\frac{\tau}{2}+t\right),\\-\frac{\pi}{2}\leqslant t<0;\\\frac{2A}{\tau}\left(\frac{\tau}{2}-t\right),\\0\leqslant t<\frac{\tau}{2}\end{cases}$	$f(t)$, A, $-\frac{\tau}{2}$, O, $\frac{\tau}{2}$, t	$\dfrac{4A}{\tau\omega^2}\left(1-\cos\dfrac{\tau\omega}{2}\right)$	$F(\omega)$, $\frac{\tau A}{2}$, O, $\frac{4\pi}{\tau}$, ω

续表

	$f(t)$		$F(\omega)$	
	函　数	图　像	频　谱	图　像
4	钟形脉冲 $f(t)=A\mathrm{e}^{-\beta t^2}\ (\beta>0)$	$f(t)$, A, O, t	$\sqrt{\dfrac{\pi}{\beta}}A\mathrm{e}^{\frac{\omega^2}{4\beta}}$	$F(\omega)$, $A\sqrt{\dfrac{\pi}{\beta}}$, O, ω
5	傅里叶核 $f(t)=\dfrac{\sin\omega_0 t}{\pi t}$	$f(t)$, $\dfrac{\omega_0}{\pi}$, O, $\dfrac{\pi}{\omega_0}$, t	$G(\omega)=\begin{cases}1, & \lvert\omega\rvert\leqslant\omega_0,\\ 0, & \text{其他}\end{cases}$	$F(\omega)$, 1, $-\omega_0$, O, ω_0, ω
6	高斯分布函数 $f(t)=\dfrac{1}{\sqrt{2\pi}\sigma}\mathrm{e}^{-\frac{t^2}{2\sigma^2}}$	$f(t)$, $\dfrac{1}{\sqrt{2\pi}\sigma}$, O, t	$\mathrm{e}^{-\frac{\sigma^2\omega^2}{2}}$	$\lvert F(\omega)\rvert$, 1, O, ω
7	短形射频脉冲 $f(t)=\begin{cases}E\cos\omega_0 t, & \lvert t\rvert\leqslant\dfrac{\tau}{2};\\ 0, & \text{其他}\end{cases}$	$f(t)$, E, $-\dfrac{\tau}{2}$, O, $\dfrac{\tau}{2}$, t	$\dfrac{E\tau}{2}\left[\dfrac{\sin(\omega-\omega_0)\frac{\tau}{2}}{(\omega-\omega_0)\frac{\tau}{2}}+\dfrac{\sin(\omega+\omega_0)\frac{\tau}{2}}{(\omega+\omega_0)\frac{\tau}{2}}\right]$	$\lvert F(\omega)\rvert$, $\dfrac{E\tau}{2}$, $-\omega_0-\dfrac{\omega_0}{n}$, $-\omega_0+\dfrac{\omega_0}{n}$, $\omega_0-\dfrac{\omega_0}{n}$, ω_0, $\omega_0+\dfrac{\omega_0}{n}$, ω

续表

	$f(t)$		$F(\omega)$	
	函　　数	图　　像	频　　谱	图　　像
8	单位脉冲函数 $f(t)\delta(t)$	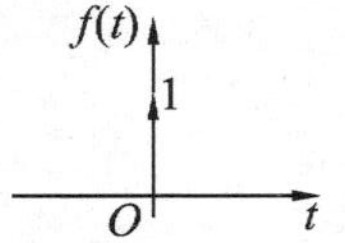	1	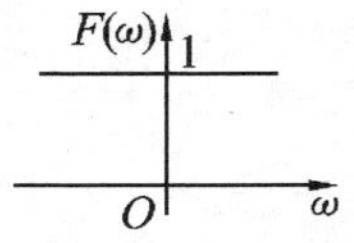
9	周期性脉冲函数 $f(t)=\sum\limits_{n=-\infty}^{+\infty}\delta(t-nT)$ （T 为脉冲函数的周期）	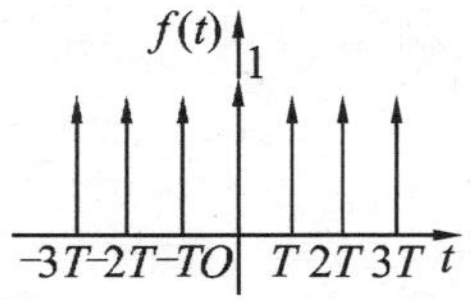	$\frac{2\pi}{T}\sum\limits_{n=-\infty}^{+\infty}\delta\left(\omega-\frac{2n\pi}{T}\right)$	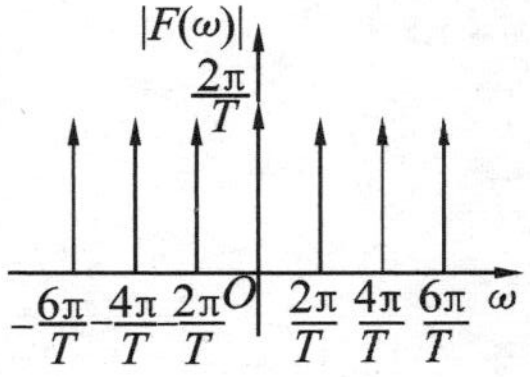
10	$f(t)=\cos\omega_0 t$	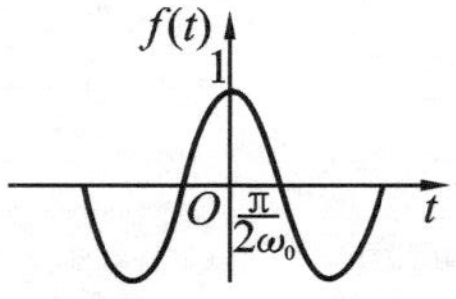	$\pi[\delta(\omega+\omega_0)+\delta(\omega-\omega_0)]$	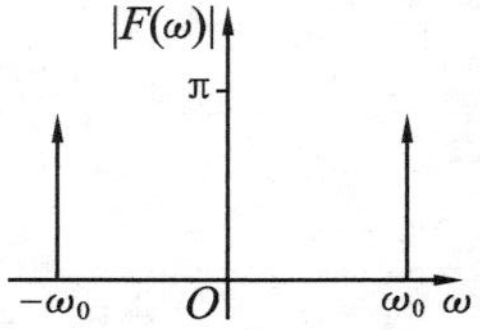
11	$f(t)=\sin\omega_0 t$	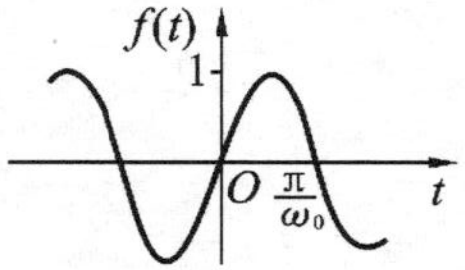	$\mathrm{i}\pi[\delta(\omega+\omega_0)+\delta(\omega-\omega_0)]$	同上图
12	单位函数 $f(t)=u(t)$	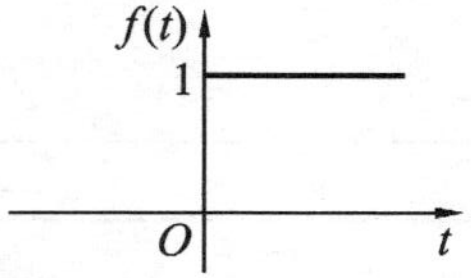	$\frac{1}{\mathrm{i}\omega}+\pi\delta(\omega)$	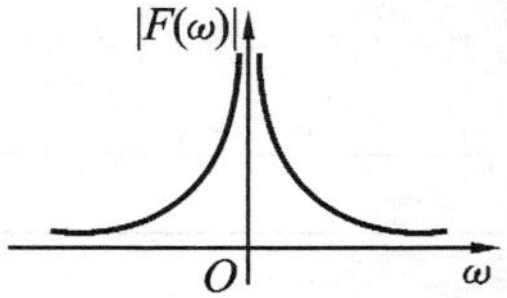

续表

	$f(t)$	$F(\omega)$
13	$u(t-c)$	$\frac{1}{\mathrm{i}\omega}\mathrm{e}^{-\mathrm{i}\omega c}+\pi\delta(\omega)$
14	$u(t)\cdot(t)$	$\frac{1}{\omega^2}+\pi\mathrm{i}\delta'(\omega)$
15	$u(t)\cdot t^n$	$\frac{n!}{(\mathrm{i}\omega)^{n+1}}+\pi\mathrm{i}^n\delta^{(n)}(\omega)$
16	$u(t)\sin at$	$\frac{a}{a^2-\omega^2}+\frac{\pi}{2\mathrm{j}}[\delta(\omega-\omega_0)-\delta(\omega+\omega_0)]$
17	$u(t)\cos at$	$\frac{\mathrm{i}\omega}{a^2-\omega^2}+\frac{\pi}{2}[\delta(\omega-\omega_0)+\delta(\omega+\omega_0)]$
18	$u(t)\mathrm{e}^{\mathrm{i}at}$	$\frac{1}{\mathrm{i}(\omega-a)}+\pi\delta(\omega-a)$
19	$u(t-c)\mathrm{e}^{\mathrm{i}at}$	$\frac{1}{\mathrm{i}(\omega-a)\mathrm{e}^{-\mathrm{i}(\omega-a)c}}+\pi\delta(\omega-a)$
20	$u(t)\mathrm{e}^{\mathrm{i}zt}t^n$	$\frac{n!}{[\mathrm{i}(\omega-a)]^{n+1}}+\pi\mathrm{i}^n\delta^{(n)}(\omega-a)$
21	$\mathrm{e}^{a\lvert t\rvert}\ \mathrm{Re}(a)<0$	$\frac{-2a}{\omega^2+a^2}$
22	$\delta(t-c)$	$\mathrm{e}^{-\mathrm{i}\omega c}$
23	$\delta(t)$	$\mathrm{i}\omega$
24	$\delta^{(n)}(t)$	$(\mathrm{i}\omega)^n$
25	$\delta^{(n)}(t-c)$	$(\mathrm{i}\omega)^n\mathrm{e}^{-\mathrm{i}\omega c}$
26	1	$2\pi\delta(\omega)$
27	t	$2\pi\mathrm{i}\delta'(\omega)$
28	t^n	$2\pi\mathrm{i}^n\delta^n(\omega)$

续表

	$f(t)$	$F(\omega)$
29	e^{iat}	$2\pi\delta(\omega-a)$
30	$t^n e^{iat}$	$2\pi i^n \delta^{n}(\omega-a)$
31	$\frac{1}{a^2+t^2}$, $\mathrm{Re}(a)<0$	$-\frac{\pi}{a}e^{a\|\omega\|}$
32	$\frac{t}{(a^2+t^2)^2}$, $\mathrm{Re}(a)<0$	$\frac{i\omega\pi}{2a}e^{a\|\omega\|}$
33	$\frac{e^{ibt}}{a^2+t^2}$, $\mathrm{Re}(a)<0$, b 为实数	$-\frac{\pi}{a}e^{a\|\omega-b\|}$
34	$\frac{\cos bt}{a^2+t^2}$, $\mathrm{Re}(a)<0$, b 为实数	$-\frac{\pi}{2ai}[e^{a\|\omega-b\|}+e^{a\|\omega+b\|}]$
35	$\frac{\sin bt}{a^2+t^2}$, $\mathrm{Re}(a)<0$, b 为实数	$-\frac{\pi}{2ai}[e^{a\|\omega-b\|}+e^{a\|\omega+b\|}]$
36	$\frac{\mathrm{sh}\,at}{\mathrm{sh}\,\pi t}$, $-\pi<a<\pi$	$\frac{\sin a}{\mathrm{ch}\,\omega+\cos a}$
37	$\frac{\mathrm{sh}\,at}{\mathrm{ch}\,\pi t}$, $-\pi<a<\pi$	$-2i\frac{\sin\frac{a}{2}\mathrm{sh}\frac{\omega}{2}}{\mathrm{ch}\,\omega+\cos a}$
38	$\frac{\mathrm{ch}\,at}{\mathrm{ch}\,\pi t}$, $-\pi<a<\pi$	$2\frac{\cos\frac{a}{2}\mathrm{ch}\frac{\omega}{2}}{\mathrm{ch}\,\omega+\cos a}$
39	$\frac{1}{\mathrm{ch}\,at}$	$\frac{\pi}{a}\frac{1}{\mathrm{ch}\frac{\pi\omega}{2a}}$
40	$\sin at^2$	$\sqrt{\frac{\pi}{a}}\cos\left(\frac{\omega^2}{4a}+\frac{\pi}{4}\right)$

续表

	$f(t)$	$F(\omega)$
41	$\cos at^2$	$\sqrt{\frac{\pi}{a}}\cos\left(\frac{\omega^2}{4a}-\frac{\pi}{4}\right)$
42	$\frac{1}{t}\sin at$	$\begin{cases}\pi, & \|\omega\|\leqslant a,\\ 0, & \|\omega\|>a\end{cases}$
43	$\frac{1}{t^2}\sin^2 at$	$\begin{cases}\pi\left(a-\frac{\|\omega\|}{2}\right), & \|\omega\|\leqslant 2a,\\ 0, & \|\omega\|>2a\end{cases}$
44	$\frac{\sin at}{\sqrt{\|t\|}}$	$\mathrm{i}\sqrt{\frac{\pi}{2}}\left(\frac{1}{\sqrt{\|\omega+a\|}}-\frac{1}{\sqrt{\|\omega-a\|}}\right)$
45	$\frac{\cos at}{\sqrt{\|t\|}}$	$\sqrt{\frac{\pi}{2}}\left(\frac{1}{\sqrt{\|\omega+a\|}}+\frac{1}{\sqrt{\|\omega-a\|}}\right)$
46	$\frac{1}{\sqrt{\|t\|}}$	$\frac{\sqrt{2\pi}}{\|\omega\|}$

附录B　拉普拉斯变换简表

	$f(t)$	$F(s)$
1	1	$\frac{1}{s}$
2	e^{at}	$\frac{1}{s-a}$
3	$t^m(m>-1)$	$\frac{\Gamma(m+1)}{s^{m+1}}$
4	$t^m e^{at}(m>-1)$	$\frac{\Gamma(m+1)}{(s-a)^{m+1}}$
5	$\sin at$	$\frac{a}{s^2+a^2}$
6	$\cos at$	$\frac{s}{s^2+a^2}$
7	$\mathrm{sh}\,at$	$\frac{a}{s^2-a^2}$
8	$\mathrm{ch}\,at$	$\frac{s}{s^2-a^2}$
9	$t^m\sin at(m>-1)$	$\frac{\Gamma(m+1)}{2i(s^2+a^2)^{m+1}}[(s+ia)^{m+1}-(s-ia)^{m+1}]$
10	$t^m\cos at(m>1)$	$\frac{\Gamma(m+1)}{2(s^2+a^2)^{m+1}}[(s+ia)^{m+1}+(s-ia)^{m+1}]$
11	$e^{-bt}\sin at$	$\frac{a}{(s+b)^2+a^2}$
12	$e^{-bt}\cos at$	$\frac{s+b}{(s+b)^2+a^2}$
13	$e^{-bt}\sin(at+c)$	$\frac{(s+b)\sin c+a\cos c}{(s+b)^2+a^2}$
14	$\sin^2 t$	$\frac{1}{2}\left(\frac{1}{s}-\frac{s}{s^2+4}\right)$
15	$\cos^2 t$	$\frac{1}{2}\left(\frac{1}{s}+\frac{s}{s^2+4}\right)$
16	$\sin at\sin bt$	$\frac{2abs}{[s^2+(a+b)^2][s^2+(a-b)^2]}$
17	$e^{at}-e^{bt}$	$\frac{a-b}{(s-a)(s-b)}$

续表

	$f(t)$	$F(s)$
18	$a\mathrm{e}^{at}-b\mathrm{e}^{bt}$	$\dfrac{(a-b)s}{(s-a)(s-b)}$
19	$\dfrac{1}{a}\sin at-\dfrac{1}{b}\sin bt$	$\dfrac{b^2-a^2}{(s^2+a^2)(s^2+b^2)}$
20	$\cos at-\cos bt$	$\dfrac{(b^2-a^2)s}{(s^2+a^2)(s^2+b^2)}$
21	$\dfrac{1}{a^2}(1-\cos at)$	$\dfrac{1}{s(s^2+a^2)}$
22	$\dfrac{1}{a^3}(at-\sin at)$	$\dfrac{1}{s^2(s^2+a^2)}$
23	$\dfrac{1}{a^4}(\cos at-1)+\dfrac{1}{2a^2}t^2$	$\dfrac{1}{s^3(s^2+a^2)}$
24	$\dfrac{1}{a^4}(\mathrm{ch}\,at-1)-\dfrac{1}{2a^2}t^2$	$\dfrac{1}{s^3(s^2-a^2)}$
25	$\dfrac{1}{2a^3}(\sin at-at\cos at)$	$\dfrac{1}{(s^2+a^2)^2}$
26	$\dfrac{t}{2a}\sin at$	$\dfrac{s}{(s^2+a^2)^2}$
27	$\dfrac{1}{2a}(\sin at+at\cos at)$	$\dfrac{s^2}{(s^2+a^2)^2}$
28	$\dfrac{1}{a^4}(1-\cos at)-\dfrac{1}{2a^3}t\sin at$	$\dfrac{1}{s(s^2+a^2)^2}$
29	$(1-at)\mathrm{e}^{-at}$	$\dfrac{s}{(s+a)^2}$
30	$t\left(1-\dfrac{a}{2}t\right)\mathrm{e}^{-at}$	$\dfrac{s}{(s+a)^3}$
31	$\dfrac{1}{a}(1-\mathrm{e}^{-at})$	$\dfrac{1}{s(s+a)}$
32①	$\dfrac{1}{ab}+\dfrac{1}{b-a}\left(\dfrac{\mathrm{e}^{-bt}}{b}-\dfrac{\mathrm{e}^{-at}}{a}\right)$	$\dfrac{1}{s(s+a)(s+b)}$
33②	$\dfrac{\mathrm{e}^{-at}}{(b-a)(c-a)}+\dfrac{\mathrm{e}^{-at}}{(a-b)(c-b)}+\dfrac{\mathrm{e}^{at}}{(a-c)(b-c)}$	$\dfrac{1}{(s+a)(s+b)(s+c)}$

续表

	$f(t)$	$F(s)$
34③	$\frac{ae^{-at}}{(c-a)(a-b)}+\frac{be^{-at}}{(a-b)(b-c)}+\frac{ce^{-at}}{(b-c)(c-a)}$	$\frac{s}{(s+a)(s+b)(s+c)}$
35	$\frac{a^2e^{-at}}{(c-a)(b-a)}+\frac{b^2e^{-at}}{(a-c)(c-b)}+\frac{c^2e^{-at}}{(b-c)(a-c)}$	$\frac{s^2}{(s+a)(s+b)(s+c)}$
36	$\frac{e^{-at}-e^{-bt}[1-(a-b)t]}{(a-b)^2}$	$\frac{1}{(s+a)(s+b)^2}$
37	$\frac{[a-b(a-b)t]e^{bt}-ae^{-at}}{(a-b)^2}$	$\frac{s}{(s+a)(s+b)^2}$
38	$e^{-at}-e^{\frac{at}{2}}\left(\cos\frac{\sqrt{3}at}{2}-\sqrt{3}\sin\frac{\sqrt{3}at}{2}\right)$	$\frac{3a^2}{s^3+a^3}$
39	$\sin at\,\mathrm{ch}\,at-\cos at\,\mathrm{sh}\,at$	$\frac{4a^3}{s^4+4a^4}$
40	$\frac{1}{2a^2}\sin at\,\mathrm{ch}\,at$	$\frac{s}{s^4+4a^4}$
41	$\frac{1}{2a^3}(\mathrm{sh}\,at-\sin at)$	$\frac{1}{s^4-a^4}$
42	$\frac{1}{2a^2}(\mathrm{ch}\,at-\cos at)$	$\frac{s}{s^4-a^4}$
43	$\frac{1}{\sqrt{\pi t}}$	$\frac{1}{\sqrt{s}}$
44	$2\sqrt{\frac{t}{\pi}}$	$\frac{1}{s\sqrt{s}}$
45	$\frac{1}{\sqrt{\pi t}}e^{at(1+2at)}$	$\frac{s}{(s-a)\sqrt{s-a}}$
46	$\frac{1}{2\sqrt{\pi t^3}}(e^{bt}-e^{at})$	$\sqrt{s-a}-\sqrt{s-a}$
47	$\delta(t)$	1
48④	$J_0(at)$	$\frac{1}{\sqrt{s^2+a^2}}$
49⑤	$I_0(at)$	$\frac{1}{\sqrt{s^2-a^2}}$

续表

	$f(t)$	$F(s)$
50	$J_0(2\sqrt{at})$	$\frac{1}{s}e^{-\frac{a}{s}}$
51	$\frac{1}{\sqrt{\pi t}}\cos 2\sqrt{at}$	$\frac{1}{\sqrt{s}}e^{-\frac{a}{s}}$
52	$\frac{1}{\sqrt{\pi t}}\mathrm{ch}2\sqrt{at}$	$\frac{1}{\sqrt{s}}e^{\frac{a}{s}}$
53	$\frac{1}{\sqrt{\pi a}}\sin 2\sqrt{at}$	$\frac{1}{s\sqrt{s}}e^{-\frac{a}{s}}$
54	$\frac{1}{\sqrt{\pi a}}\mathrm{sh}2\sqrt{at}$	$\frac{1}{s\sqrt{s}}e^{\frac{a}{s}}$
55	$\frac{1}{t}(e^{bt}-e^{at})$	$\ln\frac{s-a}{s-b}$
56	$\frac{2}{t}\mathrm{sh}at$	$\ln\frac{s+a}{s-a}=2\mathrm{Artn}\frac{a}{s}$
57	$\frac{2}{t}(1-\cos at)$	$\ln\frac{s^2+a^2}{s^2}$
58	$\frac{2}{t}(1-\mathrm{ch}at)$	$\ln\frac{s^2-a^2}{s^2}$
59	$\frac{1}{t}\sin at$	$\arctan\frac{a}{s}$
60	$\frac{1}{t}(\mathrm{ch}at-\cos bt)$	$\ln\sqrt{\frac{s^2+b^2}{s^2-a^2}}$
61⑥	$\frac{1}{\pi t}\sin(2a\sqrt{t})$	$\mathrm{erf}\left(\frac{a}{\sqrt{s}}\right)$
62⑦	$\frac{1}{\sqrt{\pi t}}e^{-2a\sqrt{t}}$	$\frac{1}{\sqrt{s}}e^{\frac{a^2}{s}}\mathrm{erf}\left(\frac{a}{\sqrt{s}}\right)$
63	$\mathrm{erfc}\left(\frac{a}{2\sqrt{t}}\right)$	$\frac{1}{s}e^{-a\sqrt{s}}$
64	$\mathrm{erf}\left(\frac{t}{2a}\right)$	$\frac{1}{s}e^{a^2s^2}\mathrm{erfc}(as)$

①②③ 式中 a,b,c 为不相等的常数.

④⑤$I_n(x)=i^{-n}J_n(ix)$,J_n 称为第一类 n 阶贝塞尔(Bessel) 函数. I_n 称为第一类 n 阶变形的贝塞尔函数,或称为虚宗量的贝塞尔函数.

⑥⑦$\mathrm{erf}(x)=\frac{2}{\sqrt{\pi}}\int_0^x e^{-t^2}\mathrm{d}t$,$\mathrm{erfc}(x)=1-\mathrm{erf}(x)=\frac{2}{\sqrt{\pi}}\int_x^{+\infty}e^{-t^2}\mathrm{d}t$,它们均称为余误差函数.

部分习题答案

习　题　1

1. (1) $\sqrt{5}$；　(2) $\frac{\pi}{2}$；　(3) $\frac{1-x^2-y^2}{(1-x)^2+y^2}, \frac{2y}{(1-x)^2+y^2}$；　(4) $3+4i$；

(5) $-16(\sqrt{3}+i)$；　(6) $-\frac{1}{2}+\frac{\sqrt{3}}{2}i$；　(7) $\sqrt{2}$；

(8) 椭圆：$(x+2)^2/4+y^2/3=1$.

2. (1)C；　(2)A；　(3)A；　(4)D.

3. $x=1, y=11$.

4. (1) $(-x^2-2y)-x\sqrt{y}i$；　(2) $(a^3-3ab^2)+i(3a^2b-b^3)$；

(3) $-i$；　(4) $-1+3i$.

6. 几何意义：以 z_1, z_2 为边构成的平行四边形的两条对角线长度的平方和等于四边长的平方和.

7. (1) $z=2\sqrt{2}\left[\cos\left(-\frac{\pi}{4}\right)+i\sin\left(-\frac{\pi}{2}\right)\right], \mathrm{Arg}(z)=-\frac{\pi}{4}+2k\pi\ (k=0,\pm1,\pm2,\cdots)$；

(2) $z=\frac{\sqrt{13}}{2}[\cos(-\pi+\arctan2\sqrt{3})+i\sin(-\pi+\arctan2\sqrt{3})]$,

$\mathrm{Arg}(z)=\arctan2\sqrt{3}+(2k-1)\pi\ (k=0,\pm1,\pm2,\cdots)$；

(3) $z=\cos\left(-\frac{\pi}{2}-\alpha\right)+i\sin\left(-\frac{\pi}{2}-\alpha\right)$,

$\mathrm{Arg}(z)=-\frac{\pi}{2}-\alpha+2k\pi\ (k=0,\pm1,\pm2,\cdots)$；

(4) $z=\cos\pi+i\sin\pi, \mathrm{Arg}(z)=(2k+1)\pi\ (k=0,\pm1,\pm2,\cdots)$；

(5) $z=\cos\frac{\pi}{2}+i\sin\frac{\pi}{2}, \mathrm{Arg}(z)=\frac{\pi}{2}+2k\pi\ (k=0,\pm1,\pm2,\cdots)$；

(6) $z=\cos(19\theta)+i\sin(19\theta), \mathrm{Arg}(z)=19\theta+2k\pi\ (k=0,\pm1,\pm2,\cdots)$.

8. (1) $\sqrt[6]{2}\left(\cos\frac{\frac{\pi}{4}+2k\pi}{3}+i\sin\frac{\frac{\pi}{4}+2k\pi}{3}\right)\ (k=0,1,2)$；　(2) $-8i$；

(3) $2^n\cos^n\frac{\theta}{2}\left(\cos\frac{n\theta}{2}+i\sin\frac{n\theta}{2}\right)$；　(4) i.

10. (1) $z=\cos\dfrac{-\frac{\pi}{2}+2k\pi}{3}+\mathrm{i}\sin\dfrac{-\frac{\pi}{2}+2k\pi}{3}\ (k=0,1,2)$；

(2) $z=\cos\dfrac{\pi+2k\pi}{4}+\mathrm{i}\sin\dfrac{\pi+2k\pi}{4}\ (k=0,1,2,3)$；

(3) $z_1=-\dfrac{3}{2}\sqrt{2}+\left(2+\dfrac{3}{2}\sqrt{2}\right)\mathrm{i},z_2=\dfrac{3}{2}\sqrt{2}+\left(2-\dfrac{3}{2}\sqrt{2}\right)\mathrm{i}$；

(4) $x=\pm\sqrt{\dfrac{\sqrt{a^2+b^2}+a}{2}},y=\pm\sqrt{\dfrac{\sqrt{a^2+b^2}-a}{2}}$，$x,y$ 的符号决定于 b. 若 $b>0$，则 x,y 同号；若 $b<0$，则 x,y 异号.

11. $n=4k\ (k=0,\pm1,\pm2,\cdots)$.

习　题　2

1. (1) $1+\mathrm{i}$；　(2) $y=\dfrac{1}{2}$；　(3) 2；　(4) $\mathrm{e}^{\ln2+\mathrm{i}\frac{2}{3}\pi}$；

(5) $2k\pi\ (k=0,\pm1,\pm2,\cdots)$；　(6) $\mathrm{e}^{-\frac{\pi}{2}}$；

(7) $\dfrac{\pi}{4}+\dfrac{k\pi}{2}\ (k=0,\pm1,\pm2,\cdots)$；　(8) ±1.

2. (1) C；　(2) A；　(3) D；　(4) C.

3. (4),(7),(10) 正确，其余命题均错.

4. (1) $v=3x^2y-y^3+1,f(x)+z^3+\mathrm{i},f'(z)=3z^2$；

(2) $u=\mathrm{e}^x(x\cos y-y\sin y),f(z)=z\mathrm{e}^z,f'(z)=z\mathrm{e}^z+\mathrm{e}^z$.

5. (1) $a=1,b=c=-3$；　(2) $a=-b,c=1$.

7. (1) $\mathrm{e}\left(\dfrac{1}{2}-\dfrac{\sqrt{3}}{2}\mathrm{i}\right)$；　(2) $\ln2+\mathrm{i}\left(2k+\dfrac{1}{3}\right)\pi\ (k=0,\pm1,\cdots)$；

(3) $\cos(2k\alpha\pi)+\mathrm{i}\sin(2k\alpha\pi)$；　(4) $\mathrm{e}^{\ln2+\frac{\pi}{4}-2k\pi}\left[\cos\left(\ln\sqrt{2}-\dfrac{\pi}{4}\right)+\mathrm{i}\sin\left(\ln2\sqrt{2}-\dfrac{\pi}{4}\right)\right]$；

(5) $\dfrac{\mathrm{e}^{-2}+\mathrm{e}^2}{2}$；　(6) $\dfrac{1}{2}\mathrm{i}(\mathrm{e}^{2-\mathrm{i}}-\mathrm{e}^{-2+\mathrm{i}})$.

8. (1) $z=\ln2+\mathrm{i}\left(\dfrac{1}{3}+2k\right)\pi\ (k=0,\pm1,\pm2,\cdots)$；

(2) $z=\mathrm{i}$；

(3) $z=-\dfrac{\pi}{4}+k\pi\ (k=0,\pm1,\pm2,\cdots)$；

(4) $z=\mathrm{i}\ln4+2k\pi\ (k=0,\pm1,\pm2,\cdots)$.

习　题　3

1. (1) $-\frac{1}{2}+\frac{5}{6}\mathrm{i}$；　(2) $-6\pi\mathrm{i}$；　(3) 0；　(4) $6\pi\mathrm{i}$.

2. (1) A；　(2) C；　(3) D；　(4) B.

3. $\sqrt{5}-\frac{\sqrt{5}}{2}\mathrm{i}$.

4. $4\pi\mathrm{i}$.

5. (1) 0；　(2) $\frac{1}{4}(b^4-a^4)$；　(3) $1+\mathrm{i}$；　(4) 0.

6. (1) 0；　(2) 0；

   (3) 若 $0<R<1$，原式 $=-\frac{3}{4}\pi\mathrm{i}$，若 $1<R<2$，原式 $=-\frac{1}{12}\pi\mathrm{i}$，若 $R>2$，原式 $=0$；

   (4) $2\pi\mathrm{e}^2\mathrm{i}$；　(5) 0；　(6) $\frac{\sqrt{2}}{2}\pi(1+\mathrm{i})$；

   (7) $\frac{\pi}{12}\mathrm{i}$；　(8) $8\pi\mathrm{i}$；　(9) $\frac{\pi}{3}\mathrm{ei}$；　(10) $2\pi\mathrm{i}$.

7. (1) 0；　(2) $2\pi\mathrm{i}$.

习　题　4

1. (1) $\lim\limits_{n\to\infty}x_n$ 及 $\lim\limits_{n\to\infty}y_n$ 都存在，$\sum\limits_{n=1}^{+\infty}x_n$ 及 $\sum\limits_{n=1}^{+\infty}y_n$ 均收敛，$\sum\limits_{n=1}^{+\infty}x_n$ 及 $\sum\limits_{n=1}^{+\infty}y_n$ 都绝对收敛；

   (2) 发散；　(3) $+\infty$；　(4) $\frac{1}{4}<|z|<\frac{1}{3}$.

2. (1) D；　(2) A；　(3) C；　(4) A.

4. (1) 当 $|a|<1$ 时，$R=\pm\infty$，当 $|a|=1$ 时，$R=1$，当 $|a|>1$ 时，$R=0$；

   (2) $R=\frac{1}{2}$；　(3) $R=\sqrt{2}$；　(4) $R=+\infty$；　(5) $R=\frac{1}{\mathrm{e}}$；　(6) $R=3$.

5. (1) $\sum\limits_{n=0}^{+\infty}(-1)^n\frac{z^{2n}}{n!}\ (|z|<\infty)$；　(2) $\sum\limits_{n=0}^{+\infty}(-1)^nz^{3n}\ (|z|<1)$；

   (3) $\sum\limits_{n=1}^{+\infty}(-1)^{n-1}\frac{2^{2n-1}}{(2n)!}z^{2n}\ (|z|<\infty)$；　(4) $\sum\limits_{n=0}^{+\infty}\frac{(\sqrt{2})^n\cos\frac{\pi n}{4}}{n!}z^n\ (|z|<\infty)$；

   (5) $\sum\limits_{n=1}^{+\infty}nz^n\ (|z|<1)$；　(6) $\sum\limits_{n=1}^{+\infty}(-1)^{n-1}\frac{1}{(2n-1)(2n-1)!}z^{2n-1}\ (|z|<\infty)$.

6. $1<|z-2|<2$.

8. (1) 当 $0<|z|<1$ 时，$f(z)=\frac{2}{z}-\sum_{n=0}^{+\infty}(-1)^n z^n$；

当 $0<|z+1|<1$ 时，$f(z)=-\frac{1}{z+1}-2\sum_{n=0}^{+\infty}(z+1)^n$.

(2) 当 $0<|z-\mathrm{i}|<1$ 时，$f(z)=\sum_{n=1}^{+\infty}n\mathrm{i}^{n+1}(z-\mathrm{i})^{n-2}$；

当 $1<|z-\mathrm{i}|<+\infty$ 时，$f(z)=\sum_{n=0}^{+\infty}\frac{(-\mathrm{i})^n(n+1)}{(z-\mathrm{i})^{n+3}}$.

(3) 当 $0<|z-\mathrm{i}|<2$ 时，$f(z)=\sum_{n=0}^{+\infty}\frac{\mathrm{i}^{n-1}}{2^{n+1}}(z-\mathrm{i})^{n-1}$；

当 $2<|z-\mathrm{i}|<+\infty$ 时，$f(z)=\sum_{n=0}^{+\infty}\frac{(-2\mathrm{i})^n}{(z-\mathrm{i})^{n+2}}$.

(4) $2\sum_{n=1}^{+\infty}(-1)^n\frac{1}{z^{2n}}-\sum_{n=0}^{+\infty}\frac{z^n}{2^{n+2}}$.

习　题　5

1. (1)0，$\pm\mathrm{i}$　(2)0，1；　(3)$k\pi$ ($k=0,\pm1,\pm2,\cdots$)；　(4)0.

2. (1) 是；　(2) 否.

3. (1)0，2 阶；1，4 阶；　(2)0，2 阶；$k\pi(k=\pm1,\pm2,\cdots)$，一阶；　(3)0，3 阶；
   (4)0，5 阶；$k\pi(k=\pm1,\pm2,\cdots)$，一阶.

4. (1)0 是 3 的阶极点，$\pm\mathrm{i}$ 是二阶极点；
   (2)0 是可去奇点，1 是三阶极点；
   (3)$k\pi(k=\pm1,\pm2,\cdots)$，都是一阶极点(简单极点)；
   (4)0 是本性奇点.

5. (1)$\mathrm{Res}[f(z),0]=0$，$\mathrm{Res}[f(z),\pm\mathrm{i}]=\pm\frac{1}{2}$；

   (2)$\mathrm{Res}[f(z),0]=0$；　(3)$\mathrm{Res}[f(z),0]=-\frac{4}{3}$；

   (4)$\mathrm{Res}[f(z),k\pi]=(-1)^k\ (k=0,\pm1,\pm2,\cdots)$；

   (5)$\mathrm{Res}[f(z),0]=\frac{1}{6}$，$\mathrm{Res}[f(z),k\pi]=\frac{(-1)^k}{k^2\pi^2}\ (k=\pm1,\pm2,\cdots)$；

   (6)$\mathrm{Res}[f(z),z_k]=\frac{z_k^{n+1}}{n}$，$z_k=\mathrm{e}^{\frac{(2k+1)\pi\mathrm{i}}{n}}\ (k=0,1,\cdots n-1)$；

   (7)$\mathrm{Res}[f(z),0]=0$，$\mathrm{Res}[f(z),1]=1$.

6. (1)$4\pi\mathrm{e}^{-\frac{1}{2}}$；　(2)$-\frac{\pi^2}{2}\mathrm{i}$；　(3)0；　(4)$\mathrm{i}\frac{8\sqrt{3}}{9}\pi^2$；　(5)0；　(6)0.

7. (1) $\frac{\pi}{2}$； (2) $\frac{2\pi}{\sqrt{15}}$.

习　题　6

1. 伸缩率 $|f'(i)|=6$,旋转角 $\arg'(i)=\frac{\pi}{2}$,ω 平面的虚轴正向.

2. (1) 以 $\omega_1=-1,\omega_2=-i,\omega_3=i$ 的三角形； (2)$\mathrm{Im}\omega>1$；
(3)$\mathrm{Im}\omega>\mathrm{Re}\omega$； (4) $|\omega+i|>1$ 且 $\mathrm{Im}\omega<0$；
(5) $\left|\omega-\frac{1}{2}\right|>\frac{1}{2}$ 且 $\mathrm{Im}\omega>0,\mathrm{Re}\omega>0$.

3. $\omega=\frac{z-1}{z+1}$ （不唯一）.

4. (1)$\omega=\frac{z-i}{iz-1}$； (2)$\omega=-i\frac{z-i}{z+i}$； (3)$\omega=i\frac{z-i}{z+i}$； (4)$\omega=i\frac{z-2i}{z+2i}$.

5. (1)$\omega=\frac{2z-1}{z-1}$； (2)$\omega=i\frac{2z-1}{2-z}$； (3)$\omega=-iz$.

6. $\omega=\frac{z^3-i}{z^3+i}$ （不唯一）.

习　题　7

1. $F(\omega)=\frac{A(1-e^{j\omega\tau})}{j\omega}$.

2. $F(\omega)=\frac{2j(\cos\omega-1)}{\omega}$.

3. $F(\omega)=\frac{2j\omega\pi}{1-\omega^2}$.

4. $F(\omega)=\frac{\pi}{2}j[\delta(\omega+2)-\delta(\omega-2)]$.

5. $F(\omega)\ \frac{\omega_0}{\omega_0^2-\omega^2}+\frac{\pi}{2j}[\delta(\omega-\omega_0)-\delta(\omega+\omega_0)]$.

6. $F(\omega)=\frac{j\omega}{\omega_0^2-\omega^2}+\frac{\pi}{2j}[\delta(\omega-\omega_0)+\delta(\omega+\omega_0)]$.

7. $A_0=2|C_0|=h,A_n=|C_n|=\frac{h}{n\pi},\omega_n=n\omega=\frac{2n\pi}{T}(n=1,2,\cdots)$.

习　题　8

1. $F(s)=\frac{1}{s}(3-4e^{-2s}+e^{-4s})$.

2. $F(s)=\mathrm{e}^{-3s}\left(-\frac{1}{s}-\frac{1}{s^2}\right)+\frac{1}{s^2}+\frac{1}{s}$.

3. $F(s)=\frac{5s-9}{s-2}$.

4. $F(s)=\arctan\frac{a}{s}$.

5. $F(s)=\frac{s}{(s^2+a^2)^2}$.

6. $F(s)=\frac{2(3s^2+12s+13)}{s^2[(s+3)^2+4]^2}$.

7. $f(t)=\frac{\sin 2t}{t}$.

8. $f(t)=\frac{1}{2}(1+2\mathrm{e}^{-t}-3\mathrm{e}^{-2t})$.

9. $f(t)=\cos at$, $\mathscr{L}^{-1}\left[\frac{s^2}{(s^2+a^2)^2}\right]=\frac{1}{2a}(\sin at+at\cos at)$.

10. $y(t)=t+\cos t-3\sin t$.

11. $x(t)=t\mathrm{e}^{t}\sin t$.

参 考 文 献

[1]李红,谢松法.复变函数与积分变换[M].北京:高等教育出版社,施普林格出版社,1999.

[2]盖云英,包革军.复变函数与积分变换[M].北京:科学出版社,2001.

[3]南京工学院数学教研组.积分变换[M].2版.北京:高等教育出版社,1982.

[4]郭洪之.复变函数[M].天津:天津大学出版社,1996.

[5]姚碧芸.复变函数论[M].武汉:武汉大学出版社,1991.

[6]郑建华.复变函数[M].北京:清华大学出版社,2005.

[7]余家荣.复变函数[M].北京:高等教育出版社,1978.

[8]路可见,钟寿国,刘士强.复变函数[M].武汉:武汉大学出版社,2001.

[9]李锐夫,程其襄.复变函数论[M].北京:人民教育出版社,1979.